生物技术安全

田德桥　编著

·北　京·

图书在版编目（CIP）数据

生物技术安全 / 田德桥编著. —北京：科学技术文献出版社，2021. 10（2024.1 重印）

ISBN 978-7-5189-8568-5

Ⅰ. ①生… Ⅱ. ①田… Ⅲ. ①生物技术—安全管理 Ⅳ. ① Q81

中国版本图书馆 CIP 数据核字（2021）第 223699 号

生物技术安全

策划编辑：郝迎聪　责任编辑：张　红　责任校对：文　浩　责任出版：张志平

出 版 者　科学技术文献出版社
地　　址　北京市复兴路15号　邮编　100038
编 务 部　(010) 58882938，58882087（传真）
发 行 部　(010) 58882868，58882870（传真）
邮 购 部　(010) 58882873
官方网址　www.stdp.com.cn
发 行 者　科学技术文献出版社发行　全国各地新华书店经销
印 刷 者　北京虎彩文化传播有限公司
版　　次　2021 年 10 月第 1 版　2024 年 1 月第 4 次印刷
开　　本　710 × 1000　1/16
字　　数　282千
印　　张　18　彩插4面
书　　号　ISBN 978-7-5189-8568-5
定　　价　68.00元

前　言

新冠肺炎疫情发生后，国家对生物安全的重要性有了更深刻的认识。2020年10月17日第十三届全国人民代表大会常务委员会会议通过了《中华人民共和国生物安全法》。根据该法，生物安全是“国家有效防范和应对危险生物因子及相关因素威胁，生物技术能够稳定健康发展，人民生命健康和生态系统相对处于没有危险和不受威胁的状态，生物领域具备维护国家安全和持续发展的能力”。生物安全涉及：①防控重大新发突发传染病、动植物疫情；②生物技术研究、开发与应用；③病原微生物实验室生物安全管理；④人类遗传资源与生物资源安全管理；⑤防范外来物种入侵与保护生物多样性；⑥应对微生物耐药；⑦防范生物恐怖袭击与防御生物武器威胁；⑧其他与生物安全相关的活动。生物安全法涉及的各个领域都与生物技术密切相关，生物技术能够促进生物安全，也可能带来潜在的生物安全问题。

本书认为，“生物技术安全”是在促进生物技术发展的同时，防止其对人类健康、动植物、环境、社会秩序等造成危害，并符合生物伦理学有关要求。生物技术安全包括生物技术研究开发活动中产生的个体安全风险、公共卫生风险、事故、意外，以及蓄意利用生物技术的恶意行为。同时，生物技术安全还与生物伦理问题相互交织。生物技术的快速发展给生物技术安全治理带来了很大挑战。

本书针对生物技术安全的10个方面进行阐述，其中一些主要与“两用生物技术”相关，如病原生物功能获得、合成生物学等，也有一些主要与生物伦理相关，如克隆技术、干细胞研究等。本书的主要目的是使我国生物安全相关管理部门与科研人员对当前生物技术安全有一个总体认识，包括技术原理、潜在风险点、当前管控措施等。

书中大部分内容来源于国外相关专著、报告，也参考了国内相关文献。书中不当之处，请读者批评指正。

2021 年 9 月

目 录

第三章 病原生物工具 …… 49

第一章　导　论

一、生物安全

习近平总书记2014年4月15日在中央国家安全委员会第一次会议上强调："要准确把握国家安全形势变化新特点新趋势，坚持总体国家安全观，走出一条中国特色国家安全道路。"2015年7月，第十二届全国人民代表大会常务委员会第十五次会议通过了《中华人民共和国国家安全法》，明确了政治安全、国土安全、军事安全、文化安全、科技安全等11个领域的国家安全任务。

生物安全是国家安全的重要组成部分，涉及国土安全、军事安全、科技安全等很多方面。目前，国内生物安全的定义尚不统一，不同领域、不同角度及不同年代理解的生物安全的概念均有所不同。2005年，在黄培堂研究员、沈倍奋院士主编的《生物恐怖防御》一书中，将生物安全定义为"生物安全是指在生物资源研究及生物技术发展的过程中，给人类社会带来的安全方面的影响"。2011年，中国工程院《新时期我国生物安全战略研究总报告》中，将生物安全定义为"生物安全是生物生存和发展不受侵害或损害的一种状态，而生物安全受到侵害或威胁所涉及的问题就是生物安全问题"。生物安全涉及很多领域，中国工程院《新时期我国生物安全战略研究总报告》将生物安全问题归结为4个大的方面：一是生态环境破坏，包括环境污染、外来物种入侵、遗传资源丧失；二是人类健康危害，包括人畜共患病、食源性疾病、医院感染；三是国家安全隐患，包括生物战、生物恐怖、生物实验室事故；四是生物技术的潜在风险，包括合成生物技术、转基因技术、其他现代生物技术等。

《中华人民共和国生物安全法》由中华人民共和国第十三届全国人民代表大会常务委员会第二十二次会议于2020年10月17日通过，自2021年4月15

日起施行。其中，生物安全的定义为“国家有效防范和应对危险生物因子及相关因素威胁，生物技术能够稳定健康发展，人民生命健康和生态系统相对处于没有危险和不受威胁的状态，生物领域具备维护国家安全和持续发展的能力”。根据该法，从事下列活动，适用本法：①防控重大新发突发传染病、动植物疫情；②生物技术研究、开发与应用；③病原微生物实验室生物安全管理；④人类遗传资源与生物资源安全管理；⑤防范外来物种入侵与保护生物多样性；⑥应对微生物耐药；⑦防范生物恐怖袭击与防御生物武器威胁；⑧其他与生物安全相关的活动[1]。

生物安全的英文对应词包括 biosafety 和 biosecurity。根据瑞士苏黎世联邦理工大学 2007 年编写的《生物防御手册》（*Biodefense Handbook*）[2]，biosafety 主要是指采取措施预防生物剂的非蓄意释放；biosecurity 主要是指采取措施应对生物剂的蓄意释放；生物防御（biodefense）主要是指为了保证生物安全，应对自然发生、事故性或蓄意的病原体或毒素释放而建立政策、机制、方法、计划和程序等（图 1-1）。

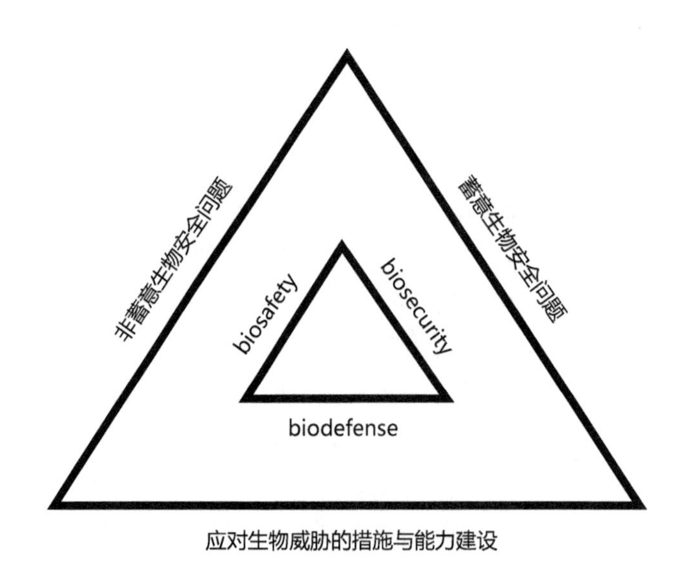

图 1-1　生物安全的共性问题

本书认为，生物技术安全是在促进生物技术发展的同时，防止其对人类健康、动植物、环境、社会秩序等造成危害，并符合生物伦理学有关要求。生物技术安全是生物安全的重要组成部分，并且与生物安全的其他各个方面密切相关。

生物技术安全包括生物技术应用中个体的安全问题，但更重要的是其可能导致的公共卫生安全。同时，在很多领域，生物安全与生命伦理问题相互交织。生命伦理学亦称“生物伦理学”，是伦理学的一门分支学科，属于应用伦理学范畴，是以人的生命为主，同时对其他物种生命展开的伦理研究[3]。生命伦理学是运用伦理学的理论和方法，在跨学科、跨文化的情景中，对生命科学和医疗保健的伦理学方面，包括决定、行动、政策、法律所进行之系统研究[4]。在当前的生命伦理学研究中，对世界影响较大并占主流地位的伦理原则是美国学者比彻姆和丘卓斯在其合著的《生物医学伦理学原则》一书中提出的“四大原则”，即自主、不伤害、行善、公正原则[3]。

本书针对生物技术安全的几个方面进行阐述，包括病原生物功能获得、病原生物工具、合成生物学、转基因植物、转基因动物、克隆技术、干细胞研究、人类基因组、基因编辑、基因驱动等，主要内容包括技术发展、潜在安全与伦理问题及相关管控措施等。

二、生物技术

生物技术（biotechnology）是指人们以现代生命科学为基础，结合其他基础学科的科学原理，采用先进的工程技术手段，按照预先的设计改造生物体或加工生物原料，为人类生产出所需产品或达到某种目的[5]。先进的工程技术手段包括基因工程、细胞工程、蛋白质工程、抗体工程、酶工程、发酵工程、生物分离工程等。生物技术涉及生物医药和健康、农业、能源、环保、制造等多个领域。

（一）生命科学与生物技术重要进展

1953 年，Watson 和 Crick 阐明了脱氧核糖核酸（deoxyribonucleic acid，DNA）双螺旋结构，奠定了分子生物学的基础，生物技术和生命科学较以往有了突飞猛进的发展[6]。詹姆斯·沃森（James D. Watson）、弗朗西斯·克里克（Francis Crick）、莫里斯·威尔金斯（Maurice Wilkins）因此获得 1962 年的诺贝尔生理学或医学奖。

1972 年，美国斯坦福大学生化学家保罗·伯格（Paul Berg）将 λ 噬菌体基因和大肠杆菌乳糖操纵子基因插入猴病毒 SV40 DNA 中，首次构建出 DNA 重组体。1973 年，美国斯坦福大学的 Cohen 和加州大学的 Boyer 成功将细菌质粒通过体外重组后导入大肠杆菌中，得到了基因的分子克隆，由此产生了基因工程（genetic engineering）[6]。基因工程是按照人们的意愿对携带遗传信息的分子进行设计和改造，通过体外基因重组、克隆、表达和转基因等技术，将一种生物体的遗传信息转入另一种生物体，有目的地改造生物体，创制出更符合人类需要的新生物类型的分子工程[6]。

基因工程的核心是 DNA 重组技术。DNA 重组技术也称为 DNA 克隆、分子克隆、基因克隆，是将 DNA 限制性酶切片段插入克隆载体，导入宿主细胞，经无性繁殖，获得相同的 DNA 扩增分子。保罗·伯格因“对核酸生物化学，特别是重组 DNA 的基础研究”获 1980 年诺贝尔化学奖。

现代生物技术发展历程与重要事件如图 1–2 所示。部分诺贝尔奖获奖情况如表 1–1 和表 1–2 所示。

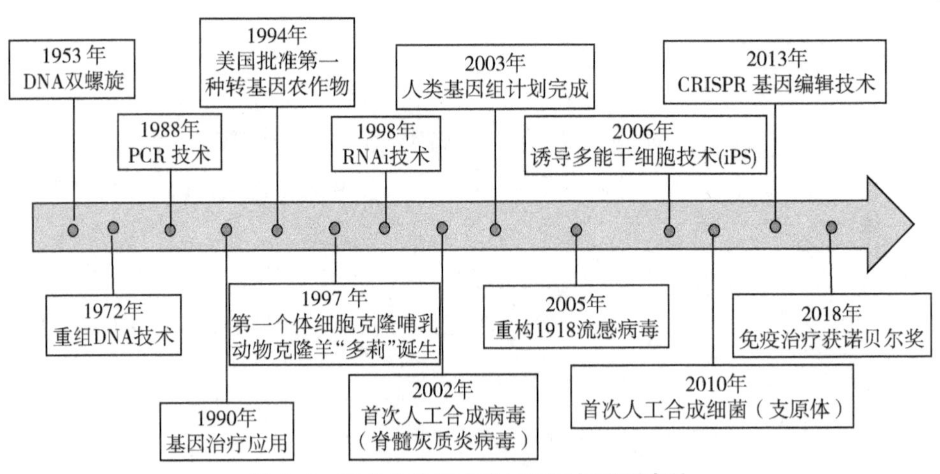

图 1–2　现代生物技术发展历程与重要事件

表 1–1 部分诺贝尔生理学或医学奖获奖情况[7–9]

年份	英文姓名	中文姓名	国籍	获奖时所在机构	主要成果
2018	James P. Allison	詹姆斯 · 艾利森	美	得克萨斯大学安德森癌症中心（美国）	肿瘤免疫治疗
	Tasuku Honjo	本庶佑	日	京都大学(日本)	
2015	Youyou Tu	屠呦呦	中	中国中医研究院（中国）	发现治疗疟疾的新疗法
	William C. Campbell	威廉 ·C. 坎贝尔	爱尔兰	德鲁大学（美国）	发现治疗蛔虫寄生虫新疗法
	Satoshi Ōmura	大村智	日	北里大学（日本）	
2012	Sir John B. Gurdon	约翰 · 伯特兰 · 格登	英	剑桥大学格登研究所（英国）	发现成熟细胞可被重写成多功能细胞，细胞核重编程技术
	Shinya Yamanaka	山中伸弥	日	京都大学（日本），格莱斯顿研究所（美国）	
2011	Ralph M. Steinman	拉尔夫 · 斯坦曼	加	洛克菲勒大学（美国）	发现树突细胞和其在获得性免疫中的作用
	Bruce A. Beutler	布鲁斯 · 巴特勒	美	得克萨斯大学西南医学中心（美国）	对于先天免疫机制激活的发现
	Jules A. Hoffmann	朱尔斯 · 霍尔曼	法	斯特拉斯堡大学（法国）	
2010	Robert G. Edwards	罗伯特 · 爱德华兹	英	剑桥大学（英国）	创立了体外受精技术，被誉为“试管婴儿之父”

续表

年份	英文姓名	中文姓名	国籍	获奖时所在机构	主要成果
2007	Mario R. Capecchi	马里奥·卡佩基	美	犹他大学（美国）	小鼠胚胎干细胞中引入特异性基因修饰，靶向基因技术的建立
	Sir Martin J. Evans	马丁·约翰·埃文斯	英	卡迪夫大学（英国）	
	Oliver Smithies	奥利弗·史密西斯	美	北卡罗来纳大学（美国）	
2006	Andrew Z. Fire	安德鲁·法尔	美	斯坦福大学医学院（美国）	双链 RNA 对基因表达的抑制及其机制
	Craig C. Mello	克雷格·梅洛	美	马萨诸塞大学医学院（美国）	
2002	Sydney Brenner	悉尼·布伦纳	南非	分子科学研究所（美国）	细胞凋亡及其分子机制
	H. Robert Horvitz	罗伯特·霍维茨	美	麻省理工学院（美国）	
	John E. Sulston	约翰·苏尔斯顿	英	维尔康基金会桑格研究所（英国）	
2001	Leland H. Hartwell	利兰·哈特韦尔	美	弗莱德·哈钦森癌症研究中心（美国）	细胞周期及其分子机制
	Tim Hunt	蒂莫西·亨特	英	帝国癌症研究基金会（英国）	
	Sir Paul M. Nurse	保罗·努尔斯	英	帝国癌症研究基金会（英国）	

续表

年份	英文姓名	中文姓名	国籍	获奖时所在机构	主要成果
1996	Peter C. Doherty	彼得·查尔斯·多尔蒂	澳	圣犹大儿童研究医院（美国）	细胞介导的免疫防御特性
	Rolf M. Zinkernagel	罗尔夫·津克耐格尔	瑞士	苏黎世大学（瑞士）	
1995	Edward B. Lewis	爱德华·路易斯	美	加州理工大学（美国）	胚胎早期发育的遗传控制
	Christiane Nüsslein-Volhard	克里斯蒂安·尼斯莱因·福尔哈德	德	马克思－普朗克研究所（德国）	
	Eric F. Wieschaus	埃里克·维绍斯	美	普林斯顿大学（美国）	
1994	Alfred G. Gilman	阿尔弗雷德·古德曼·吉尔曼	美	得克萨斯大学西南医学中心（美国）	G蛋白及其信号转导作用
	Martin Rodbell	马丁·罗德贝尔	美	国家环境卫生科学研究所（美国）	
1993	Richard J. Roberts	理查德·罗伯茨	英	纽英伦生物技术实验室（美国）	发现断裂基因、真核细胞mRNA转录的剪接
	Phillip A. Sharp	菲利普·A. 夏普	美	麻省理工学院（美国）	
1987	Susumu Tonegawa	利根川进	日	麻省理工学院（美国）	抗体多样性遗传原理

续表

年份	英文姓名	中文姓名	国籍	获奖时所在机构	主要成果
1984	Niels K. Jerne	尼尔斯 · 耶纳	丹麦	巴塞尔免疫学研究所（瑞士）	免疫特异性，免疫应答的发育和调节理论，单克隆抗体的研制
	Georges J. F. Köhler	乔治斯 · 克勒	德	巴塞尔免疫学研究所（瑞士）	
	César Milstein	色萨 · 米尔斯坦	英	MRC 分子生物学实验室（英国）	
1983	Barbara McClintock	巴巴拉 · 麦克林托克	美	冷泉港实验室（美国）	发现移动基因
1978	Werner Arber	维尔纳 · 阿尔伯	瑞士	巴塞尔大学（瑞士）	限制性内切酶的发现及应用研究
	Daniel Nathans	丹尼尔 · 内森斯	美	约翰 · 霍普金斯大学医学院（美国）	
	Hamilton O. Smith	汉密尔顿 · 史密斯	美	约翰 · 霍普金斯大学医学院（美国）	
1972	Gerald M. Edelman	杰拉尔德 · 埃德尔曼	美	洛克菲勒大学（美国）	抗体的化学结构和功能
	Rodney R. Porter	罗德尼 · 罗伯特 · 波特	英	牛津大学（英国）	
1969	Max Delbrück	马克斯 · 德尔布吕克	美 / 德	加州理工大学（美国）	发现病毒的复制机制和遗传结构，噬菌体遗传学
	Alfred D. Hershey	艾尔弗雷德 · 赫尔希	美	卡内基华盛顿研究所（美国）	
	Salvador E. Luria	萨尔瓦多 · 卢里亚	美 / 意	麻省理工学院（美国）	

续表

年份	英文姓名	中文姓名	国籍	获奖时所在机构	主要成果
1968	Robert W. Holley	罗伯特 ·W. 霍利	美	康奈尔大学（美国）	揭示氨基酸合成的 DNA、RNA 三联密码子
	Har Gobind Khorana	哈尔 · 葛宾 · 科拉纳	美	威斯康星大学（美国）	
	Marshall W. Nirenberg	马歇尔 · 沃伦 · 尼伦伯格	美	国立卫生研究院（美国）	
1965	François Jacob	弗朗索瓦 · 雅各布	法	巴斯德研究所（法国）	基因调节操纵子模型
	André Lwoff	安德列 · 利沃夫	法	巴斯德研究所（法国）	
	Jacques Monod	雅克 · 莫诺	法	巴斯德研究所（法国）	
1962	Francis Harry Compton Crick	弗朗西斯 · 克里克	英	MRC 分子生物学实验室（英国）	发现 DNA 的分子结构及遗传信息传递
	James Dewey Watson	詹姆斯 · 杜威 · 沃森	美	哈佛大学（美国）	
	Maurice Hugh Frederick Wilkins	莫里斯 · 威尔金斯	英	伦敦大学（英国）	
1959	Severo Ochoa	塞韦罗 · 奥乔亚	美 / 西	纽约大学（美国）	RNA 和 DNA 的生物合成机制
	Arthur Kornberg	阿瑟 · 科恩伯格	美	斯坦福大学（美国）	
1933	Thomas Hunt Morgan	托马斯 · 亨特 · 摩尔根	美	加州理工学院（美国）	发现遗传中染色体所起的作用

表 1–2 部分诺贝尔化学奖获奖情况[7–9]

年份	英文姓名	中文姓名	国籍	获奖时所在机构	主要成果
2020	Emmanuelle Charpentier	艾曼纽·卡朋特	法国	德国马克斯－普朗克研究所（德国）	CRISPR 基因编辑技术
	Jennifer A. Doudna	珍妮弗·杜德纳	美国	加利福尼亚大学伯克利分校（美国）	
2015	Tomas Lindahl	托马斯·林达尔	瑞典	弗朗西斯·克里克研究所（英国），克莱尔霍尔实验室（英国）	DNA 修复的细胞机制研究
	Paul Modrich	保罗·莫德里奇	美	霍华德·休斯医学研究所（美国），杜克大学医学院（美国）	
	Aziz Sancar	阿齐兹·桑贾尔	土耳其	北卡罗来纳大学（美国）	
2012	Robert J. Lefkowitz	罗伯特·莱夫科维茨	美	霍华德·休斯医学研究所（美国），杜克大学医学院（美国）	对 G 蛋白偶联受体的研究
	Brian K. Kobilka	布莱恩·科比尔卡	美	斯坦福大学医学院（美国）	
2006	Roger D. Kornberg	阿瑟·科恩伯格	美	斯坦福大学（美国）	真核细胞 RNA 转录分子机制的研究

续表

年份	英文姓名	中文姓名	国籍	获奖时所在机构	主要成果
2004	Aaron Ciechanover	阿龙 · 切哈诺沃	以色列	以色列理工学院（以色列）	发现泛素介导的蛋白质降解
	Avram Hershko	阿夫拉姆 · 赫什科	以色列	以色列理工学院（以色列）	
	Irwin Rose	欧文 · 罗斯	美	加利福尼亚大学（美国）	
1993	Kary B. Mullis	凯利 · 穆利斯	美	PE-centus 公司（美国）	PCR 方法的建立
	Michael Smith	迈克尔 · 史密斯	加	不列颠哥伦比亚大学（加拿大）	寡核苷酸 – 点突变方法建立及对蛋白质研究
1989	Sidney Altman	西德尼 · 奥尔特曼	美 / 加	耶鲁大学（美国）	发现 RNA 具有催化作用及对其催化特性的研究
	Thomas R. Cech	托马斯 · 罗伯特 · 切赫	美	科罗拉多大学（美国）	
1984	Robert Bruce Merrifield	罗伯特 · 布鲁斯 · 梅里菲尔德	美	洛克菲勒大学（美国）	开发了固相化学合成法
1980	Paul Berg	保罗 · 伯格	美	斯坦福大学（美国）	DNA 重组的研究
	Walter Gilbert	沃特 · 吉尔伯特	美	哈佛大学（美国）	DNA 测序方法
	Frederick Sanger	弗雷德里克 · 桑格	英	MRC 分子生物学实验室（英国）	

续表

年份	英文姓名	中文姓名	国籍	获奖时所在机构	主要成果
1972	Christian B. Anfinsen	克里斯蒂安·伯默尔·安芬森	美	国立卫生研究院（美国）	对核糖核酸酶的研究，阐明了蛋白质的结构与功能之间的关系
	Stanford Moore	斯坦福·摩尔	美	洛克菲勒大学（美国）	对核糖核酸酶分子活性中心的催化活性与其化学结构之间关系的研究
	William H. Stein	威廉·斯坦	美	洛克菲勒大学（美国）	
1958	Frederick Sanger	弗雷德里克·桑格	英	剑桥大学（英国）	确定胰岛素结构
1957	Lord Todd	罗伯兹·托德	英	剑桥大学（英国）	核苷酸和核苷酸辅酶的研究

（二）生物技术对科技发展的推动作用

生物技术是当今国际科技发展的主要推动力，生物产业已成为国际竞争的焦点，对解决人类面临的健康、粮食、能源、环境等主要问题具有重大战略意义。

1. 生物技术是当今高技术发展最快的领域之一

生命科学、生物技术及相关领域的论文总数占全球自然科学论文的 50% 以上。*Science* 评选的年度 10 项科技突破中，生命科学和生物技术领域常常占 50% 以上。为纪念创刊 125 周年，*Science* 于 2005 年 7 月提出了 125 个重要的科学问题，其中包括 25 个最突出的重点问题，其中涉及生命科学的问题有 15 个。基因组学、蛋白质组学及干细胞等前沿生物技术的发展使人类对生命世界的认识水平发生质的飞跃；医药生物技术将大幅提高人类健康水平，提高人们的生活质量。

2. 生物技术是解决人类重大问题的重要手段

进入 21 世纪，人类社会发展面临的健康、粮食、能源、环境等问题日益突出。现代生命科学与生物技术研究为应对这些重大挑战提供了解决思路与方案。在农业方面，生物技术是提高农业科技水平、保障国家粮食安全的重要途径；在医药方面，组学技术、生物信息等技术的发展为预防医学、个体化治疗提供可能。生物技术的进步和产业发展将给人类生活和社会经济发展带来巨大变革。

3. 生物技术是维护保障生物安全的重要支撑

随着全球化进程不断加快和生物技术的飞速发展，生物安全问题逐渐成为一个涉及政治、军事、经济、科技、文化和社会等诸多领域安全与发展的基本问题。2003 年以来，严重急性呼吸综合征（Severe Acute Respiratory Syndrome，SARS）、H5N1 高致病性禽流感、甲型 H1N1 流感、H7N9 禽流感、2019 新型冠状病毒肺炎的流行，都警示我们需要更加关注新发传染病带来的安全问题。生物技术的快速发展可以为应对生物威胁提供支撑。

三、生物技术安全

生物技术安全包括生物技术应用本身的安全风险及生物技术两用性问题。生物技术的发展伴随着一些安全风险，新的药品、疫苗在临床试验中都可能造成一些不良反应，一些新的治疗手段也可能产生意外的后果。当前，生物技术安全关注更多的是生物技术可能的公共卫生风险及两用性问题。

（一）生物技术两用性问题的产生

2014 年，在美国政府发布的《美国政府生命科学两用性研究研究机构监管政策》[10] 中，对“两用性研究”（dual use research）及“值得关注的两用性研究”（dual use research of concern，DURC）进行了定义：生命科学研究对于科技的进步及在公共卫生、农作物、畜牧业和环境领域都具有重要的作用，然而，一些可以合法进行的研究也可以用于有害的目的，这类研究被称为“两用性研究”。“值得关注的两用性研究”是指“生命科学研究所提供的知识、信息、产品或技术可能直接被误用，对公众健康和安全、农作物和其他植物、动物、环境、材料或国家安全构成重大威胁，产生广泛的潜在后果的研究”。该定义基于美国生物安全科学顾问委员会（National Science Advisory Board for Biosecurity，NSABB）既往对两用生物技术相关的定义[11]。

生物技术两用性问题的产生源于随着生物技术的发展，生命科学领域一些研究成果的发表引起了人们对其被恶意利用的担心。2001 年，澳大利亚联邦科学与工业研究组织（Commonwealth Scientific and Industrial Research Organisation，CSIRO）的 Jackson 等人在《病毒学》上发表了通过在鼠痘病毒中加入白细胞介素 -4（interleukin-4，IL-4）基因，意外产生强致死性病毒的研究[12]。2002 年，*Nature* 刊登了美国纽约州立大学石溪分校完成的通过化学方法合成脊髓灰质炎病毒的文章[13]。2005 年 10 月，*Science* 刊登了美国疾病预防控制中心（Centers for Disease Control and Prevention，CDC）的 Tumpey 等人重新构建 1918 流感病毒，并对其特性进行分析的文章[14]。2012 年 5 月，*Nature* 刊登了美国威斯康星大学 Kawaoka 等人对 H5N1 流感病毒突变使其在哺乳动物间传播的研究结果[15]。2012 年 6 月，*Science* 刊登了荷兰伊拉斯姆斯大学医学中心的 Fouchier 等人进行的 H5N1 流感病毒突变在哺乳动物间传播的研究结果[16]。

许多科学家、政策研究人员及国际组织对生物技术两用性研究所带来的后果深为担忧。2002 年，人工合成脊髓灰质炎病毒文章发表后，美国国会议员戴夫·韦尔登等人提出了对一些期刊发表此类研究结果的担心，认为“这给恐怖主义者描绘了合成危险病原体的蓝图”[17]。另外，对于是否要在互联网发布天花病毒等的基因组序列，一些人认为应当慎重考虑[18]。2012 年，美国威斯康星大学麦迪逊分校 Kawaoka 和荷兰伊拉斯姆斯大学医学中心 Fouchier 的 H5N1 禽流感病毒基因突变研究的生物安全问题引起了广泛争论[19]。有人担心变异的病毒可能会无意中泄漏出来，或者重要的信息会落入恐怖分子之手，因此，呼吁终止研究或者不对公众发布重要信息。一些学者也就两用生物技术的风险进行分析[20-21]，美国科学院就两用生物技术的生物安全问题发布了相关报告[22-24]。

在美国学者乔纳森·塔克 2012 年主编的《创新、两用性与生物安全：管理新兴生物和化学技术风险》一书中[25]，列举了 14 项两用生物和化学技术，并对其潜在风险性和可管控性进行了评估（表 1-3）。

表 1-3 两用生物和化学技术评估 [25]

<table>
<tr><td colspan="2" rowspan="2"></td><td colspan="3">可管控性</td></tr>
<tr><td>低</td><td>中</td><td>高</td></tr>
<tr><td rowspan="9">滥用风险</td><td rowspan="3">高</td><td rowspan="3">DNA 改组和定向进化</td><td>病毒基因组合成</td><td rowspan="3">化学微观过程设备</td></tr>
<tr><td>组合化学和高通量筛选</td></tr>
<tr><td>精神药物开发</td></tr>
<tr><td rowspan="2">中</td><td>免疫调节</td><td>蛋白质工程</td><td rowspan="2"></td></tr>
<tr><td>RNA 干扰</td><td>肽生物调节剂的合成</td></tr>
<tr><td rowspan="4">低</td><td rowspan="4"></td><td>标准件合成生物学</td><td rowspan="4">经颅磁刺激</td></tr>
<tr><td>个人基因组学</td></tr>
<tr><td>基因治疗</td></tr>
<tr><td>气溶胶疫苗</td></tr>
</table>

除此以外，近些年基因编辑及基因驱动技术的两用性问题也引起了广泛的关注。基因编辑技术能够对目标基因进行“编辑”，实现对特定 DNA 片段的敲除、加入等。理论上，通过设计不同的核糖核酸（ribonucleic acid，RNA），可以引导 Cas 核酸酶对任何一个 DNA 位点进行改造，这为基因治疗和物种改造创造了极大的便利[26]。但基因编辑技术有被滥用的可能性，其被美国情报部门列为一种重要的潜在威胁[27]。

“基因驱动”是指特定基因有偏向性地遗传给下一代的一种自然现象。一般来讲，一个生物体基因的两个副本（等位基因）每个都有 50% 的概率传递给后代，但也有一些等位基因被遗传的概率超过 50%，这就是基因驱动。将基因驱动元件和某一特定功能元件（如不孕基因、抗病毒基因）整合至目标物种体内，实现特定功能性状的快速遗传是当前控制虫媒疾病、保护农业和生态环境的研究方向之一。CRISPR/Cas9 等技术的发展使基因驱动变得更为容易实现[28]。基因驱动技术也存在潜在两用性风险，如发展一种对特定病原体更易传播的蚊子，或将一种非传播媒介改造成传播媒介[28]。

（二）生物技术两用性研究类型

2004 年，美国国家研究委员会（National Research Council，NRC）发布了《恐

怖主义时代的生物技术研究》（*Biotechnology Research in an Age of Terrorism*）报告。该报告确定了7种类型的试验需要在开展前进行评估，分别为导致疫苗无效、导致抵抗抗生素和抗病毒治疗措施、提高病原体毒力或使非致病病原体致病、增强病原体的传播能力、改变病原体宿主、使诊断措施无效、使生物剂或毒素武器化[22]。

澳大利亚国立大学的Selgelid在2007年发表于*Science and Engineering Ethics*的文章中，列举了除上述美国国家研究委员会报告中的生命科学两用性研究类别外其他一些需要关注的研究，包括病原体测序、合成致病微生物、对天花病毒的实验、恢复灭绝的病原体等[20]。

2007年，美国生物安全科学顾问委员会（NSABB）发布了《生命科学两用性研究监管建议》（*Proposed Framework for the Oversight of Dual Use Life Sciences*）[29]。其列举的需要关注的生命科学两用性研究包括：①提高生物剂或毒素的危害；②干扰免疫反应；③使病原体或毒素抵抗预防、治疗和诊断措施；④增强生物剂的稳定性、传播能力和播散能力；⑤改变病原体或毒素的宿主趋向性；⑥提高人群敏感性；⑦产生新的病原体或毒素，以及重新构建已消失或灭绝的病原体。

2013年2月，美国白宫科学和技术政策办公室发布了《美国政府生命科学两用性研究监管政策》（*US Government Study of Dual-use Life Sciences Regulatory Policy*）[30]。该监管策略重点针对以下几个方面的研究：①提高生物剂或毒素的毒力；②破坏免疫反应的有效性；③抵抗预防、治疗或诊断措施；④增强生物剂或毒素的稳定性、传播能力、播散能力；⑤改变病原体或毒素的宿主范围或趋向性；⑥提高宿主对生物剂或毒素的敏感性；⑦重构已经灭绝的生物剂或毒素。

为了加强对流感病毒功能获得性研究（gain of function，GOF）的监管，2013年，美国国立卫生研究院（National Institutes of Health，NIH）发布了《卫生与公众服务部基金资助框架》（*A Framework for Guiding U.S. Department of Health and Human Services Funding*）[31-32]，该框架列举了开展生命科学两用性研究需达到的7个标准，所有标准必须同时满足才可接受卫生与公众服务部的资金资助。这些标准包括：①被研究的病毒可以自然进化产生；②研究的科学问题对公共卫生非常重要；③没有其他可行的降低风险的策略；④实验室生物安全（biosafety）风险可控；⑤被蓄意利用的生物安全（biosecurity）风险可控；⑥研究结果可被广泛分享，使全球健康受益；⑦研究工作可被容易地监管。

（三）生物技术两用性管控措施

针对生物技术两用性管控，一些国际组织做出了很多努力，同时，一些国家也采取了有针对性的措施。

1. 加强病原微生物实验室生物安全管控

病原微生物遗传改造是生物技术两用性的重点关注领域，规范病原微生物的实验室操作可以降低生物技术两用性风险。世界卫生组织（World Health Organization，WHO）及一些国家和地区确定了病原微生物的实验室危险性分类，明确了各种病原微生物应在何种生物安全级别的实验室进行操作。世界卫生组织在2004年发布的《实验室生物安全手册》（第三版）中阐述了病原微生物实验室生物安全4个类别的分类标准。美国国立卫生研究院（NIH）1976年发布并随后不断修订了《NIH涉及重组DNA研究的生物安全指南》，其将病原微生物分为4类，并公布了各类清单。欧盟（欧洲议会和理事会）在2000年9月《关于保护从事危险生物剂操作人员安全的第2000/54/EC号指令》中将病原微生物分为4类，并确定了各类清单。

2. 建立生物技术两用性监管咨询机构

生物技术两用性往往涉及一些前沿技术，无既往可借鉴的管理措施，需要权威部门提供咨询、指导。美国卫生与公众服务部（Department of Health and Human Services，HHS）于2005年成立了生物安全科学顾问委员会（NSABB），对生物技术两用性研究在国家安全和科学研究需要上提供建议。生物安全科学顾问委员会的主要任务包括：对于生物技术两用性研究建立确定标准；对生物技术两用性研究提出指导方针；为政府对出版潜在敏感研究及科研人员进行安全教育方面提供建议[33]。美国国家生物安全科学顾问委员会由美国国立卫生研究院负责管理，有25名具有投票权的成员，从事的领域包括生物伦理学、国家安全、情报、生物防御、出口控制、法律、出版、分子生物学、微生物学、临床感染性疾病、实验室安全、公共卫生、流行病学、药品生产、兽医医学、植物医学、食品生产等方面。另外，这个委员会还包括来自15个联邦机构的成员，这些联邦机构包括卫生与公众服务部、能源部、国土安全部、国防部、内务部、环境保护局、农业部、国家科学基金、司法部、国务院、商务部等。

3. 确定需要重点监管的生物技术两用性研究类别

2013 年 2 月，美国白宫科技政策办公室（Office of Science and Technology Policy，OSTP）发布了《美国政府生命科学两用性研究监管政策》，确定了需要重点监管的生物技术两用性研究类别[30]。随后在 2014 年 9 月又发布了《美国政府生命科学两用性研究研究机构监管政策》[10]。

4. 加强生物技术两用性科研项目审批监管

对具有潜在生物技术两用性风险的科研项目进行严格审批是降低风险的重要途径。为了进一步加强对流感病毒功能获得性研究的监管，2013 年 2 月，美国国立卫生研究院（NIH）发布了加强 H5N1 禽流感病毒功能获得性研究（GOF）项目经费审批的指导意见[31-32]。该指导意见列出了 7 条标准，所有标准必须同时具备才可获得卫生与公众服务部（HHS）的经费资助。

参考文献

[1] 中华人民共和国生物安全法[EB/OL].[2021-06-01]. http://www.npc.gov.cn/npc/c30834/202010/bb3bee5122854893a69acf4005a66059.shtml.

[2] ETH Zurich. International biodefense handbook, 2007[EB/OL].[2021-06-01]. https://www.files.ethz.ch/isn/31146/Biodefense_HB.pdf.

[3] 沈秀芹. 人体基因科技医学运用立法规制研究[M]. 济南：山东大学出版社，2015.

[4] 邱仁宗，翟晓梅. 生命伦理学概论[M]. 北京：中国协和医科大学出版社，2003.

[5] 宋思扬，楼士林. 生物技术概论[M]. 4 版. 北京：科学出版社，2014.

[6] 吕虎，华萍. 现代生物技术导论[M]. 4 版. 北京：科学出版社，2011.

[7] All Nobel Prizes in physiology or medicine[EB/OL].[2021-06-01]. https://www.nobelprize.org/nobel_prizes/medicine/laureates/.

[8] 豆麦麦. 改变人类的诺贝尔科学奖[M]. 西安：陕西科学技术出版社，2017.

[9] 李雨民，陈洪. 诺贝尔奖和诺贝尔奖学[M].2 版. 上海：上海科学技术出版社，2011.

[10] United States government policy for institutional oversight of life sciences dual use research of concern[EB/OL].[2021-06-01]. http://www.phe.gov/s3/dualuse/Documents/oversight-durc.pdf.

[11] NSABB draft guidance documents(July 2006)[EB/OL].[2021-06-01].https://osp.od.nih.gov/wp-

content/uploads/2013/12/NSABB%20Draft%20Guidance%20Documents.pdf.

[12] Jackson R J, Ramsay A J, Christensen C D, et al. Expression of mouse interleukin-4 by a recombinant *Ectromelia virus* suppresses cytolytic lymphocyte responses and overcomes genetic resistance to mousepox[J]. Journal of Virology, 2001, 75(3):1205–1210.

[13] Cello J , Paul A V , Wimmer E . Chemical synthesis of poliovirus cDNA: generation of infectious virus in the absence of natural template[J]. Science,2002,297(5583):1016–1018.

[14] Tumpey T M, Basler C F, Aguilar P V, et al. Characterization of the reconstructed 1918 Spanish influenza pandemic virus[J]. Science, 2005, 310(5745):77–80.

[15] Imai M, Watanabe T, Hatta M, et al. Experimental adaptation of an influenza H5 HA confers respiratory droplet transmission to a reassortant H5 HA/H1N1 virus in ferrets[J]. Nature, 2012, 486(7403):420–428.

[16] Herfst S, Schrauwen E J, Linster M,et al. Airborne transmission of influenza A/H5N1 virus between ferrets[J].Science, 2012, 336(6088):1534–1541.

[17] Wimmer E, Paul A V. Synthetic poliovirus and other designer viruses: what have we learned from them?[J]. Annual Review of Microbiology, 2011, 65(1):583–609.

[18] Couzin J Bioterrorism. A call for restraint on biological data[J]. Science, 2002, 297(5582):749–751.

[19] Kaiser J. The catalyst[J]. Science, 2014, 345(6201):1112–1115.

[20] Miller S, Selgelid M J. Ethical and philosophical consideration of the dual-use dilemma in the biological sciences[J]. Science and Engineering Ethics, 2008, 13(4):523–580.

[21] Aken V J. When risk outweighs benefit. Dual-use research needs a scientifically sound risk-benefit analysis and legally binding biosecurity measures[J]. Embo Reports, 2006, 7:S10.

[22] National Research Council. Biotechnology research in an age of terrorism[M]. Washington, D.C.: The National Academies Press, 2004.

[23] Institute of Medicine and National Research Council. Globalization, biosecurity, and the future of the life sciences[M]. Washington, D.C.: The National Academies Press, 2006.

[24] National Research Council. Life sciences and related fields: trends relevant to the biological weapons convention[M]. Washington, D.C.: The National Academies Press, 2011.

[25] Tucker J B. Innovation, dual use, and security: managing the risks of emerging biological and chemical technologies[M]. Cambridge: The MIT Press, 2012.

[26] 李凯，沈钧康，卢光明 . 基因编辑 [M]. 北京：人民卫生出版社，2016.

[27] Regalado A. Top U.S. intelligence official calls gene editing a WMD threat[J]. MIT Technology Review, February 9，2016.

[28] National Academies of Sciences, Engineering, and Medicine. Gene drives on the horizon: advancing science, navigating uncertainty, and aligning research with public values[M]. Washington, D.C.: The National Academies Press, 2016.

[29] NSABB. Proposed framework for the oversight of dual use life sciences research：strategies for minimizing the potential misuse of research information[EB/OL].[2021–05–30].http：//osp.od.nih.gov/officebiotechnology–activities/nsabb–reports–and–recommendations/proposed–framework–oversightdual–use–life–sciences–research.

[30] United States government policy for oversight of life sciences dual use research of concern[EB/OL]. [2021–06–05]. https://phe.gov/s3/dualuse/Documents/us–policy–durc–032812.pdf.

[31] HHS. A framework for guiding U.S. department of health and human services funding decisions about research proposals with the potential for generating highly pathogenic avian influenza H5N1 viruses that are transmissible among mammals by respiratory droplets[EB/OL].[2021–06–01].http：//www.phe.gov/s3/dualuse/Documents/funding–hpai–h5n1.pdf.

[32] Patterson A P, Tabak L A, Fauci A S, et al. Research funding. A framework for decisions about research with HPAI H5N1 viruses[J].Science, 339(6123):1036–1037.

[33] Shea D. Oversight of dual–use biological research: the national science advisory board for biosecurity[EB/OL].(2007–04–27)[2021–06–01]. https://fas.org/programs/bio/resource/documents/RL33342.pdf.

第二章　病原生物功能获得

“功能获得性”（gain-of-function，GOF）一词通常指获得新生物表型或提高现有生物表型。“功能获得性”研究和“功能缺失性”（loss-of-function，LOF）研究在分子微生物学研究中很普遍，其对理解感染性疾病的致病机制有重要意义。自然发生或实验室操作均可改变某个生物体的基因组，导致其生物功能的缺失或获得，进而改变其表型。

病原生物功能获得性研究曾应用于生物战剂研发。生物战剂（biological warfare agent）是在战争中用来伤害人、畜或毁坏农作物的致病微生物及生物毒素。生物战剂作为军事应用有很长的历史，并在两次世界大战中使用。随着生命科学和生物技术的发展，可以产生危害更大的潜在生物战剂，如：①多重抗生素抵抗细菌。苏联生物武器计划中曾计划研究产生抵抗十几种不同抗生素的细菌[1]。②抗原改变的细菌。1997年，俄罗斯国家应用微生物学研究中心（State Research Centre for Applied Microbiology）在 *Vaccine* 上发表了一篇通过改变炭疽芽孢杆菌抗原性而使原有疫苗失效的文章[2]。研究人员将蜡样芽孢杆菌的细胞溶解酶基因 cereolysin AB 在炭疽芽孢杆菌中表达，引起了炭疽芽孢杆菌抗原性的改变。该论文引起了美国国防部的警觉，美国试图获得该菌株的样品，来判断该菌株是否抵抗美国所使用的炭疽疫苗，但没有获得该菌株。最终，美国中央情报局决定实施一个计划——杰弗逊计划（Project Jefferson）来复制该菌株。③细菌产生非常规症状。苏联生物武器研发期间，研究人员曾经将一个基因插入土拉热弗朗西斯菌，该基因可使细菌产生 β 内毒素，其导致小鼠感染后的症状发生变化[1]。

一、流感病毒功能获得性研究

流感是一种重要的感染性疾病，在历史上曾发生过几次大的全球流行，造成人类大量感染与死亡。流感病毒属于正黏病毒科，是有包膜的单负链 RNA 病毒，可分为甲、乙、丙 3 种类型。甲型流感病毒基因组由 8 个线性负链 RNA 基因组片段组成（图 2-1，彩图见书末）。流感病毒功能获得性研究是生物技术两用性研究的典型事例，近些年一些研究成果的发表引起了广泛的关注和争论。

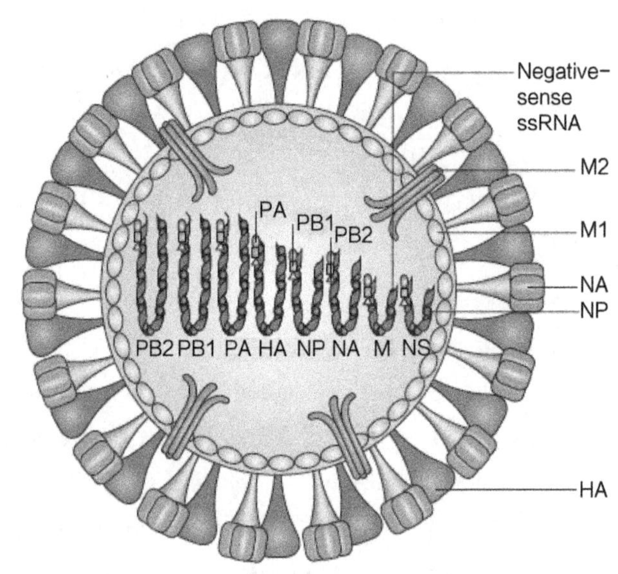

图 2-1　甲型流感病毒结构 [3]

（一）流感病毒 GOF 研究类别

流感病毒功能获得性研究主要包括以下类别 [4]。

1. 因复制周期或生长周期出现变化造成病原体的产量增加

几种实验方法均可导致流感病毒的产量增加。

第一种方法是在野生型病毒株和减毒型高产疫苗病毒株之间进行重配，从而生成一种“候选疫苗病毒”（candidate vaccine virus，CVV）。CVV 既包括来自野生型病毒株的 HA 和 NA 基因，也包括来自疫苗主干病毒株的剩余 6 个基因。CVV 的毒性明显下降，且其扩增水平明显高于其母代野生型病毒株。CVV 可通过传统重配方法，即用野生型病毒株和疫苗主干病毒株共同感染鸡胚或者细胞，随后，基于抗体进行筛选。这种方法目前常被用于在鸡胚或细胞中生产流感疫苗。

第二种方法是病毒株在细胞内进行系列传代，从而筛选得到高产病毒株。这种方法也是当前在鸡胚或细胞中生产流感疫苗的一种方法。具体来说，为了创建一种疫苗种子病毒株用于大规模生产病毒疫苗，制造商在鸡胚或细胞内对 CVV 进行系列传代，以增加 CVV 产量。除了支持疫苗研发外，系列传代方法也可以确定与高产量有关的突变，为后续研究病毒高产量的分子机制提供基础。

第三种方法是“正向遗传筛查”法，即随机突变病毒，随后进行有限传代，筛选出具有高产量的突变体。

第四种方法是对病毒株进行靶向突变，即引入与高产量有关的突变体。

2. 宿主范围出现改变

一些实验方法会导致生成改变宿主范围的新型病毒。

第一种方法是在哺乳动物细胞或实验动物体内对病毒进行系列传代。采取系列传代法可以确定在动物源病毒（禽流感病毒和猪流感病毒）适应哺乳动物的过程中所出现的突变体，从而为后续研究病毒株适应哺乳动物宿主的进化机制提供基础。

第二种方法是对病毒株进行有目的的基因修饰，即定点诱变或重配，从而引入可以提高适应性或感染性的遗传性状。

3. 提高在哺乳动物间的传播性能

几种实验方法可生成在哺乳动物体内传播性被增强的病毒。

第一种方法是在动物体内对病毒进行系列传代来选择其传播性，所生成的病毒在哺乳动物体内的传播性能被增强。这种系列传代方法也可对病毒株的空气传播性进行筛选。

第二种方法是对病毒株进行有目的的基因修饰，即定点诱变或重组。

4. 在合适的动物模型中提高病原体的发病率和死亡率

与传播性能增强的表型类似，系列传代法和有目的的遗传修饰法都可以在合适的动物模型体内生成其发病率和死亡率均被增强的病毒株。

第一种方法是在动物体内对病毒进行系列传代以筛选具有增强致病性的病毒株。

第二种方法是对病毒株进行有目的的基因修饰，即定点诱变或基因重配，从而在哺乳动物中引入可以提高其致病性的遗传性状。

病毒适应性和致病性之间的关系非常复杂，许多适应性增强的病毒株均可以直接或者间接增强其致病性。因此，在动物体内对病毒进行系列传代，既可以筛选具有增强适应性的病毒株，也可以筛选具有增强毒力的病毒株。

5. 逃避现有天然免疫或者诱导的适应性免疫

几种实验方法均会造成所生成的病毒能够逃避现有自然免疫或诱导免疫。第一种方法是在含有同源抗体的条件下对病毒进行系列传代，使病毒逃避抗体的中和反应。实验可通过细胞培养或在已免疫接种的动物体内进行。第二种方法是对流感病毒 HA 蛋白等进行有目的的基因修饰，从而引入可造成抗原改变的突变体。

6. 逃避现有治疗措施

几种实验方法均会生成能够逃避现有治疗措施的病毒株。第一种方法为在存在现有治疗措施的条件下对病毒进行系列传代，从而可以识别那些能够让病毒株逃避治疗措施的突变体。第二种方法是对抗病毒靶向蛋白进行有目的的基因修饰，从而引入可以形成对抗病毒药物耐受的突变体。

7. 基因重配

流感病毒进化主要有两种方式：抗原漂移（antigenic drift）和抗原转换（antigenic shift）。抗原漂移是由于病毒累积了足够多的突变而影响了抗体的结合；抗原转换主要是由于不同亚型甚至不同宿主的流感病毒感染相同的细胞，病毒基因组复制后交换了彼此的基因组片段而引起的，又称为基因组重配。几种实验方法都可用于评估病毒在基因重配后的兼容性和适应性。虽然无法准确预测两种病毒株进行基因重配后的表型变化，但是，与其中一种或者两种母代病毒株相比，重配病毒株会出现适应性增强、致病性增强或传播性能提高等变化。

（二）相关案例

1. 美国威斯康星大学流感突变研究[5-7]

2012年5月2日，*Nature* 刊登了美国威斯康星大学河冈义裕（Yoshihiro Kawaoka）等人对H5N1流感病毒突变使其在哺乳动物间传播的研究结果。从1997年开始，H5N1流感病毒已经在全球造成了几百人死亡。其没有造成大流行的一个主要原因是其不能在人与人之间广泛传播。要造成大流行，病毒必须通过空气传播。Yoshihiro Kawaoka和荷兰鹿特丹伊拉斯姆斯大学医学中心（Erasmus MC）的罗恩·富希耶（Ron Fouchier）研究团队希望确定哪些突变可以使H5N1流感病毒实现在哺乳动物间空气传播。

Yoshihiro Kawaoka的实验产生了一种杂和病毒，该病毒的血凝素基因（HA）来源于H5N1病毒株，其他7个基因节段来源于2009—2010年流行的H1N1流感病毒株。该研究发现仅在血凝素基因发生4个突变就可以使H5N1流感病毒通过空气传播感染雪貂。

Yoshihiro Kawaoka采取对HA的120到259区域随机突变的方式，病毒来源为A/Vietnam/1203/2004。在生成的210万种不同的突变株中，确定了Q226L和N224K两个突变。随后，Kawaoka将突变的HA基因与2009年流行的H1N1流感病毒株重组。重组的病毒感染雪貂，6天后，研究人员发现HA基因发生了N158D突变。这个新的突变使其可以在雪貂间传播。此后，发生了第4个突变，即T318I，使其更容易在雪貂间传播。在该实验中，病毒并没有使受感染的雪貂死亡。

2. 荷兰伊拉斯姆斯大学流感突变研究[8-9]

2012年6月22日，*Science* 刊登了荷兰伊拉斯姆斯大学医学中心的罗恩·富希耶（Ron Fouchier）进行的H5N1流感病毒突变在哺乳动物间传播的研究结果。对于H5N1流感病毒传播的研究从1998年就开始在伊拉斯姆斯大学医学中心病毒学部进行讨论。但这项研究一直没有开展，主要原因是考虑当时在鹿特丹的研究设施不适合开展这项研究。1998—2007年，研究团队进一步讨论了H5N1流感病毒传播实验，同时与Erasmus MC的生物安全官员及全球流感和感染性疾病领域的专家进行了讨论。2005年，病毒学部与美国研究团队合作获得了NIH过敏与感染性疾病研究所（National Institute of Allergy and Infectious Diseases,

NIAID）流感研究项目资助。该研究在 Erasmus MC 动物生物安全三级实验室（Animal Biosafety Level 3，ABSL3）中进行，该实验室在 2007 年完工。

Fouchier 的研究从一种实际的 H5N1 流感病毒出发，其分离于印度尼西亚，为 A/Indonesia/5/2005（A/H5N1），从人体分离。该病毒所有 8 个基因片段经反转录聚合酶链式反应（polymerase chain reaction，PCR）扩增克隆入一个改造的质粒 pHW2000。

研究团队最初获得了一些突变，主要针对血凝素分子与受体的结合区域。另外的突变在聚合酶，其使病毒适应人体呼吸道温度较低的环境。但最初的突变并没有完全发挥作用，随后，他们使这种病毒从一个感染的雪貂感染另一个未感染的雪貂，一共经过了 10 次。最终的结果是病毒可以通过空气从一个笼子中的雪貂传播到另外一个笼子中的雪貂。每一种具有空气传播能力的病毒至少具有 9 个突变，其中 5 个突变是所有病毒都具有的。该研究团队认为这 5 个突变应该是足够的，包括 3 个人工发生的突变和 2 个在雪貂传代中发现的突变。该实验中，通过空气传播的雪貂没有发生死亡（图 2-2）。

图 2-2　流感病毒在雪貂间传播实验[8]

Fouchier 的研究结果包括 5 个突变：HA （Q222L、G224S、T156A、H103Y）和 PB2（E627K）。在 HA 中，222 位的谷氨酰胺由亮氨酸替代，224 位的甘氨酸由丝胺酸替代，156 位的苏氨酸由丙氨酸替代，103 位的组氨酸由酪氨酸替代；在 PB2 中，627 位的谷氨酸由赖氨酸替代。

两项研究成果分别投到 *Nature* 和 *Science* 后，2011 年 11 月 21 日，美国生物安全科学顾问委员会（National Science Advisory Board for Biosecurity，NSABB）建议期刊重新编辑这两篇论文，将结论发表，但不刊载具体方法和数据。2012 年 1 月 20 日，Fouchier、Kawaoka 及其他 37 个研究人员同意 60 天的流感病毒突变研究暂停期。2012 年 2 月，世界卫生组织在瑞士日内瓦召开了一次会议。会上，Kawaoka 和 Fouchier 介绍了该研究的意义，包括可以监测自然界中流感病毒的潜在危险突变，并有助于疫苗的研发，其益处大于风险。参加会议的都是流感病毒研究领域的知名专家，专家们建议这两篇文章全文发表。美国国立卫生研究院（NIH）要求 NSABB 重新考虑其建议。NSABB 在 3 月 29—30 日举行了一次会议，参加会议的成员投票一致同意发表 Kawaoka 的论文，以 12 ∶ 6 同意发表 Fouchier 的论文。2012 年 5 月 2 日， Kawaoka 的文章在 *Nature* 刊出；2012 年 6 月 22 日，Fouchier 的文章在 *Science* 刊出。

2013 年 2 月，全球 40 名科学家分别在 *Science* 和 *Nature* 发表公开信[10-11]，宣布将重启暂停 12 个月的曾引起争议的有关 H5N1 禽流感病毒的研究。这些研究人员认为，由于自然界中仍存在 H5N1 禽流感病毒在哺乳动物间传播的风险，研究人员有责任重启这项“重要工作”。2013 年 8 月，在发表于 *Science* 和 *Nature* 的文章中，22 名研究人员主张启动 H7N9 禽流感病毒功能获得性研究实验[12-13]。

3. 其他研究

2013 年 6 月，*Science* 刊登了中国农业科学院哈尔滨兽医研究所陈化兰等人对 H5N1 流感病毒基因重配在豚鼠间传播的研究[14]。研究人员产生了 127 种重组病毒。在这些病毒中，他们将 H5N1 流感病毒的基因片段与那些来自 H1N1 流感病毒的基因片段进行了交换。流感病毒基因组由 8 个节段的单股负链 RNA 组成，两种病毒共感染同一宿主，可发生基因节段的重配，理论上可以形成 256 种不同的基因重配病毒。利用豚鼠对 21 种重配病毒进行传播能力评估，结果发现，有 8 种病毒能够经空气传播，其中 4 种获得高效空气传播能力。这项研究证明，H5N1 流感病毒的确有可能通过与人流感病毒的基因重配，获得在哺乳动物之间高效空气传播的能力，从而具备在人类中引起大流行的潜力，从一个全新的角度揭示了 H5N1 流感病毒对全球公共卫生构成的现实威胁。但一些人员也表达了对该研究工作潜在生物安全风险的担心。

除以上研究外，美国马里兰大学进行的一项 H7N1 流感病毒的功能获得性研究结果发表在 2014 年 4 月的《病毒学》（*Journal of Virology*）上[15]。H7N1 禽流感病毒之前没有发现人感染病例。其通过将 H7N1 流感病毒在雪貂中传代，经过 10 次传代后，获得了 5 个突变，使得该流感病毒可以在雪貂间通过呼吸道传播，并且毒力没有降低。

2014 年 6 月，美国威斯康星大学麦迪逊分校的 Yoshihiro Kawaoka 在美国《细胞·宿主与微生物》（*Cell Host & Microbe*）上报道，他们从野鸭流感病毒中找到 8 个基因片段，利用它们可组合出一种与 1918 流感病毒极相似的新病毒，两者只有 3% 的氨基酸不同[16]。对于该实验，Yoshihiro Kawaoka 表示，“自然界中存在可能在未来导致严重流感大流行的基因库”，“由于自然界中的禽流感病毒只需些许变化就可能适应人群并引起大流行，因此，了解其中的适应机制，鉴定其关键变异至关重要”。对于 Kawaoka 发表在《细胞·宿主与微生物》的类 1918 流感病毒的研究工作同样引起了一些人员的担心。

另外一些研究包括 H7N9 流感病毒在雪貂间传播的研究[17]、H9N2 流感病毒与 H1N1 流感病毒的重配研究等[18]。

（三）美国评估与审议行动

针对流感病毒功能获得性研究，NSABB 前主席 Paul Keim 指出：“我完全无法想象还有哪个病原体比 Fouchier 团队所生成的病毒株更可怕。”[19] 一些批评者也认为，该研究应该在生物安全防护水平最高的实验室中进行，即生物安全 4 级（BSL-4）实验室，而不是 BSL-3 实验室[20]。

虽然基于结果发表后的收益远远大于其风险的判断，才决定将 Ron Fouchier 和 Yoshihiro Kawaoka 所做的 H5N1 流感病毒雪貂空气传播研究结果全文发表，但仍有许多批评者质疑这些研究的实际收益。支持出版的主要观点是这些研究结果将有助于：①研发和生产应对大流行病毒株的疫苗；②监测流感病毒株，以便能够对可能天然发生的大流行病毒株尽早进行鉴定并及时做出应对。批评者认为这些收益有限，因为自然产生的大流行病毒株可能与实验获得的病毒株不同。而且，在这种天然生成的传播性病毒株真正出现之前，不太可能研发和储存与其对应的疫苗。

有关生物技术两用性（dual-use）的争论主要侧重于与潜在恶意利用研究

结果有关的生物安全（biosecurity）风险，而功能获得性研究（GOF）争论涉及两种生物安全（biosecurity 和 biosafety）风险。

针对文章发表有关的争议，一些流感病毒研究团队自发中止了高致病性 H5N1 型禽流感病毒的 GOF 研究。在此期间，政策制定者考虑是否应该使用联邦基金来进行这些 GOF 研究，以及如果能够使用联邦基金的话，如何能够安全进行这些研究。由于 H5N1 型或 H7N9 型禽流感病毒可以经呼吸道在哺乳动物之间传播，美国卫生与公众服务部（HHS）制定框架指导如何对这些病毒的 GOF 研究项目提供资助[21]。

2014 年 6 月，美国疾病预防控制中心（CDC）由于没有遵循严格的安全措施，其位于亚特兰大实验室的工作人员无意接触了未灭活炭疽杆菌，具有潜在感染风险的人数达 86 人。2015 年 5 月 27 日，美国国防部发表声明，因“工作疏忽”美军杜格威基地误送未灭活的炭疽菌，可能会影响到韩国乌山空军基地。五角大厦透露，日本、韩国、加拿大、澳大利亚和英国，以及全美 19 个州及华盛顿也都曾收到活炭疽杆菌。而自 2005 年以来，共有 69 个实验室误收活炭疽菌样本。这些事故本身并没有涉及 GOF 研究，但由于其被用于病原体研究，所以实验室生物安全问题引起了广泛关注，出现了更多关于 GOF 生物防护风险的讨论[22]。同时，此前一些研究表明，1977 年出现的 H1N1 流感病毒可能来源于实验室泄漏[23]，增加了人们对当前流感病毒功能获得性研究产生潜在大流行病原体（potential pandemic pathogens，PPP）的担心。

2014 年 10 月 17 日，美国政府启动了一项为期一年的审议过程，以解决围绕所谓 “功能获得性”（GOF）研究的持续争议，明确与功能获得性研究风险和收益有关的关键问题，并为未来的资助决策提供支持[24]。审议政策不仅包括流感病毒，也包括对导致严重急性呼吸综合征（SARS）和中东呼吸综合征（Middle East Respiratory Syndrome，MERS）冠状病毒开展的实验。该审议过程的核心是对某些 GOF 实验的潜在风险和收益进行评估，其评估结果将“有助于发展和采用新的政策对功能获得性研究的资助和实施进行管理”。作为这一审议过程的一部分，美国政府暂停了相关的新资助及正在资助的 GOF 研究项目。最初，美国国立卫生研究院（NIH）资助的 18 个研究项目都被叫停，但有几项 MERS 动物模型的研究项目后来被豁免[24]。

美国生物安全科学顾问委员会（NSABB）和美国科学院（包括科学院、工程院和医学院）均参与该项审议过程，其中，NSABB 作为官方联邦咨询机构就此提供咨询服务。为了支持 NSABB 的审议过程，NIH 委托进行了两项研究：①由 Gryphon 科技有限公司进行 GOF 研究风险和收益的定性分析和定量分析；②由 Michael Selgelid 博士进行的与 GOF 问题有关的伦理学研究[25]。同时，美国科学院举行了两次公开会议[26-27]。NIH 的科学政策办公室（Office of Science Policy）负责整个审议过程的协调。

2017 年 12 月，美国国立卫生研究院（NIH）宣布科学家可以重新使用联邦经费，开展病原体（如流感病毒）的“功能获得性”研究（Framework for Guiding Funding Decisions about Proposed Research Involving Enhanced Potential Pandemic Pathogens 2017），但是审查过程更加严格。

二、其他方面

（一）免疫调节

疫苗接种是预防传染病和控制其传播的最有效的方法。还有一个新的领域是开发用于治疗非传染性疾病的疫苗，如自身免疫疾病、神经系统疾病、癌症、心脏病、过敏和阿尔茨海默病[28]。

2008 年，《疫苗》（*Vaccine*）的一篇评论讨论了可以通过下调大脑中特定神经递质以“实现对身体无法控制的人的情绪调节。这些人在童年时期曾有不良行为，具有很大的犯罪倾向。因此，有可能相应制造一种抗犯罪疫苗”[29]。由于操纵免疫反应的能力越来越强，有可能被误用，因为它可能与新的递送方法相结合，产生致命的生物剂。

2001 年，澳大利亚联邦科学与工业研究组织（CSIRO）的 Ronald J. Jackson 等人在《病毒学》发表了通过在鼠痘病毒中加入白细胞介素 4（IL-4）基因，意外产生强致死性病毒的研究。他们的计划是诱导雌性小鼠产生针对卵细胞抗原的抗体，从而破坏卵细胞并使小鼠不育。为此，研究人员将编码卵抗原的基因插入用于感染小鼠的鼠痘病毒中。研究人员还在工程化的鼠痘病毒中插入了 IL-4 小鼠基因，IL-4 是一种免疫调节蛋白，他们期望这种蛋白可以增强所需的小鼠抗体的产生。

尽管研究人员认为插入的 IL–4 基因可能会增加鼠痘病毒的毒力，但由于实验中使用的小鼠品系对鼠痘感染具有免疫力，因此判断该结果不太可能发生。然而，事实证明，IL–4 基因不仅刺激了实验动物的抗体产生，而且还具有关闭细胞免疫应答的意想不到的效果。结果表明，插入的 IL–4 基因使得鼠痘病毒在小鼠中具有高致死性，甚至在已接种疫苗的小鼠中也是如此。该实验结果确认后，澳大利亚作者争论论文是否要发表，因为具有邪恶意图的人员可能会试图用可以感染人类的痘病毒重复实验，如天花病毒或猴痘病毒，可能产生一种高度致命的毒株，破坏常规疫苗保护。

经澳大利亚政府同意，IL–4 / 鼠痘病毒论文发表于 2001 年 2 月出版的《病毒学杂志》[30]。1 月 10 日，在论文即将出版的前一个月，英国科普杂志《新科学家》发表了一篇文章，标题是“杀手病毒：一种工程鼠病毒使我们离终极生物武器只差一步”[31]。这篇文章引发了科学界和新闻界的关注。

澳大利亚科学家的论文发表后，IL–4 痘病毒实验继续。2003 年 10 月，《新科学家》发表了第二篇题为“美国开发致命新病毒”的文章，描述了圣路易斯大学的病毒学家马克·布勒（Mark Buller）的工作[32]。该文引用布勒的话说，需要构建一种“优化的”IL–4 / 鼠痘病毒来检测抗病毒药物。据报道，布勒还指出，通过将小鼠 IL–4 基因插入牛痘病毒（可感染人类）而产生的类似构建体将在马里兰州美国陆军传染病医学研究所进行测试。然而，没有关于 IL–4 / 牛痘病毒实验的论文发表，这表明研究结果可能过于敏感而无法发表。

2002 年，美国宾夕法尼亚大学医学院的 Ariella M. Rosengard 等人在《美国科学院院刊》（*Proceedings of the National Academy of Sciences*，*PNAS*）发表了一篇天花病毒逃避人体免疫相关蛋白的论文[33]。天花病毒具有 30% ~ 40% 的致死率。虽然天花病毒和痘苗病毒具有一定的同源性，但天花病毒的蛋白特点更适合逃避人的免疫反应。天花病毒中有一种天花补体酶抑制剂（smallpox inhibitor of complement enzymes，SPICE），该研究证明了 SPICE 可以促进天花病毒逃避人的免疫系统。研究者通过基因工程手段构建了 SPICE，其与痘苗病毒补体控制蛋白（vaccinia virus complement control protein，VCP）同源，但 SPICE 具有更高的人补体特异性。通过抑制补体成分，SPICE 可以阻止 C3 /C5 补体介导的病毒清除。

该研究认为，SPICE 可以作为天花治疗的一个作用位点，VCP 功能的差异决定了为什么痘苗病毒相对较低的致死率，针对 SPICE 可以研发针对天花有益的治疗措施。但是，其具有潜在滥用的可能性，即可以通过改造相关的一些病毒，如痘苗病毒来提高其致病性。

（二）多重抗性相关基因

2006 年 9 月，在发表于《抗菌剂和化学疗法》（*Antimicrobial Agents and Chemotherapy*）的一篇文章中[34]，美国塔夫茨大学医学院的 Stuart Levy 博士描述了如何鉴定鼠疫耶尔森菌中的一种基因，这种基因可导致鼠疫多重抗生素抗性。大肠埃希菌多重抗生素抗性基因的存在位置是多种药物外排泵的转录调节位点。MarR 蛋白阻遏外排泵的转录，而 MarA 蛋白则加大其表达，并因此激活抗生素抗性。Levy 博士实验室希望测定该机制是否同样也存在于鼠疫耶尔森菌。虽然他们在鼠疫耶尔森菌中没有发现完整的多重抗生素抗性基因的存在位置，但是发现了与 marA、marR 同源的基因。共找出 6 个可能的 marA 基因，并测试了 2 个基因。第一个基因是 YPO1737，这种基因与大肠埃希菌 marA 有 36% 的序列相似性，并且长度大致相同；第二个基因是 marA47YP，这种基因编码一种蛋白，其大小是大肠埃希菌 marA 的 2 倍以上，但是序列相似性为 47%。研究表明，marA47YP 最有可能是鼠疫耶尔森菌中的 marA 基因。通过表达某一单个基因，对四环素、利福平、氯霉素、多西环素、萘啶酸和诺氟沙星都具有抗性的鼠疫耶尔森菌被培养出来。

有人担心发表类似 Levy 博士论文里的试验可能带来生物安全威胁。在细菌植入对某个已知抗生素表达抗性的质粒，形成对抗生素具有抗性的细菌株是大多数生物研究实验室常用的做法。但是，Levy 博士的试验表明，对 6 种常见抗生素的抗性通过一个基因就能从一种细菌传到另一种细菌。

（三）DNA 改组和定向进化

变异使得物种进化成为可能，其实质是生物体在形态、生理等方面获得某些不是来自亲代的特征。如果没有变异的存在，地球上的生命只能停滞在原始类型，不可能构成形形色色的生物界，更不可能有人类的进化。1994 年，美国 Affymax 研究所的 Stemmer 发表在 *Nature* 上的一篇文章中首次提出了 DNA 改组技术[35]。

DNA 改组是一种加速进化的技术，通过该技术可以增加某种蛋白的表达，或提高某种酶的活性。但是，也可以通过该项技术产生新的病原体或毒素。DNA 改组技术在产生基因工程酶或其他蛋白的过程中不需要对其生物学机制的了解。DNA 改组技术通过从几个不同的母代基因组产生子代基因组，子代基因组中含有不同的母代基因片段（图 2-3，彩图见书末）。一些研究已经发现，通过 DNA 改组技术可以提高生物体对于抗生素的抗性。

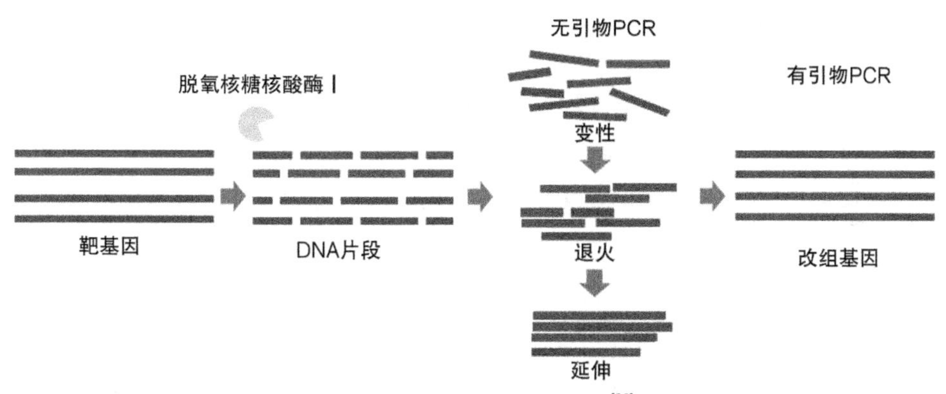

图 2-3 DNA 改组技术路线[36]

美国国防高级研究计划局（Defense Advanced Research Projects Agency，DARPA）支持美国 Maxygen 公司 2000 万美元研发新的疫苗。Maxygen 公司于 1997 年成立，公司名称为 maximizing genetic diversity 的缩写，其致力于 DNA 改组技术的商业化，包括针对农业、制药、疫苗研究等。在自然条件下，病原体不会进化其抗原性来增加免疫反应，其为了生存需要减小这种反应。但是 Maxygen 公司的目标是通过 DNA 改组技术来改造病毒的抗原性来增加免疫原性和交叉保护范围。

理论上，定向进化可以被用于提高有害特性，如毒性、致病性、抗生素抵抗、环境稳定性等，可以通过这种技术来抵抗现有一些医疗措施。在 Maxygen 的一项疫苗研究中，对 IL-12 蛋白进行了定向进化，通过 7 种不同的哺乳动物——人、恒河猴、牛、猪、山羊、狗和猫来产生新的 IL-12 蛋白，新产生的蛋白较人 IL-12 蛋白的活性强 128 倍。虽然这项研究的目的是发展疫苗，但是其具有潜在滥用的可能性，如抑制人的免疫反应等。

（四）蛋白质工程

现代生物技术使得分子生物学的理论与工程实践紧密结合。20 世纪 70 年代初，DNA 重组技术诞生，从而产生了基因工程。80 年代初，产生了蛋白质工程，即通过对蛋白质已知结构和功能的了解，借助计算机辅助设计，利用基因诱变等技术改造基因，以达到改进蛋白质某些性质的目的。蛋白质工程的出现，为认识和改造蛋白质分子提供了强有力的手段。

蛋白质工程包括 3 个方面：一是理性设计（rational design），改变蛋白质的三维构象结构特性；二是直接进化（directed evolution）；三是人工合成蛋白质。制药工业广泛应用蛋白质工程技术，其中包括发展融合毒素（fusion toxins）以达到治疗的目的。许多毒素蛋白具有两种结构域，结合结构域识别特定的受体，催化结构域产生毒性反应。通过蛋白质工程技术可以将两种不同蛋白的结合结构域和催化结构域融合成一种蛋白。例如，将白喉毒素或蓖麻毒素的催化结构域与 IL-2 的结合结构域融合，产生一种融合蛋白来选择性地杀死肿瘤细胞。

潜在滥用包括两个方面：①增强已知毒素的毒力。苏云金芽孢杆菌（*Bacillus thruingiensis*）是一种土壤细菌，被作为一种生物杀虫剂，其产生的蛋白具有杀灭昆虫的作用。由于昆虫可以抵抗这种毒素，科研人员通过理性设计和定向进化的手段来提高毒素杀灭昆虫的能力。这项技术具有潜在的两用性可能，由于该毒素与炭疽毒素相关，理论上可以通过相同的方法来提高炭疽毒素的致病性。②产生融合毒素。肉毒毒素可以和葡萄球菌肠毒素 B 融合，产生具有致死性并且对热稳定的毒素[37]。

（五）基因改造破坏材料微生物

自然界有大量微生物具有降解材料的能力，其中包括人们熟悉的过程，如食物的腐败。这些微生物具有破坏作用，但有时也具有有益作用，如对于环境中有害物质的清除。另外，微生物也能损害石头等一些看起来不容易受到破坏的物质。在自然界，生物降解过程一般是一个缓慢的过程，但是通过基因工程手段可以使这个过程变得更为有效。在美国，为了解决一些环境问题，包括放射性及化学性污染，许多军队的研究项目寻求发展微生物来消除这些污染。基因工程可以提高微生物的处理效率。20 世纪 90 年代，基因工程破坏材料的研究很有限，研究缺乏商业市场，仅限于军队进行。但基因工程破坏材料物质的研究使人们产生了对基因改造破坏材料武器（Genetically Engineered Anti-Material Weapons）的担心。

在20世纪90年代早期，美国新墨西哥州的洛斯·阿拉莫斯国家实验室开始研究基因改造破坏材料物质（genetically engineered anti-material agents）。1998年，美国海军研究实验室（US Naval Research Laboratory）确定了破坏材料生物剂的一些使用对象，包括：①高速公路和飞机跑道；②金属物质、衣服及武器的润滑剂；③交通工具，包括飞机等；④燃料；⑤抗雷达涂料。位于田纳西州的橡树岭国家实验室是研究生物降解核废料及基因工程破坏材料物质的一个主要地点。位于加利福尼亚州旧金山附近的劳伦斯·利弗莫尔国家实验室具有工业化的1500 L的生物降解微生物发酵装置。美国能源部（Department of Energy，DOE）的微生物基因组计划包括研究破坏材料微生物的基因组[38]。

三、相关法规

（一）美国当前监管措施

1.Biosafety监管

对病原体研究的监管首先通过合理的生物安全操作和防护措施来确保病原体的安全处理。美国按照《微生物和生物医学实验室生物安全管理办法》（*Biosafety in Microbiological and Biomedical Laboratories*，*BMBL*）[39]、《重组或合成核酸分子有关研究的NIH操作指南》（*NIH Guidelines for Research Involving Recombinant or Synthetic Nucleic Acid Molecules*，简称《NIH指南》）[40]和其他文件的要求进行。

BMBL是由CDC和NIH共同发布的指导文件，最早于1984年发布，被认为是美国实验室生物安全的权威参考。BMBL提供了许多细菌、真菌、寄生虫、病毒等病原体的概述性说明，包括病原体特征及其自然感染方式、病原体的潜在职业危害，以及实验室安全和防护的建议。BMBL还介绍了生物防护的基本原理，包括合理的微生物操作、安全设备和防护措施，以及保护实验室工作人员、环境和公众不受实验室处理和储存感染性微生物的影响。为了预防出现与实验室相关的感染，BMBL 还介绍了生物安全风险评估的分析流程，确保选择适宜的微生物操作、安全设备和防护措施。

BMBL 并不是一份管理文件。虽然美国的资助机构会要求按照 BMBL 的要求进行研究并将其作为资助条件，但一般来说，是否遵守 BMBL 的要求是自愿的。

《NIH 指南》最初于 1976 年发布，适用于接受 NIH 资助的研究机构进行与重组或合成核酸分子有关的基础研究和临床研究。《NIH 指南》关注：风险评估、基于病原体致病性及其医疗对策的病原体风险分类、个人防护设备和职业健康。为确保研究的安全实施，《NIH 指南》明确实验室人员和研究机构的职责。按照《NIH 指南》要求，研究机构必须设立研究机构生物安全委员会（Institutional Biosafety Committees，IBCs），对相关研究进行审批。IBCs 提供监管并确保遵守《NIH 指南》的要求。NIH 的重组 DNA 咨询委员会（Recombinant DNA Advisory Committee，RAC）需要对一些更高风险的实验进行审查并由 NIH 主任批准。为持续对新发病原体或实验方法提供合适指导，《NIH 指南》会定期更新。

尽管《NIH 指南》常被作为生物安全指导标准，但只有接受 NIH 资助开展重组或合成核酸分子研究的研究机构才需要遵守《NIH 指南》的规定。因此，一些 GOF 研究可能不需遵守《NIH 指南》的要求。

2. 联邦选择性生物剂计划

美国对于持有、使用和运输对于公共安全、动物或植物健康具有威胁的病原体或毒素进行严格管理。这些病原体或毒素被称为“select agents”，是指任何对公共健康和安全、动植物健康或产量具有威胁的病原体或毒素，这种威胁包括蓄意的或非蓄意的。

《2002 年公共卫生安全和生物恐怖准备和应对法》（*The Public Health Security and Bioterrorism Preparedness and Response Act of 2002*）[41] 要求美国卫生与公众服务部（HHS）和美国农业部（United States Department of Agriculture，USDA）建立和管理选择性生物剂（select agents）清单，即可能会对公共卫生和安全、动植物健康或者动植物产品构成严重威胁的病原体和毒素。

选择性生物剂计划（Federal Select Agent Program，FSAP）由 HHS 的疾病预防控制中心和 USDA 的动植物卫生检疫局（Animal and Plant Inspection Service）

联合管理（http://www.selectagents.gov）。FSAP 监管病原体和毒素的所有权、使用和转让，每两年对病原体和毒素清单进行一次审查和更新。按照规定，拥有、使用或转让任何选择性生物剂的个人和研究机构都应进行注册，遵循适当的生物安全流程并进行定期检查。如果没有遵守相关要求，将会受到法律惩罚。选择性生物剂计划也适用于基因修饰后的病原体和毒素。选择性生物剂计划咨询委员会是针对 FSAP 的咨询机构，对是否从清单中添加或删除某种病原体或毒素提供建议。

在制定清单的过程中，考虑的一些标准包括：病原体或毒素对人、动物、植物的影响；病原体或毒素的毒力及其传播到人、动物或植物的方式；针对病原体或毒素引起疾病的现有有效药物及疫苗情况等。病原体或毒素清单于 2002 年 12 月 13 日发布，随后根据一些实验室、大学和私人机构的建议，对清单进行修订（表 2-1）。

表 2-1　选择性生物剂监管清单

监管部门	病原体或毒素
疾病预防控制中心	相思子毒素、肉毒毒素、肉毒梭状芽孢杆菌、猕猴疱疹病毒、产气荚膜梭菌毒素、巨细胞内孢子菌、芋螺毒素、贝氏柯克斯体、克里米亚－刚果出血热病毒、醋酸麃草镰刀菌烯醇、东方马脑炎病毒、埃博拉病毒、土拉热弗朗西斯菌、拉沙病毒、马尔堡病毒、猴痘病毒、重新构建的具有复制能力的 1918 流感病毒、蓖麻毒素、普氏立克次体、立氏立克次体、蛤蚌毒素、志贺样核糖体失活蛋白、志贺毒素、南美出血热病毒、Flexal 病毒、瓜纳里托病毒、胡宁病毒、马丘波病毒、萨比亚出血热病毒、金黄色葡萄球菌毒素、T2 毒素、河豚毒素、蜱媒脑炎病毒、中欧蜱媒脑炎、远东蜱媒脑炎、科萨努尔森林病毒、鄂木斯克出血热病毒、俄罗斯春夏脑炎病毒、天花病毒、类天花病毒、鼠疫耶尔森菌
动植物卫生检疫局	非洲马瘟病毒、非洲猪瘟病毒、赤羽病病毒、禽流感病毒、蓝舌病病毒、牛海绵状脑病朊病毒、骆驼痘病毒、猪瘟病毒、反刍动物埃立克体、口蹄疫病毒、山羊痘病毒、日本脑炎病毒、牛结节疹病毒、恶性卡他热病毒、梅南高病毒、丝状支原体山羊亚种（山羊传染病胸膜肺炎）、丝状支原体亚种（牛传染性胸膜肺炎）、小反刍兽医病毒、牛瘟病毒、绵羊痘病毒、猪水泡病病毒、水泡性口炎病毒、新城疫病毒

续表

监管部门	病原体或毒素
疾病预防控制中心与动植物卫生检疫局	炭疽芽孢杆菌、布鲁菌、羊布鲁菌、猪布鲁菌、鼻疽伯克霍尔德菌、类鼻疽伯克霍尔德菌、亨德拉病毒、尼巴病毒、裂谷热病毒、委内瑞拉马脑炎病毒

如果 GOF 研究的病原体包含在选择性生物剂清单之中，FSAP 就会对该研究进行监管。开展此类研究的研究人员和研究机构都必须接受 FBI 开展的安全风险评估，向 FSAP 登记、接受有关处理此类病原体的适宜流程和操作培训，并遵守规定的其他要求。高致病性 H5N1 流感病毒和 1918 流感病毒均为选择性生物剂，在对这些病毒开展实验之前，需要对其进行额外审批。非美国政府资助类（私营企业资助）病原体研究的管理也适用于 FSAP。

3. 生命科学“值得关注的两用性研究”（DURC）的联邦和研究机构监管

2012 年 3 月发布的《美国政府生命科学两用性研究监管政策》要求联邦行政部门对拟开展和正在进行的研究项目进行审查，以确定其是否属于 DURC。该政策主要监管与 15 种高致病性病原体和毒素有关的研究项目[42]。监管的主要病原体或毒素包括禽流感（高致病）病毒、炭疽杆菌、肉毒神经毒素、鼻疽伯克霍尔德菌、类鼻疽伯克霍尔德菌、埃博拉病毒、手足口病病毒、土拉热弗朗西斯菌、马尔堡病毒、重新构建的 1918 流感病毒、牛瘟病毒、肉毒梭状芽孢杆菌产毒株、天花病毒、类天花病毒、鼠疫耶尔森菌等。

共涉及下列 7 种实验：

①增强病原体或毒素的有害影响；

②破坏对病原体或毒素的免疫有效性；

③抵抗对病原体或毒素的有效预防、治疗或检测措施；

④增强病原体稳定性、传播性或播散能力；

⑤改变病原体或毒素的宿主范围或趋向性；

⑥增加宿主对病原体或毒素的敏感性；

⑦产生或重组一个已被根除的病原体或毒素。

当项目涉及 15 种病原体中任意 1 种且可能涉及上述 7 种实验中任何 1 种的时候，这些项目会被确定为 DURC。

2014 年 9 月发布的《美国政府生命科学两用性研究研究机构监管政策》指出研究机构在识别和管理 DURC 方面的责任[43]。研究机构将建立研究机构审查委员会（Institutional Review Entity，IRE）来审查其研究，以确定是否存在与上述 7 种实验中任何 1 种有关的研究，如果存在的话，则需确定该研究是否属于 DURC。

当 DURC 被资助部门或研究机构确定后，研究机构将提出风险消减计划。由联邦资助机构批准 DURC 风险消减计划，并由研究机构每年对其进行审查。

4.“功能获得性”研究联邦部门审查

《美国卫生与公众服务部对具有高致病性 H5N1 禽流感病毒生成潜力的研究（可经呼吸道在哺乳动物间传播）计划资助决定的框架》（简称《HHS 框架》）由 HHS 于 2013 年 2 月发布[44-45]。按照《HHS 框架》的规定，在获得 HHS 资助前，对一些具有呼吸道传播高致病性禽流感病毒生成潜力的研究计划进行特别审批。该政策随后被扩大到对类似研究计划进行审批，如 H7N9 禽流感病毒等[46]。

在对相关研究计划进行资助之前，HHS 内的资助管理机构［如 NIH、CDC 和美国食品药品管理局（U.S. Food and Drug Administration，FDA）等］均可对其进行审查，并将相关研究提案提交给 HHS 评估组。HHS 对《HHS 框架》相关的 GOF 研究提案进行审查，并向 HHS 资助机构建议是否对该研究进行资助及是否需要采取额外措施来降低风险。GOF 研究获得 HHS 资助必须满足下列标准的要求：

①预期所生成的病毒可通过自然进化过程得到；

②该研究解决了对公共卫生具有重要意义的科学问题；

③没有可行的替代方法来解决同样的科学问题，使得其风险降低；

④对实验室工作人员和公众的生物安全（biosafety）风险可以得到充分管理；

⑤生物安保（biosecurity）风险可以得到充分管理；

⑥为了实现全球健康的潜在收益，可广泛分享该研究信息；

⑦可对研究的实施进行合理监管。

《HHS 框架》要求在决定资助一些 GOF 研究之前，应仔细考虑与之相关的风险和收益。这使得 HHS 能够在为研究提供资金之前明确潜在风险，并在一开始就对降低风险提出建议，如考虑替代方法或修改实验设计等。另外，《HHS 框架》

的范围比较窄，只涵盖与流感病毒有关的项目，仅涉及一种特定实验结果（经呼吸道在哺乳动物间传播）。

2017 年 1 月，HHS 发布了《关于潜在大流行病原体管理和监督（P3CO）审查机制的政策指南》[*Recommended Policy Guidance for Departmental Development of Review Mechanisms for Potential Pandemic Pathogen Care and Oversight*（*P3CO*）]，阐述了相关政策要求及相关部门职责[47]。

（二）NSABB 调研发现

针对流感病毒等功能获得性研究的风险，美国生物安全科学顾问委员会（NSABB）召开了多次会议，2016 年 5 月发布了相关结论与建议[48]。

1.GOF 研究并不具有相同的风险水平。仅有一小部分 GOF 研究（值得关注的 GOF 研究）具有潜在较大风险，需要额外监管

与所有涉及病原体的生命科学研究一样，GOF 研究也存在生物安全（biosafety/biosecurity）风险。涉及具有大流行性潜力的病原体的 GOF 研究存在的风险最大，与这些病原体有关的实验室事故可能会释放该病原体，其在人群中可能迅速传播。同时，这些实验室病原体如果被恶意使用，对国家安全或公共卫生造成的威胁会比野生型病原体更严重。虽然其发生的可能性很小，但并非不存在。其潜在后果虽不确定，但可能会非常严重。

根据相关风险引起关注的程度，GOF 研究可分成两类：GOF 研究和值得关注的 GOF 研究（GOFROC）。GOF 研究包括通过实验操作提高病原体某些特征的所有研究，绝大多数 GOF 研究并没有引起明显关注，这些研究不涉及新风险或重大风险，并且有适当的监管来控制风险；值得关注的 GOF 研究指的是一小部分生成具有大流行性潜力病原体的 GOF 研究，该病原体具有高毒力和高传染性。

2. 美国政府制定一些政策管理与生命科学研究有关的风险，如果政策能够有效实施，可在一定程度上对值得关注的 GOF 研究的风险进行有效管控

研究者需按照《NIH 指南》、BMBL、联邦和研究机构监管 DURC 的政策、选择性生物剂计划、出口管制条例及其他相关政策要求，进行联邦资助的生命科学研究。同时，HHS 还发展框架来指导是否对某些涉及 H5N1 和 H7N9 流感病毒的GOF研究进行资助。总体来说，上述这些政策旨在降低生物安全（biosafety/

biosecurity）风险及与生命科学研究相关的其他风险。

在研究实施过程中，可以在整个研究周期的几个阶段进行监管，如研究提案审查、资助决定、研究实施等。除此之外，许多实体也负责监督、风险管理或发布指南，如资金资助部门、联邦咨询委员会、研究机构审查委员会、期刊编辑部等。

即使这些政策的有效实施可以控制与生命科学研究相关的大部分风险，但仍需要对一些 GOFROC 进行更全面的监管。除此之外，现有政策无法涵盖所有 GOF 研究，如联邦政府无法对由私营企业或者在私营企业内部资助和实施的 GOFROC 进行监管。各研究机构的监管水平也并不相同，机构生物安全委员会（IBCs）的能力和经验不同，研究机构的资源也不相同。

3. 各监管政策的范围和适用性不同，无法涵盖所有潜在 GOFROC

当前的政策适用于部分而非全部的 GOFROC。不涉及选择性生物剂的功能获得性研究，其往往仅通过研究机构层面的监管，如《NIH 指南》和 BMBL。另外，没有使用美国政府基金的 GOFROC 也不受联邦资助机构的监管。其他国家也可以资助和开展包括 GOF 研究在内的生命科学研究，这也超出了美国政府的监管范围。

除此之外，各种监管政策也互不相同。不同的政策旨在管理不同的风险，不同的联邦部门执行的政策不同。由于各政策之间没有进行足够协调，导致监管工作出现重复和空白。

4. 不断更新的政策方法是确保监管效果和降低风险的措施

BMBL 会定期更新，《NIH 指南》和选择性生物剂计划也会定期更新或修订。但 DURC 政策和《HHS 框架》都没有明确的更新机制。

5. 如果 GOF 研究的潜在风险大于潜在收益，不应该进行此类研究。在对研究建议进行审查时应重点关注研究的科学价值，但其他因素，如法律、伦理、公共卫生及社会价值等也需要考虑

因各种伦理原因无法开展研究的示例如下：研究涉及人类受试者但没有提供知情同意书；预计研究会对人类受试者造成严重伤害等。对一项研究进行伦理学评估，会对其风险—收益进行评估，这需要全面了解该项研究的科学细节，如研究目的和任何可预见的不良后果等。

NSABB 并不寻求获得那些不应开展的研究清单，而是寻求一般性原则，以

清楚哪些是资助允许的研究，哪些是资助不允许的研究。

6. 像所有生命科学研究一样，对于值得关注的 GOF 研究有关的风险进行管理时，联邦和研究机构都参与监管

通过工程控制、实验室操作、医疗监测、适当培训和其他干预手段，对与生命科学研究相关的生物安全（biosafety/biosecurity）风险进行管理。然而，GOFROC 有可能产生具有重大风险的病原体，需要对其采取额外的监管措施。负责管理与 GOFROC 有关的风险需要联邦和研究机构两个层面的严格监管，包括严格的培训和安全承诺等。

7. 资助和开展 GOF 研究包括许多国际性问题

与 GOFROC 有关的潜在风险—收益在本质上具有国际性，实验室事故和故意滥用可能会造成全球性后果。虽然关于 GOFROC 的美国政府资助政策只会直接影响美国政府资助的国内研究和国际研究，但美国在这方面所做的决定会影响 GOFROC 在全球范围内的监管政策。

（三）我国监管措施

病原微生物生物安全是我国生物安全管理体系中重要的组成部分。我国病原微生物生物安全管理体系从层级上包括法律、条例、部门规章、国家和行业标准、预案等；发布部门包括全国人大、国务院、卫生健康委、科技部、农业部、生态环境部、国家市场监督管理总局、商务部、国家标准化管理委员会等[49-50]。

1. 法律、条例

全国人大发布了一些与病原微生物与传染病管理相关的法律，如《中华人民共和国传染病防治法》《中华人民共和国动物防疫法》《中华人民共和国进出境动植物检疫法》《中华人民共和国国境卫生检疫法》等。国务院发布了一些条例，如《病原微生物实验室生物安全管理条例》《医疗废物管理条例》《突发公共卫生事件应急条例》《国内交通卫生检疫条例》《重大动物疫情应急条例》《中华人民共和国进出境动植物检疫法实施条例》《中华人民共和国国境卫生检疫法实施细则》《中华人民共和国国境口岸卫生监督办法》《中华人民共和国生物两用品及相关设备和技术出口管制条例》等。

2004 年 11 月，温家宝总理签发了中华人民共和国国务院第 424 号令，公

布施行《病原微生物实验室生物安全管理条例》，其目的是加强病原微生物实验室生物安全管理，保护实验室工作人员和公众健康。其适用于中华人民共和国境内从事能够使人或者动物致病的微生物实验室及其相关实验室活动的生物安全管理。《病原微生物实验室生物安全管理条例》的颁布实施在规范我国实验室生物安全管理方面具有里程碑意义，2018 年该条例进行了修订。

2. 部门规章

为落实《病原微生物实验室生物安全管理条例》的各项规定，原卫生部、农业部、科技部等部委在各自职责范围内出台了系列配套规章。

（1）原卫生部规章

2006 年卫生部发布的《人间传染的病原微生物名录》对人间传染的病毒类、细菌类、真菌类病原微生物的危害程度进行了分类，规定了不同实验活动所需生物安全实验室的级别和病原微生物菌（毒）株的运输包装分类。根据该目录，基于生物安全（biosafety）特性，病原微生物危害程度被分为 4 类，第 1 类最高，第 4 类最低。同时，该目录列出了病毒培养、动物感染实验等实验活动所需生物安全实验室级别。

2006 年发布并施行的《人间传染的高致病性病原微生物实验室和实验活动生物安全审批管理办法》明确规定：三级、四级生物安全实验室从事高致病性病原微生物实验活动，必须取得卫生部颁发的《高致病性病原微生物实验室资格证书》，且应当上报省级以上卫生行政部门批准；卫生部负责三级、四级生物安全实验室从事高致病性病原微生物实验活动资格的审批工作；实验室的设立单位及其主管部门应当加强对高致病性病原微生物实验室的生物安全防护和实验活动的管理。

2009 年发布并施行的《人间传染的病原微生物菌（毒）种保藏机构管理办法》，规定了保藏机构的职责、保藏活动、监督管理与处罚等。

（2）原农业部规章

2003 年农业部发布的《兽医实验室生物安全管理规范》，规定了兽医实验室生物安全防护的基本原则、实验室的分级、各级实验室的基本要求和管理。

2005 年农业部公布并施行的《动物病原微生物分类名录》对动物病原微生物进行了分类。2008 年发布并施行的《动物病原微生物实验活动生物安全要求细则》对《动物病原微生物分类名录》中 10 种第一类病原体、8 种第二类病原体、

105 种第三类病原体进行不同实验活动所需的实验室生物安全级别及病原微生物菌（毒）株的运输包装要求进行了规定。

2005 年公布并施行的《高致病性动物病原微生物实验室生物安全管理审批办法》规定，由农业部主管全国高致病性动物病原微生物实验室生物安全管理工作，县级以上地方人民政府兽医行政管理部门负责本行政区域内高致病性动物病原微生物实验室生物安全管理工作。

2008 年发布、2009 年施行的《动物病原微生物菌（毒）种保藏管理办法》规定，农业部主管全国菌（毒）种和样本保藏管理工作，县级以上地方人民政府兽医主管部门负责本行政区域内的菌（毒）种和样本保藏监督管理工作；国家对实验活动用菌（毒）种和样本实行集中保藏，保藏机构以外的任何单位和个人不得保藏菌（毒）种或样本。

（3）原环境保护总局规章

2006 年环境保护总局公布并施行的《病原微生物实验室生物安全环境管理办法》规定了实验室污染控制标准、环境管理技术规范和环境监督检查要求，内容包括：新建、改建、扩建三级、四级实验室应当编制环境影响报告，并按照规定程序上报国家环境保护主管部门审批；承担三级、四级实验室环境影响评价工作的环境影响评价机构应当具备甲级评价资质和相应的评价范围；建成并通过国家认可的三级、四级实验室，应当上报所在地的县级人民政府环境保护行政主管部门备案，并逐级上报至国家环境保护总局；县级人民政府环境保护行政主管部门对三级、四级实验室排放的废水、废气和其他废物处置情况进行监督检查。

（4）生物技术监管法规

国家科学技术委员会 1993 年发布了《基因工程安全管理办法》，该办法按照潜在危险程度，将基因工程分为 4 个安全等级，明确了从事基因工程实验研究、从事基因工程中间试验或者工业化生产、从事遗传工程体释放、遗传工程产品的使用等的相关要求。科技部 2017 年印发了《生物技术研究开发安全管理办法》，规定了生物技术研究开发活动风险分级，分为高风险等级、较高风险等级和一般风险等级，并规定了国务院科技主管部门、国家生物技术研究开发安全管理专家委员会及从事生物技术研究开发活动机构的相关职责等。

参考文献

[1] Milton L, Zilinskas R A, Jens K. The soviet biological weapons program: a history[M].Cambridge: Harvard University Press, 2012.

[2] Pomerantsev A P, Staritsin N A, Mockov Yu V, et al. Expression of cereolysine AB genes in Bacillus anthracis vaccine strain ensures protection against experimental hemolytic anthrax infection[J]. Vaccine, 1997,15(17–18):1846–1850.

[3] Nelson M I, Holmes E C. The evolution of epidemic influenza[J]. Nature Reviews Genetics,2007, 8(3):196–205.

[4] Gryphon Scientific. Risk and benefit analysis of gain–of–function research, final report [EB/OL]. (2016–04–01)[2021–06–01]. http://www.gryphonscientific.com/wp–content/uploads/2016/04/Risk–and–Benefit–Analysis–of–Gain–of–Function–Research–Final–Report.pdf.

[5] Imai M, Watanabe T, Hatta M, et al. Experimental adaptation of an influenza H5HA confers respiratory droplet transmission to a reassortant H5HA/H1N1 virus in ferrets[J]. Nature,2012, 486(7403):420–428.

[6] Yong E. Mutant–flu paper published[J]. Nature,2012, 485(7396):13–14.

[7] Maher B. Bird–flu research: the biosecurity oversight[J]. Nature, 2012, 485(7399):431–434.

[8] Herfst S, Schrauwen E J, Linster M, et al. Airborne transmission of influenza A/H5N1 virus between ferrets[J]. Science, 2012, 336(6088):1534–1541.

[9] Enserink M. Public at last, H5N1 study offers insight into virus's possible path to pandemic[J]. Science, 2012, 336(6088):1494–1497.

[10] Fouchier R A, García–Sastre A, Kawaoka Y, et al. Transmission studies resume for avian flu[J]. Science, 2013, 339(6119):520–521.

[11] Fouchier R A, García–Sastre A, Kawaoka Y. H5N1 virus: transmission studies resume for avian flu[J]. Nature, 2013, 493(7434):609.

[12] Fouchier R A, Kawaoka Y, Cardona C, et al . Gain–of–function experiments on H7N9[J]. Science, 2013,41(6146):612–613.

[13] Fouchier R A, Kawaoka Y, Cardona C, et al . Avian flu: gain–of–function experiments on H7N9[J]. Nature, 2013, 500(7461):150–151.

[14] Zhang Y, Zhang Q, Kong H, et al . H5N1 hybrid viruses bearing 2009/H1N1 virus genes transmit in guinea pigs by respiratory droplet[J]. Science, 2013 ,340(6139):1459–1463.

[15] Sutton T C, Finch C, Shao H, et al. Airborne transmission of highly pathogenic H7N1 influenza virus in ferrets[J]. Journal of Virology, 2014 ,88(12):6623–6635.

[16] Watanabe T, Zhong G, Russell C A, et al. Circulating avian influenza viruses closely related to the 1918 virus have pandemic potential[J]. Cell Host Microbe, 2014, 15(6):692–705.

[17] Richard M, Schrauwen E J, de Graaf M, et al. Limited airborne transmission of H7N9 influenza A virus between ferrets[J]. Nature, 2013 ,501(7468):560–563.

[18] Qiao C, Liu Q, Bawa B, et al. Pathogenicity and transmissibility of reassortant H9 influenza viruses with genes from pandemic H1N1 virus[J].Journal of General Virology, 2012, 93(Pt 11):2337–2345.

[19] Enserin M. Scientists brace for media storm around controversial flu studies [EB/OL] .(2011–11–23)[2021–06–10]. https://www.science.org/news/2011/11/scientists–brace–media–storm–around–controversial–flu–studies.

[20] Swazo N K. Engaging the normative question in the H5N1 avian influenza mutation experiments[J]. Philos Ethics Humanit Med, 2013,8:12.

[21] HHS. Framework for guiding funding decisions about research proposals with the potential for generating highly pathogenic avian influenza H5N1 viruses that are transmissible among mammals by respiratory droplets[EB/OL].(2013–02–21)[2021–06–10]. http://www.phe.gov/s3/dualuse/Documents/funding–hpai–h5n1.pdf.

[22] Kaiser J. The catalyst[J]. Science, 2014 , 345(6201):1112–1115.

[23] Wertheim J O, Poon A.The re–emergence of H1N1 influenza virus in 1977: a cautionary tale for estimating divergence times using biologically unrealistic sampling dates[J]. PLoS One, 2010,5(6):e11184.

[24] White House. U.S. government gain–of–function deliberative process and research funding pause on selected gain–of–function research involving influenza, MERS, and SARS viruses[EB/OL].[2021–06–16]. http://www.phe.gov/s3/dualuse/Documents/gain–of–function.pdf.

[25] Selgelid, Michael J. Gain–of–function research: ethical analysis[J]. Science & Engineering Ethics, 2016, 22(4):923–964.

[26] Institute of Medicine and National Research Council. Potential risks and benefits of gain–of–function research: summary of a workshop[M]. Washington, D.C.: The National Academies

Press, 2015.

[27] National Academies of Sciences, Engineering, and Medicine. Gain-of-function research: summary of the second symposium, March 10-11, 2016[M]. Washington, D.C.: The National Academies Press, 2016.

[28] Dyer M R, Renner W A, Bachmann M F. A second vaccine revolution for the new epidemics of the 21st century[J]. Drug Discov Today, 2006, 11(21-22):1028-1033.

[29] Spier R. "Vaccine" ; 25 years on[J]. Vaccine, 2008,26(49):6173-6176.

[30] Jackson R J, Ramsay A J, Christensen C D, et al. Expression of mouse interleukin-4 by a recombinant ectromelia virus suppresses cytolytic lymphocyte responses and overcomes genetic resistance to mousepox[J]. Journal of Virology, 2001, 75(3):1205-1210.

[31] Nowak R. Disaster in the making[J]. New Scientist, 2001, 169(2273):4-5.

[32] MacKenzie D. U.S. develops lethal new viruses[J]. New Scientist,2003, 2419(2003): 6-7.

[33] Rosengard A M, Liu Y, Nie Z, et al. Variola virus immune evasion design: expression of a highly efficient inhibitor of human complement[J]. Proceedings of The National Academy of Sciences of The United States of America, 2002 ,99(13):8808-8813.

[34] Udani R A, Levy S B. MarA-like regulator of multidrug resistance in *Yersinia pestis*[J]. Antimicrob Agents Chemother, 2006,50(9):2971-1975.

[35] Stemmer W P. Rapid evolution of a protein in vitro by DNA shuffling[J]. Nature, 1994, 370(6488):389-391.

[36] PickMutant™ DNA Shuffling Kit[EB/OL].[2021-06-10]. https://lifescience.canvaxbiotech.com/product/pickmutant-dna-shuffling-kit/.

[37] Tucker J B. Innovation, dual use, and security: managing the risks of emerging biological and chemical technologies[M]. Cambridge: The MIT Press, 2012.

[38] Non-lethal weapons research in the US: genetically engineered anti-material weapons[EB/OL]. [2010-10-05]. http://www.sunshine-project.org.

[39] Biosafety in microbiological and biomedical laboratories(BMBL), 6th edition[EB/OL]. [2021-05-30]. https://www.cdc.gov/labs/pdf/CDC-BiosafetyMicrobiologicalBiomedicalLaboratories-2020-P.pdf.

[40] NIH guidelines for research involving recombinant or synthetic nucleic acid molecules(NIH Guidelines)[EB/OL]. [2021-06-02]. http://osp.od.nih.gov/sites/default/files/NIH_Guidelines.

html.
[41] Public health security and bioterrorism preparedness and response act of 2002[EB/OL].[2021-05-30].https://www.gpo.gov/fdsys/pkg/STATUTE-116/pdf/STATUTE-116-Pg594.pdf.
[42] United States government policy for oversight of life sciences dual use research of concern[EB/OL]. [2021-06-10]. https://phe.gov/s3/dualuse/Documents/us-policy-durc-032812.pdf.
[43] United States government policy for institutional oversight of life sciences dual use research of concern[EB/OL].[2021-06-10]. http://www.phe.gov/s3/dualuse/Documents/oversight-durc.pdf.
[44] U.S. Department of Health and Human Services. A framework for guiding U.S. department of health and human services funding decisions about research proposals with the potential for generating highly pathogenic avian influenza H5N1 viruses that are transmissible among mammals by respiratory droplets. [EB/OL].(2013-02-01)[2021-06-10]. http://www.phe.gov/s3/dualuse/Documents/funding-hpai-h5n1.pdf.
[45] Patterson A P, Tabak L A, Fauci A S,et al. Research funding. A framework for decisions about research with HPAI H5N1 viruses[J]. Science, 2013,339(6123):1036-1037.
[46] Jaffe H, Patterson A P, Lurie N. Extra oversight for H7N9 experiments[J]. Science, 2013,341(6147):713-714.
[47] Recommended policy guidance for departmental development of review mechanisms for potential pandemic pathogen care and oversight(P3CO)[EB/OL].[2021-06-11] .https://www.phe.gov/s3/dualuse/Documents/P3CO-FinalGuidanceStatement.pdf.
[48] NSABB. Recommendations for the evaluation and oversight of proposed gain-of-function research[EB/OL].[2021-06-10]. https://osp.od.nih.gov/sites/default/files/resources/NSABB_Final_Report_Recommendations_Evaluation_Oversight_Proposed_Gain_of_Function_Research.pdf.
[49] 陆兵 . 实验室生物安全 [M]// 郑涛 . 生物安全学 . 北京：科学出版社 ,2014.
[50] 田德桥，陆兵 . 中国生物安全相关法律法规标准选编 [M]. 北京：法律出版社 ,2017.

第三章　病原生物工具

病原生物的生物安全风险除了通过生物技术获得一些新的功能外，现代生物技术还利用病原生物执行一些功能，这其中也存在着生物安全风险。

一、微生物生物防治

生物防治是利用生物或其代谢产物来控制有害动、植物种群或减轻其危害程度的方法。采用生物防治的方法控制病虫害，能够收到除害增产、减轻环境污染、维护生态平衡、节约能源和减少生产成本的明显效果，尤其是其生态效益和社会效益，越来越受到社会各界的重视[1]。生物农药是可以用来防治病、虫、草等有害生物的生物体本身，或源于生物并可作为“农药”的各种生理活性物质。生物农药可分为生物体农药和生物化学农药。生物体农药是指用来防治病、虫、草等有害生物的活体生物；生物化学农药则是指从生物体中分离出的具有一定化学结构、对有害生物有控制作用的生物活性物质[2]。苏云金杆菌是当前国内外研究最多、应用最广泛的杀虫细菌。白僵菌是用于防治多种鳞翅目害虫的真菌。

（一）哺乳动物生物控制

生物控制的一个经典例子是利用多发性黏液瘤病毒控制兔子种群[3]。大洋洲大陆原本并没有兔子，1788 年，英国皇家海军在悉尼港登陆，作为大洋洲兔子祖先的欧洲兔子搭乘舰船从英格兰来到这里，并快速繁殖。由于兔子在大洋洲泛滥成灾，使澳大利亚的农业和畜牧业蒙受了巨大损失。20 世纪 50 年代，澳大利亚政府最终决定采用生物控制的办法来消灭兔灾，生物学家从美洲引进了一种依靠蚊子传播的病毒——黏液瘤病毒。这种病毒具有选择性，对于人、畜及澳大利亚的其他野生动物完全无害。1950年春，澳大利亚科学家在墨累—达令河盆地将这种病毒释放到蚊子身上，然后经蚊子传染给兔子。黏液瘤病毒一经引进，很快便在兔群中传播开来，兔子的死亡率达到了99.9%。到1952年，整个澳洲有80% ~ 95%的兔子种群被消灭。

生物控制的例子还包括在20—21世纪，美国蒙大纳家畜卫生局使用疥螨（*Sarcoptes scabiei*）作为一种手段来减少狼的数量以保护牲畜。其捕捉健康的狼，感染疥螨，然后将其释放造成流行。感染的狼由于其宿主特异性，对人的健康威胁较小[4]。

生物控制示例如表3–1所示。

表3–1 利用感染性疾病对哺乳动物进行生物控制示例[4]

疾病	病原体	类型	目标生物	国家	说明
肉孢子虫	原生动物肉孢子虫	原生动物寄生虫	野生兔类	泰国	死亡率58% ~ 92%
毛细线虫	肝毛细线虫	线虫	家鼠	澳大利亚	不清楚
猫复合性呼吸系统病	细小病毒	病毒	野猫	海洋岛屿	次南极马里恩岛估计有3400只猫，用于控制后减少到620只
黏液瘤病	黏液瘤病毒	病毒	兔子	法国	1952年，蓄意传播导致90% ~ 98%的法国兔子死亡，并传播到了其他国家
黏液瘤病	黏液瘤病毒	病毒	兔子	澳大利亚	减少超过95%，是经典的生物控制案例
兔出血性疾病	杯状病毒	病毒	兔子	澳大利亚	1995年，死亡率达95%

续表

疾病	病原体	类型	目标生物	国家	说明
兔出血性疾病	杯状病毒	病毒	兔子	新西兰	1997 年使用导致很高的死亡率和传播速度
疥癣	疥螨	寄生虫	土狼	美国	感染的土狼被释放造成 20 世纪早期土狼的减少
土拉热	土拉热弗郎西斯菌	细菌	地松鼠	美国	20 世纪初，被感染的地松鼠返回栖息地帮助减少小型啮齿类动物

（二）昆虫生物控制

纵观历史，节肢动物一直与人类争夺资源，并给公共卫生造成威胁。最初，成为害虫的节肢动物是本地物种，但是，随着人类开始向新的地区扩散，与人类有关的节肢动物的存在范围也在扩展。改善的运输速度和交通便利性提高了节肢动物从原产地到引入地区的扩散速度[5]。

引入入侵的物种可能对整个生态系统产生严重影响。例如：在 20 年的时间里，欧洲冷杉球蚜（*Adelges piceae*）在美国东部的阿巴拉契亚山脉南部传播并致死了超过 95% 的冷杉[6]；从 19 世纪开始直到 1979 年，4 种黄蜂被引入新西兰，现在，新西兰是世界上此类黄蜂密度最高的国家，这些黄蜂对当地的山毛榉森林有很大的影响。

使用生物对抗节肢动物具有优势，细菌、病毒、真菌、线虫和原生生物可以用于根除和控制节肢动物。但是，所使用的病原体应仅影响节肢动物，并且通常具有有限的寄主范围。最初在 1894—1895 年就记录了使用节肢动物病原体进行经典生物防治的情况，但直到 20 世纪 50 年代，这种策略的使用率仍相对较低[7]。

1. 使用病原菌在新西兰消灭外来鳞翅目害虫[5]

新西兰是南太平洋的一个岛国，自大约 200 年前的欧洲殖民者到来以后，农业成为该国的主要支柱，其中畜牧业（肉、羊毛和奶制品）是最大的出口收入来源。该国面临着输入病虫害的危险，因此，生物安全被认为特别重要，并且是政府、农业界和科学界关注的焦点。但是，尽管采取了严格的检疫程序，仍有一些害虫入侵。在新西兰发现的 3 种入侵蛾类中，有两种（*Orgyia thyellina* 和 *Teia anartoides*）在奥克兰，还有一种（*Lymantria sp*）位于汉密尔顿。

（1）蛾类消灭计划

根除策略是大量使用含有苏云金芽孢杆菌（*Btillus thuringiensis*，*Bt*）作为活性剂的制剂。在根除行动中，奥克兰地区的空中喷雾和地面喷雾总共使用了 158 000 L 的制剂。在 1996 年 10—12 月，大约每隔一周进行一次喷洒。1998 年 6 月，入侵蛾类被宣布消除。

（2）在昆虫控制中接触苏云金芽孢杆菌对人类健康的影响

苏云金芽孢杆菌（*Bt*）是一种普遍存在于土壤中，可形成孢子的革兰氏阳性细菌，在孢子形成过程中会产生细胞内“晶体蛋白”，这些晶体蛋白可特异性攻击某些昆虫的前体。*Bt* 的不同亚种产生不同的晶体蛋白，以针对不同的昆虫。由于 *Bt*、蜡状芽孢杆菌和炭疽芽孢杆菌之间的相似性，基于 *Bt* 的产品在商业化之前和之后都经过了广泛的评估。

政府机构，如美国环境保护局（Environmental Protection Agency，EPA）、美国食品药品管理局、加拿大农药管理局及加拿大卫生部，认为 *Bt* 产品是“安全的”，即它们对包括人类在内的哺乳动物均无毒也无致病性，并且它们对其他“非目标”物种的潜在负面影响在可接受的范围内。尽管获得了这些批准，但公众仍然普遍担心人类暴露于 *Bt* 的风险[8]。

1）*Bt* 是否会引起人类原发感染

动物实验表明，腹膜内注射苏云金芽孢杆菌可导致豚鼠死亡，而肺部感染可导致免疫功能低下的小鼠死亡。但许多关于 *Bt* 的哺乳动物安全性的报告表明，*Bt* 对人类的风险极小[9]。

2）空中喷涂时人体的暴露

商业化 *Bt* 制剂已大规模应用于在人口密集的城市地区空中喷洒。在美国、加拿大和新西兰进行空中喷洒期间，进行了对人类健康影响的监测。在喷洒期间和喷洒之后，在居民住宅内部和外部取样。数据表明，空中暴露于基于 *Bt* 的杀虫剂不会对一般人群造成可衡量的急性健康影响。

美国和加拿大的主要健康影响评估研究所产生的数据表明，没有产生与制剂空中应用相关的短期人类健康影响。

3）用于控制害虫的微生物制剂对环境的影响

微生物制剂通常被认为是化学农药的替代品，但并非完全没有风险。尽管与农药相比，对非目标生物造成的危害通常较低，但必须仔细考虑释放生物活性剂后对环境的潜在影响，因为这可能是一个不可逆的过程。在大多数情况下，微生物制剂的使用规模越大，对非目标生物产生影响的可能性就越大。

任何农药的环境安全性都与活性成分在环境中的持久程度密切相关。微生物释放到环境中，具有繁殖和扩散的潜力。考虑到潜在的喷雾飘移，尤其是在有害生物根除计划期间，了解微生物的持久性很重要。随着非目标暴露的可能性增加，存在于环境中的介质可能会产生更大的非目标影响风险。尽管 *Bt* 孢子似乎不会在宿主外部复制，但它们可以在土壤中长期保留。

2. 通过基因工程改进作为杀虫剂的昆虫病原体

目前，全世界用于害虫和媒介物控制的杀虫剂中只有不到 1% 是基于昆虫病原体。使用最广泛的是苏云金芽孢杆菌（*Btillus thuringiensis*）的不同亚种，约占用作杀虫剂病原体的 80% [10]。在其余的 20% 中，少数杆状病毒已成功用于生物防治，包括在美国和加拿大使用杆状病毒防治森林害虫。

将杆状病毒杀虫剂用于昆虫种群的最大限制之一是病毒杀死宿主昆虫所需时间。在过去的 20 年中，通过使用 3 种不同策略中的一种或多种，遗传工程已成功解决了这一限制：①删除杆状病毒的某些基因，从而减少杆状病毒杀死宿主昆虫所需的时间；②插入编码毒素、激素或酶的基因，使得杆状病毒转基因的表达导致宿主昆虫死亡；③将肠道活性毒素插入杆状病毒。

除了提高杆状病毒杀虫剂的作用速度（减少致死时间，即 LT_{50}）外，基因工程还用于提高毒力（降低病毒的致死剂量 LD_{50}）并改变宿主范围 [11-14]。在过去 20 年中，分子生物学和基因组学知识和各种技术已被用于产生重组的昆虫致病性病毒、细菌和真菌，其效力远高于野生型。已经开发了大规模生产重组细菌和真菌的技术，这些技术已将其成本降低到与许多化学杀虫剂成本相似的水平。

（三）植物生物控制

植物病原体可以作为微生物除草剂，其中一个最为成功的例子是通过灯芯草粉苞苣柄锈菌（*Puccinia chondrillina*）在澳大利亚控制杂草。另外，生物控制多年以来都被美国研究用于控制非法毒品，特别是通过真菌病原体控制古柯、大麻和罂粟。20 世纪 90 年代，美国促使联合国发起了毒品控制计划，针对古柯和罂粟，尖孢镰刀菌（*Fusarium oxysporum*）真菌被用于针对上述植物。南美洲许多种植古柯的国家反对使用真菌制剂，使针对古柯的计划终止，针对罂粟的计划继续，并在乌兹别克斯坦进行了试验[15]。

二、基因治疗

基因治疗（gene therapy）是将外来遗传物质插入人体细胞或组织中以改变基因功能并可能治疗或治愈遗传性疾病，是随着 20 世纪七八十年代 DNA 重组技术、基因克隆技术等的成熟而发展起来的最具革命性的医疗技术之一。它是以改变人的遗传物质为基础的生物医学治疗手段，在重大疾病治疗方面显示出了独特的优势。

（一）技术概述

在 1970 年发表的一篇文章中使用了“基因治疗”（gene therapy）一词[16]。基因治疗的 3 个关键要素是将治疗基因准确地传递给靶细胞、基因成功表达及不良反应较低。基因组修饰可以在体细胞或种系细胞中进行。体细胞基因治疗仅在个体中改变遗传功能，并且不会产生可传递给下一代的变化[17]；种系细胞基因治疗寻求将遗传物质直接引入卵子或精子（或其前体细胞），或早期人类胚胎中，有可能在受治疗个体的后代中产生永久的、可遗传的变化[18]。

基因治疗成功的关键挑战是将新的遗传物质整合到靶细胞中，无论是体细胞还是种系细胞。为了使基因治疗成功，DNA 必须进入靶细胞，这涉及穿过细胞膜并进入细胞核。裸核酸易于在宿主细胞内降解，因此，理想情况下应加以保护。使用病毒载体可避免这些问题，因此，带有外源基因的重组病毒能够将该基因传递到细胞中。理想的病毒载体只发挥感染作用，不表达致病基因。

已经开发了几种用于基因转移的方法：病毒载体、非病毒递送系统（如阳离子聚合物或脂质）、人工染色体[19]。非病毒载体主要有裸DNA、脂质体、阳离子聚合物等，其特点是毒性小、安全性高、外源基因长度不受限制，但存在转染效率低、外源基因转导到宿主细胞后表达时间短等问题[20]。

病毒在将基因转移到其他生物体中具有很高的效率[21]。许多不同的病毒已被用作病毒载体，如腺病毒（AV）、腺相关病毒（AAV）、单纯疱疹病毒（HSV）、牛痘病毒（VV）及反转录病毒（RV）。3种病毒载体已被用于人类基因治疗研究：反转录病毒、腺病毒和腺相关病毒[22]。

反转录病毒是单链RNA病毒，可高效地感染许多类型的宿主细胞，稳定地整合到宿主细胞基因组中并持续表达。腺病毒载体是目前临床基因治疗中使用最多的载体，其在宿主细胞内不发生整合，因而无插入突变的风险，载体容量较大。尽管病毒载体技术取得了进展，但科学家们发现很难以标准化或可重复的方式将载体传递到靶细胞中。病毒载体也与研究对象的不良反应有关，导致基因治疗的使用受限[23-30]。

载体可能会引起潜在的不良反应，这取决于转基因、所用载体的类型和所涉及的宿主。这些影响包括载体的残留毒力、插入序列的影响，以及如果转基因编码自身抗原，则具有自身免疫性疾病（autoimmune diseases，AID）的风险。通常来说，如果可以选择载体，应选择宿主范围最有限的载体，以防止载体的意外扩散。其他风险包括载体与宿主中存在的相关病毒之间的重组等。

研究人员在了解特定基因转移载体的优势和劣势方面取得了一些进展，包括哪些载体适合治疗特定疾病。尽管取得了这些进展，但人类基因治疗仍处于试验阶段。截至2010年6月，已有29个国家进行了基因治疗的临床试验。大约63%的此类试验在美国进行，94%在北美和欧洲进行，65%的基因治疗试验靶向癌症。影响基因治疗技术发展速度的两个主要因素是高成本和技术的不成熟。随着基因治疗研究的进展，成本将会下降，更多的国家和参与者将利用该技术[31]。

（二）技术应用

基因治疗可分为体细胞基因治疗与生殖细胞基因治疗，目前只有体细胞基因治疗被批准用于人类疾病的治疗。基因治疗大多集中于严重的遗传疾病，如免疫缺陷、血友病、地中海贫血与囊性纤维病等。这些疾病之所以作为基因治疗的目标，是由于这些疾病是体内单基因缺陷所造成的。由于潜在的风险与伦理问题，生殖细胞基因治疗面临巨大争议，目前未被批准用于人类疾病的治疗。

基因治疗最初的应用之一是恢复患有遗传性单基因缺陷的患者的正常生理功能[32]。1990 年，美国 NIH 开始了世界上第一个真正意义上的基因治疗临床试验，他们利用基因治疗修复了一个患有严重复合免疫缺陷综合征（Severe Combined Immunodeficiency Disease，SCID）女孩体内腺苷脱氨酶（adenosine deaminase，ADA）活性。SCID 是一种罕见遗传病，其发病率小于十万分之一，在这种疾病患者的第 20 号染色体上，有一个名为腺苷脱氨酶的基因出现了突变，失去了原有功能，使患者几乎完全丧失免疫机能。1990 年 2 月，经由美国食品药品管理局批准，美国国立卫生研究院的威廉·安德森医生正式开展了针对 SCID 的基因治疗。治疗取得成功，基因治疗 8 个月后，患儿体内 ADA 水平达到正常值的 25%，免疫系统得到了恢复，后来该患儿健康成长。几个月后的 1991 年，第 2 个患有 SCID 的 11 岁女孩接受了同样的治疗，并获得成功。但因为白细胞的寿命只有数月，因此，需要每隔几个月利用基因治疗“修改”新生的白细胞才能维持健康。因此，患者的康复本身到底在多大程度上可以认为基因治疗的成功，又在多大程度上代表基因治疗真正具备了临床意义，仍然难以清晰界定。

差不多有 1% 的白人天生就具有对艾滋病的免疫力，他们的免疫细胞不会被 HIV 入侵。现在我们知道，这是因为 HIV 在入侵人类免疫细胞的过程中，需要首先借助免疫细胞表面的一些“路标”蛋白来指明方向，这些蛋白中包括一个名为人趋化因子受体 5（human chemokine receptor–5，CCR5）的蛋白。在天生带有艾滋病保护的幸运儿中，编码 CCR5 蛋白的基因出现了功能突变。1995 年，一名美国人被确诊为艾滋病，2006 年，他又患上了急性髓细胞性白血病，主治医生彻底清除掉其体内带有艾滋病病毒同时又已经癌变的骨髓细胞，再专门选择 CCR5 基因变异的骨髓捐献者，对其进行骨髓移植，最终彻底治愈了患者的艾滋病[33]。

经过近 30 年的发展，基因治疗已经由最初用于单基因遗传性疾病的治疗扩大到恶性肿瘤、感染性疾病、心血管疾病、自身免疫性疾病、代谢性疾病等疾病的治疗。截至 2014 年 7 月，全球共批准 2076 项基因治疗方案进入临床试验阶段，其中针对各种恶性肿瘤的基因治疗临床试验方案占总数的 2/3[34]。1990 年，基因治疗倡导者认为新疗法即将来临，但今天该技术仍被认为是实验性的[31]。

（三）技术风险

尽管基因治疗的一些临床试验已经产生了需要的基因表达，但许多患者都经历了不良反应。例如，2000 年，科学家将治疗基因转移给患有严重复合免疫缺陷综合征的儿童，使用莫洛尼鼠白血病病毒（murine leukemia virus，MLV）作为载体。虽然基因转移是成功的，但是一些接受治疗的儿童随后发生了罕见的白血病[31]。莫洛尼鼠白血病病毒被用于人体基因治疗时，它有可能插入和破坏一个名为 LMO2 的人类基因，而这个基因的异常激活和人类白细胞密切相关[31]。

1999 年 9 月 17 日，一名 18 岁的鸟氨酸氨甲酰转移酶缺乏症患者在美国宾夕法尼亚大学参加一项基因治疗临床试验时去世。这一事件引发了美国国会对基因治疗研究监管的质疑。

基因治疗的一个常见问题是受体的免疫系统检测到携带治疗基因的病毒载体并在其到达靶细胞之前将其破坏。研究人员也很难开发出可以在同一个体中反复使用的基因疗法，因为免疫系统会攻击它以前“见过”的病毒载体。由于这些困难，基因治疗的治疗效果尚未达到最初的预期[31]。

（四）滥用可能性

基因治疗具有重要研究意义，因为它可能用于治疗、改善或预防遗传性代谢疾病或免疫系统疾病。种系基因治疗可以将遗传改变传递给患者的后代。虽然基因治疗研究的主要焦点是缓解疾病，但一些人认为，未来基因治疗可以通过赋予社会期望的特征（如身高或智力）来“增强”人的特征，或者通过赋予对传染性病原体的抵抗力来改善健康。在某些情况下，可能难以将治疗应用与增强区分开来，遗传增强带来了道德与基因治疗相关的社会问题[31]。

一些分析人士猜测，恐怖分子和其他恶意行为者会利用基因治疗技术制造新型生物武器。目前，这种可能性仅限于假设，尽管未来的技术进步可能使基因治疗的两用性风险更受关注。因此，应密切监测基因治疗，以便在技术成熟且必要时引入适当的治理措施。

基因治疗的两用性问题引起国际社会的重视。基因治疗潜在的滥用包括病毒载体可以将有害的基因导入特定人群。1997 年，美国一项研究报告了基因工程可用于制造增强型生物武器的 6 种方法，包括使用基因治疗载体[35]。

如果载体技术得到完善，病毒载体可用于将有害基因传递到目标群体中[36]。或者，病毒载体可能会变成“隐形病毒”，被隐蔽地引入遗传宿主，它们会在引起疾病之前长时间处于休眠状态。在某种情况下，恶意行为者可威胁用外部信号激活隐形病毒，除非他的要求得到满足。这种情况会特别复杂，因为它需要目标人群两次暴露，首先是病毒暴露，然后暴露于激活信号。然而，目前还不确定一个潜在的生物恐怖分子是否可以秘密地将隐形病毒引入目标人群，然后在之后的时间激活病毒。此外，即使使用“隐形”病毒载体，暴露人群中的一部分（如患有免疫系统受损的人）在恶意行为者延迟激活之前就可能表现出症状[31]。

基因治疗可以改变人类遗传疾病的治疗方法，其目标是修复或替代异常的基因。然而，同样的技术可以用于插入病原体基因。虽然病毒载体技术可以获取，但即使这样，恐怖分子或其他恶意行为者也很难利用这项技术秘密地将有害基因转移给不止一个人。尽管科学家试图通过气溶胶途径将腺病毒传递给患者，但该技术尚未成功应用于临床试验[31]。

虽然涉及基因转移的恐怖袭击的风险很低，但仍应该认真对待这种可能性，因为后果可能很严重。尽管一些科学家和政策制定者已经认识到基因治疗存在被滥用于有害目的的可能性，但他们不把它视为迫在眉睫的风险。一种普遍看法是，自然病原体已足够致命，使得恐怖组织不太可能将病毒载体设计为武器[31]。

（五）治理措施

作为一种已经在健康和安全方面受到严格监管的技术，基因治疗显示出易于治理的特点。然而迄今为止，各国对基因治疗的监管都只集中在 biosafety 生物安全问题上。美国基因治疗最初由重组 DNA 咨询委员会（RAC）监管，其由美国国立卫生研究院（NIH）于1974年成立，以确保基因工程技术的安全性[37]。20世纪80年代，RAC创建了一个人类基因治疗小组委员会（Human Gene Therapy Subcommittee，HGTS），但当基因治疗开始涉及人体临床试验时，美国食品药品管理局（FDA）开始作为主要监管机构[38]。在此期间，RAC和FDA之间关系紧张，因为两个机构都声称对基因治疗拥有管辖权，但采取了不同的监管方法[39]。争论的一个主要问题是RAC强调公众审查，这与FDA对保密的要求相矛盾。20世纪80年代中期，FDA在审查临床基因治疗研究方面开始发挥主导作用，但与RAC的紧张关系持续存在。

在有患者因基因治疗于1999年去世后，NIH和FDA都加强了对基因疗法的监管。两个机构的调查均确定，全国各地的基因治疗临床试验均不符合关于人类受试者研究的联邦法规，并且未向联邦当局报告不良反应。由此，NIH和FDA启动了一项名为“基因治疗临床试验监测计划”（Gene Therapy Clinical Trial Monitoring Plan）的新计划，旨在确保报告临床试验期间的不良反应。此外，FDA还对当前临床试验进行了随机检查和修改知情同意书，使研究对象更好地了解参与风险。自2000年以来，联邦法规要求机构生物安全委员会在批准新基因治疗方案前，重组DNA咨询委员会（RAC）必须表明同意审查该方案或明确不需要进行审查。RAC还组织了一个论坛对新基因治疗方案引起的伦理和安全问题进行公开讨论[31]。

现在，FDA监管在美国及国外进行的所有基因治疗临床试验，只要其以后在该机构进行研究性新药（investigational new drug，IND）申请。如果FDA确定潜在风险超过潜在收益或其他原因，FDA可以拒绝该申请。作为获得IND的条件，申请者必须将研究方案提交给机构审查委员会（IRB），该委员会审查其是否遵守管理此类研究的所有FDA法规。

尽管美国国立卫生研究院对基因治疗方案没有直接的监管权限，但RAC仍然对联邦资助的研究提供一些监督。除了一般的RAC审查外，联邦资助的基因治疗研究方案必须在NIH注册，保持一个可公开访问的临床试验和不良反应信息数据库。私人资助研究人员可以自愿向NIH和RAC提交其研究计划[31]。

如果滥用基因治疗的风险变得更加明显，可以考虑采取新的治理措施。第一种方法是教育和提高认识。大多数生命科学家很少直接接触生物武器和生物恐怖主义问题，并且往往不考虑他们自己研究的滥用潜力。解决与基因治疗相关的可能安全风险的第二种方法是加强学术研究人员、情报界之间的联系。防止生命科学两用性研究滥用的第三种方法是安全敏感数据的发布审查。美国科学院的《恐怖主义时代的生物技术研究》报告建议，这种审查应基于科学期刊的自治而不是正式的政府监管。鉴于目前基因治疗可能被滥用的风险较低，限制有益结果的公布将阻碍科学进步[31]。

三、RNA 干扰

RNA 干扰（RNA interference，RNAi）是指通过内源性或外源性双链 RNA 介导特异性降解特定 mRNA，导致靶基因的表达沉默，产生相应功能缺失的现象，属于转录后水平的基因沉默。作为一种进化上高度保守的抵御外源基因或外来病毒侵犯的防御机制，RNAi 广泛存在于各种生物体内，同时在生物生长发育中扮演着基因表达调控的角色，使人们重新认识了 RNA 在生命活动过程中的重要性。

（一）技术概述

生物技术研究团体第一次使用 RNA 干扰是在 1990 年，当时理查德·豪尔根森（Richard Jorgensen）及其同事发表了试图增加矮牵牛花紫色强度的意外结果。研究人员与 DNA 植物技术公司（DNA Plant Technology Inc.）合作，通过插入一个基因对植物进行遗传修饰，以提高紫色素合成中关键酶的水平。出乎意料的是，许多转基因矮牵牛花在花中产生很少或没有紫色色素。进一步研究表明，插入的基因已如预期的那样被转录成信使 RNA，但转录产物被破坏。Jorgensen 和他的同事称这种现象为“共抑制”，因为内源植物基因的信使 RNA 转录本（编码紫色色素）和工程基因（设计用于增强色素基因的表达）的转录本均被消除[31]。

20 世纪 90 年代，美国斯坦福大学的安德鲁（Andrew Z. Fire）和马萨诸塞大学医学院的克雷格（Craig Mello）在进行线虫基因沉默的研究中，分别给线虫注射肌肉蛋白的正义 RNA、反义 RNA 和双链 RNA（double-stranded RNA，dsRNA）。注射 dsRNA 的子代线虫发生了罕见的抽搐，这表明肌肉蛋白的翻译受到了抑制，发生了基因沉默（图 3-1，彩图见书末）。他们将这种 dsRNA 抑制基因表达的现象称为 RNA 干扰（RNAi），把引发 RNAi 现象的 RNA 称为干扰 RNA（interference RNA， iRNA），他们因此获得了 2006 年诺贝尔生理学或医学奖。此后，RNAi 现象被证明广泛存在于真菌、线虫、果蝇、植物、动物等多种生物中[40-41]。

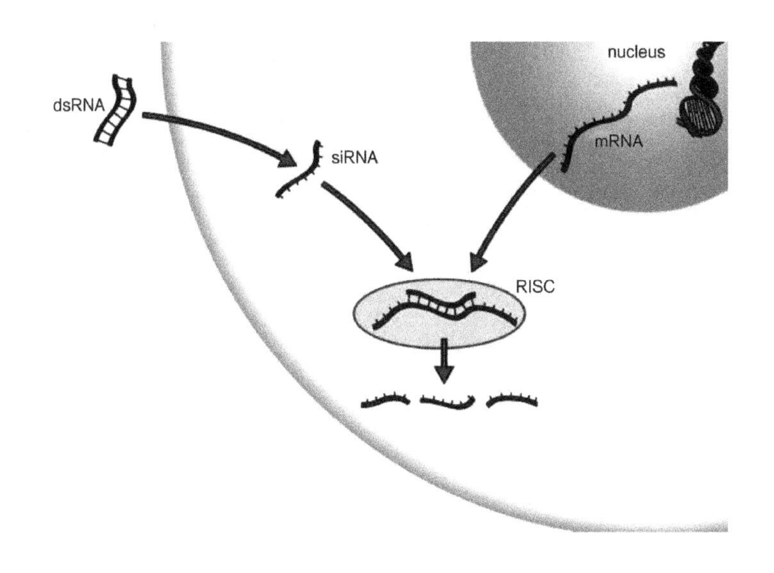

RISC：RNA 诱导沉默复合体（RNA-induced silencing complex）；dsRNA：双链 RNA（double-stranded RNA）；siRNA：小干扰 RNA（small interfering RNA）；nucleus：细胞核。

图 3-1 RNA 干扰技术[42]

RNA 干扰是用于控制基因表达的先天细胞机制，其最具特色的功能是防御入侵病毒，病毒利用细胞生化机制在宿主细胞内繁殖。许多病毒基因组由 RNA 而不是 DNA 组成，因此在转录过程中，基因组 RNA 模板和互补的信使 RNA 链彼此暂时配对，形成双链 RNA。此外，许多具有 RNA 基因组的病毒通过产生 RNA 的互补链来复制它们的整个基因组序列，该过程也产生双链 RNA。

尽管双链 RNA 是许多病毒生命周期的一部分，但它对受感染的宿主细胞来说是陌生的。细胞对于这种异常分子的应对包括以病毒 RNA 双链体作为模板产生互补的“小干扰”RNA（small interfering RNA，siRNA）分子。一小段 22 个 RNA 碱基可确定靶基因[43]。宿主细胞利用 siRNA 分子特异性地识别病毒

RNA，通过细胞机制将其标记和进行破坏。

各种各样的动物、真菌和植物利用RNA干扰作为对病毒的先天细胞免疫机制。因此，似乎RNA干扰是为了防御病毒感染而进化的。有力的证据表明，RNA干扰有助于调节机体自身基因的表达：许多基因组含有调节基因表达的micro-RNA序列。

2001年，RNAi技术被成功用于诱导培养的哺乳动物细胞基因沉默，此后，人们在不同种属的生物中进行了广泛而深入的研究，证实dsRNA介导的RNAi现象广泛存在于真菌、果蝇、拟南芥、斑马鱼、小鼠、大鼠、猴乃至人类等多种生物中。

（二）技术应用

RNAi技术作为一种高效多能的重要生物医学研究工具，为靶向药物研制带来了革命性的突破，在短短数年内就成为生物制药的一个新兴战略领域，并取得了很大研究进展。2004年，Acuity制药公司开始进行基于RNA干扰的药物的Ⅰ期临床试验，用于治疗年龄相关黄斑变性。从那时起，基于RNA干扰的多种药物应用已进入临床试验阶段[44]。美国已有多种小分子RNA新药进入各期临床试验阶段。这些药物品种主要集中在丙肝、阿尔茨海默病等领域，其中也包括针对癌症、乙肝和艾滋病的药物。

由于RNA干扰可针对性破坏基因表达，因此为分子遗传学的基础研究提供了有用的工具。研究人员可以沉默未知基因并从影响中推断出它们的功能。例如，如果沉默特定基因导致白化病，那么所分析的基因可能在色素沉着中起作用。

RNA干扰破坏病毒生命周期的能力也可作为对抗病毒性疾病的手段。研究人员在开发针对重要人类病原体的治疗方法方面取得了进展，如HIV、疱疹病毒、丙型肝炎病毒和埃博拉病毒等。抗病毒药物通常具有不良反应，因为药物与宿主代谢的意外相互作用。相反，RNA干扰的序列特异性使其不太可能与代谢途径或其他药物相互作用[31]。

RNA干扰的另一个有希望的生物医学应用是调节遗传疾病的有害基因表达。基因定义了所有生物的遗传特征，每个基因的不同版本（等位基因）赋予了物种内的变异。物种的每个个体（除了同卵双胞胎）都携带独特的等位基因。正在开发基于 RNA 干扰的药物，以阻断导致遗传性疾病或突变导致癌症的等位基因的表达。在实验系统中，RNA 干扰选择性地破坏导致严重神经系统疾病肌萎缩侧索硬化病的等位基因的表达[45]。临床试验也表明，使用 RNA 干扰来沉默癌症相关基因可以抑制几种类型的人类癌细胞或使它们对化疗敏感[46]。

RNA 干扰的其他有希望的应用包括治疗烧伤、过敏和自身免疫疾病。烧伤引起的部分伤害，从单纯的晒伤到由热或辐射暴露引起的严重烧伤均由与炎症相关的基因表达引起，RNA 干扰可能有助于缓解由炎症引起的相关损伤。长期以来，药物一直用于抑制免疫系统对过敏原的过度反应，以及身体自身组织的不当识别，如红斑狼疮等自身免疫性疾病。RNA 干扰可作为一种新的、可能更特异性的方法，用于关闭导致过敏和自身免疫性疾病的基因[47]。

最后，RNA 干扰以有针对性的方式破坏基因表达的能力可能存在许多其他应用。例如，与肥胖相关的基因是减肥疗法的潜在目标。RNA 干扰甚至可以用于控制毛发、眼睛和皮肤颜色或在衰老中起作用的基因的表达。尽管这些应用可能存在道德问题，但强烈的消费者兴趣可能会推动这些领域的研究。

目前，基于 RNA 干扰开发药物的障碍包括将双链 RNA 模板递送到细胞中，并确保模板持续足够长的时间，以保证足够的 siRNA 基因表达。存在两种可能的递送机制：第一种方法是使用基因工程病毒“载体”将 siRNA、双链 RNA 或表达 siRNA 的基因递送到患者细胞中；第二种方法是应用大量双链 RNA 或 siRNA，使得分子能够通过患者的血流、肺、肌肉组织或其他组织到达靶细胞。第二种方法需要持续施用以保证其有效性，通过使用纳米颗粒可以改善给药效果[48]。

（三）滥用可能性

RNA 干扰是一个快速发展的生物医学研究领域，对治愈和预防疾病具有很大希望。但同时，该技术具有滥用的可能性，包括产生具有增强毒力的病原体和靶向破坏在人体中起重要作用的基因。

RNA 干扰可以通过两种途径产生危害：一是阻断宿主的一些重要基因；二是破坏宿主针对感染的防御系统。正如该机制可以阻止遗传性疾病的相关基因表达及病毒入侵一样，其也可以干扰和破坏健康的新陈代谢和正常免疫。基因工程方法可用于将模板 RNA 插入病毒病原体的基因组中。在感染宿主后，病毒会表达干扰 RNA，破坏宿主的新陈代谢并产生类似于毒素的影响。也可能靶向宿主 RNA 干扰机制以增加对病毒的易感性。如果病毒载体具有传染性并在人与人之间传播，那么它将有可能造成大规模伤害（表 3–2）。

表 3–2 RNA 干扰的潜在滥用[31]

特征	目标	应用方法		影响
		基因工程	应用	
RNA 干扰用于破坏正常的宿主新陈代谢或免疫	代谢	毒素样基因嵌入病毒（很可能）	毒素形式（不太可能）	毒性
	免疫	毒力基因嵌入病毒（很可能）	病原武器形式（不太可能）	免疫抑制
中断宿主 RNA 干扰机制	宿主抵抗病毒感染	毒力基因嵌入病毒（很可能）	病原武器形式（理论上）	免疫抑制

（四）治理措施

一些国家政策制定者并没有将恶意使用 RNA 干扰视为一个直接关注的问题，而是将注意力集中在该技术的意外安全隐患上。例如，2007 年 6 月，美国国家生物安全科学顾问委员会（NSABB）提出的监督框架中评估 RNA 干扰不太可能造成滥用风险[49]。同样，美国科学家联合会也包括一个 RNA 干扰两用性生物研究的在线教程，但认为该技术主要引起生物安全（biosafety）问题[50]。

然而，一些关于两用生物技术的政策分析已经认识到 RNA 干扰的潜在攻击性应用[51]。2006 年 11 月，英国向《禁止生物武器公约》（*Biological Weapons Convention*，BWC）第六次审议大会就 RNA 干扰的潜在蓄意应用提交了一份报告，阐述“从理论上讲，现在存在的技术可以有效沉默种族特异的等位基因”[52]。

阳光项目（Sunshine Project）的早期报告对RNA干扰可能被滥用于特定种族群体进行了更为深入的分析，其分析了两个包含点突变或单核苷酸多态性（single nucleotide polymorphisms，SNP）的数据库。报告得出结论，大量潜在的遗传目标具有发展种族武器的潜力[53]。

美国国家研究委员会（NRC）在2006年的一份报告中得出了相反的结论，驳斥了种族特异性SNP可能成为基于RNA干扰的生物武器目标的可能性。该报告指出："基因组中大量的点突变和其他多态性不太可能在不久的将来导致任何选择性靶向。位于基因组重要功能区域的此类突变的比例很小。"[54]

迄今为止，美国还没有尝试过监管RNA干扰技术。NSABB不予考虑RNA干扰被用于敌对目的的可能性，重组DNA咨询委员会仅从biosafety生物安全角度关注该技术。在国际层面也没有对RNA干扰的监管。《禁止生物武器公约》缺乏任何正式的核查或执法措施，尽管条约的某些缔约方已将RNA干扰作为潜在的安全问题提出[31]。

四、其他方面

病原微生物作为工具的其他一些应用也具有潜在生物安全风险：一方面是个体的生物安全风险；另一方面是公共卫生风险及潜在两用性可能。

（一）载体疫苗

基因工程重组活载体疫苗是用基因工程技术将病毒或细菌（常为弱毒株）构建成一个载体，把外源基因插入其中使之表达的活疫苗。该类疫苗免疫机体后向宿主免疫系统提供免疫原性蛋白抗原的方式与自然感染时的真实情况很接近，可诱导产生体液免疫和细胞免疫，甚至黏膜免疫。如果载体中同时插入多个外源基因，就可以达到一针防多病的目的。病毒活载体疫苗兼有常规活疫苗和灭活疫苗的优点，是当今与未来疫苗研制与开发的主要方向之一。但这类疫苗可能因机体对活载体产生免疫反应，从而限制再次进行加强免疫的效果[55]。

1. 重组病毒载体活疫苗

病毒载体有两种：一种是复制缺陷性载体病毒，无排毒的隐患，可表达目的抗原，产生有效的免疫保护；另一种是具有复制能力的病毒，如疱疹病毒、腺病毒和痘病毒都可作为外源基因的载体而保留病毒的复制能力和感染性。

2. 重组细菌载体活疫苗

以沙门菌、李斯特菌和卡介苗作为外源基因的载体已越来越引起研究者的兴趣，并具有巨大的应用潜力，除了具有病毒活载体的优点外，还具有培养方便、外源基因容量大、刺激细胞免疫力强等优点。细菌载体本身就起到佐剂作用，可刺激机体较强的 B 细胞和 T 细胞免疫应答。口服沙门菌疫苗还能刺激黏膜免疫，而不像其他疫苗那样需要注射。

（二）细菌载体的生物治疗应用

工程细菌作为生物治疗递送系统的医学用途仍处于起步阶段。临床上已经对细菌载体进行了许多应用研究，并且在某些情况下已经在临床研究中对这种载体进行了测试[56]。一个令人振奋的例子是使用肿瘤靶向细菌来递送抗癌药物[57-59]。此外，已经发现了几种细菌可以将核酸递送给宿主细胞。因此，将细菌用作生物治疗的载体具有广阔的前景[60-62]。

活重组细菌药物引入临床较缓慢的原因主要是出于安全考虑[63-64]。例如，细菌载体主要通过减毒而衍生自致病细菌。又如，对于免疫力低下的患者，与这种菌株的残留毒力有关的风险通常仍然存在。

肿瘤细胞的失控性生长会导致其内部不能及时有效地建立新生血管网或新生血管结构异常，从而造成肿瘤内部微环境的缺氧。美国加州大学圣地亚哥分校的研究人员改造鼠伤寒沙门菌，使其能够定植在缺氧的肿瘤内部，通过细菌周期性的增殖、裂解来释放药物，抑制肿瘤细胞的活性，配合化疗药物的使用，肿瘤的生长受到了明显抑制[65]。

（三）细菌作为 DNA 疫苗载体

在 20 世纪 90 年代初期，DNA 疫苗已成为一种有前途的策略。DNA 疫苗接种策略具有许多优点，由宿主细胞的生物合成机制负责产生抗原，可保证最佳的糖基化和折叠。另外，不需要生产和纯化抗原[66]。

沃尔特·沙夫纳（Walter Schaffner）在1980年进行的研究表明，克隆的基因可以直接从细菌转移到哺乳动物细胞，这为将细菌用作DNA传递系统提供了合理的条件[67]。实际上，3个独立的小组利用不同的革兰氏阴性细菌将质粒转移到感染的细胞中[68-70]。后来，还证明了革兰氏阳性细菌，如单核细胞增生性李斯特菌，能够传递质粒DNA[71]。

活的减毒细菌的递送比正常裸露的DNA具有多种优势，如不需要纯化质粒DNA。细菌载体可以特异性地靶向主要的抗原呈递细胞（APC），如树突状细胞（DC）[72-73]。而且，细菌可以作为天然佐剂[74-75]。

细菌转运DNA的主要生物安全问题之一是染色体整合的潜在风险，特别是在潜在危险的位置。在多项研究中，在体外条件下活细菌载体介导的疫苗递送后，已发现质粒整合入基因组[76]。但是，这些发现尚未扩展到体内研究。已发现在小鼠体内用裸露的DNA肌肉注射疫苗后的染色体整合是微不足道的[77]。

与DNA疫苗接种有关的其他问题是质粒在多个组织中的扩散和长期持久性，及对免疫耐受性的潜在诱导。监管机构已经发布了有关这些问题的指南和规定[78-79]。

（四）细菌介导的基因治疗策略

基因治疗策略包括向特定器官或细胞传递遗传物质。这些策略需要有效且相关的转移载体，通常将其分为两大类：病毒载体和非病毒载体。细菌可被视为基因治疗的替代载体。最近的研究报道了从细菌向哺乳动物细胞的功能基因转移[80-84]。

通过整个细菌载体进入靶细胞，可以实现细菌载体的基因转移[85]。细菌介导的基因治疗可用于肿瘤基因治疗。多年以来，已知厌氧细菌会在肿瘤中浸润、复制和优先蓄积[86-89]。肿瘤中的异常血管供应是营养物供应不足和缺氧的综合原因，从而促进厌氧和兼性厌氧细菌的生长[90-91]。正在研究3种细菌菌株，以提高它们的肿瘤选择性，其中两种是专性厌氧菌，即梭状芽孢杆菌和双歧杆菌；另一种是兼性厌氧菌，即沙门菌。

（五）用于RNAi递送的细菌载体

RNAi是基础研究中非常有用的工具，因为它有助于通过靶向性快速阐明基因功能。此外，RNAi还催生了药物研究的新领域，即基于RNAi的疗法，已成为药物开发快速发展的领域，应用范围从病毒感染到癌症治疗。

经典的RNAi途径是通过向细胞质中引入小干扰RNA（siRNA）触发的。siRNA由短的（19 ~ 21 bp）双链RNA组成[92]。其中一条链（有义链）与要沉默的基因的mRNA同源，或者也可以通过引入siRNA前体，如双链RNA（dsRNA）或短发夹RNA（shRNA）来触发RNAi途径。shRNA和dsRNA均可被加工成siRNA，并在哺乳动物细胞的细胞质中诱导RNAi介导的基因沉默[93-94]。

尽管RNAi技术的发展具有巨大意义，但将siRNA传递至靶细胞的难度阻碍了基于RNAi治疗的迅速发展。已利用病毒载体、纳米颗粒、脂质体和对siRNA的化学修饰来递送RNAi[95]。

细菌可用于递送短干扰RNA。与某些病毒载体不同，细菌不会将遗传物质整合到宿主基因组中，另外可以使用抗生素对其进行控制。细菌是通用的基因载体，并且已被证明是将RNAi高选择性和高特异性地递送至靶细胞的一种有效、安全且廉价的措施。研究表明，大肠杆菌可用于递送治疗性短干扰RNA[96]。

通过使用鼠伤寒沙门菌等侵入性细菌传递细菌介导的RNA干扰（Bacteria-mediated RNA interference，bmRNAi）是一种利用自然侵入性细菌传递RNA干扰的方法。一些人推测，由于siRNA由宿主细胞不断产生，因此该方法可能诱导更持久的沉默。细菌作为RNAi的有用载体仍有许多障碍需要克服，如避免先天免疫系统、细菌性疾病的其他风险等。

（六）溶瘤病毒

溶瘤病毒（oncolytic virus）疗法是一种直接针对肿瘤细胞的治疗方法，只需利用病毒在肿瘤细胞内增殖就可达到杀死肿瘤细胞的目的。其原理是通过对自然界存在的一些致病力较弱的病毒进行基因改造，使其成为特殊的溶瘤病毒，利用肿瘤细胞中抑癌基因失活或缺陷的特点，可特异性感染肿瘤细胞并在肿瘤细胞内大量复制最终裂解肿瘤细胞，释放出的病毒可感染更多的肿瘤细胞，同时，这些病毒无法在正常机体细胞内复制，因此对正常细胞无杀伤作用[97]。

至今用于溶瘤治疗的病毒达数十种。根据其是否进行过改造，主要可分为两类：一类是经过基因重组只能在肿瘤细胞内进行增殖的病毒，主要有单纯疱疹病毒、腺病毒、麻疹病毒及牛痘病毒等；另一类是野生型病毒株和天然的弱毒病毒株，如呼肠孤病毒、新城疫病毒等[98]。

目前，已经有多个溶瘤病毒药物获批上市。2003 年，重组人 5 型腺病毒 P53 注射液（商品名为今又生）获得中国批准，是世界上首个获批上市的溶瘤病毒。2005 年，改造的腺病毒 H101（重组人 5 型腺病毒注射液，安柯瑞）在中国获批上市。这两种产品均获批用于头颈癌和鼻咽癌的治疗。2015 年 10 月，美国食品药品管理局（FDA）和欧洲药品管理局（European Medicines Agency，EMA）几乎同时批准了用基因工程改造的单纯疱疹病毒 I 型（T-VEC）治疗晚期黑色素瘤[98]。

2016 年，中国科学院广州生物医药与健康研究院陈小平研究团队在获得患者及家属的同意后，将疟原虫治疗方法用于 3 名晚期肺癌患者身上，其中 2 名患者有显著疗效。后来，陈小平团队又将疗法扩展到其他实体肿瘤的治疗。但很多医生担心，一个晚期癌症患者，是否适合再给他感染疟原虫？另外，在医院开展这个疗法，疟原虫会不会传染给其他患者？[99]

（七）植物“基因治疗”

美国国防高级研究计划局（DARPA）是美国国防部下属的军用高精尖技术研发管理机构。其“昆虫盟友”（Insect Allies）研究计划希望通过昆虫媒介，使基因改造的植物病毒在农作物间传播，使农作物提高抵抗各种灾害的能力。

1. DARPA“昆虫盟友”项目概述[100-101]

根据 DARPA 对“昆虫盟友”项目的介绍，植物生长面临很多潜在风险，如病毒、真菌、虫害等，这些威胁可能是自然发生的，也可能是人为制造的，可能是天然的，也可能是基因改造的，不仅影响经济发展，并且危及国家安全。传统的应对措施包括作物轮作、选择性育种、杀虫剂等，但是起效慢，也可能无效，或对环境造成影响，并且需要大量基础设施投入。例如，选择性育种往往需要5 ~ 7 年确定相关的保护性基因，需要另外的 10 年进行推广应用。

DARPA 在 2016 年年底部署的“昆虫盟友”项目提供了一种与传统农业应对风险不同的策略，即在一个作物生长季，通过昆虫载体和植物病毒将修饰的基因导入植物，以“基因治疗”的方式保护正在生长的植物。植物病毒基因编辑、昆虫载体改造等领域的研究进展为该项目提供了基础。基因编辑技术，如 CRISPR/Cas9 系统可以在实验室实现某些植物特性的改变，但对于大面积农作物来说，喷洒等方式具有明显的局限性，因为其需要大规模基础设施，而且所用生物制品的成本也较高。DARPA 认为可移动的昆虫是一种选择，其可以针对特定植物有效传播基因元件。植物病毒可以携带特定基因，并且可以利用昆虫进行传播。利用昆虫载体和植物病毒使特定植物获得某种功能，可以针对正在生长的植物，并且不需要大量的基础设施。

该计划包括 3 个技术领域：植物病毒工程、昆虫载体优化、目标基因在成熟植物间传播。①植物病毒工程。选择、改造和优化植物病毒，确定 5 ~ 10 种候选病毒，其可以被昆虫载体所携带，可以单独或共同传递植物功能获得性基因元件。②昆虫载体优化。修饰和优化昆虫载体使其提高对病毒的传播能力，如昆虫的生存能力、播散能力等。发展条件致死系统，如温度、抗生素、光等来控制在特定区域的释放昆虫数量。③目标基因在成熟植物间传播。选择特定农作物进行试验，如玉米、小麦、水稻、马铃薯等，进行多个转移基因及多品种的试验。

2.“昆虫盟友”项目引发的生物安全问题争议

随着 2018 年 10 月 *Science* 一篇文章的发表[102]，该项目开展带来的生物安全影响引发了各界广泛的讨论。

（1）利用病毒作为植物基因编辑系统载体的潜在风险

DARPA 认为，植物病毒作为植物基因编辑系统的载体具有广阔前景。但 Reeves 等认为，“昆虫盟友”项目利用病毒将基因编辑系统传递到植物基因组中的行为，是在进行基因的水平转移，而在环境中利用病毒进行基因水平转移的行为会对管理、生物、经济、社会等多个层面产生深远的影响[102]。

Reeves 等认为，基因编辑技术的“脱靶效应”和昆虫行为的不确定性使得这项技术在农田试验显得还不够成熟，而且基因水平转移具有在环境中直接发挥作用的能力，这会给生态环境带来潜在的威胁[103]。

（2）对植物染色体进行基因编辑可能会影响全球作物种子资源安全和生物多样性

利用基因水平转移对植物染色体进行编辑，植物通过基因编辑获得的性状可能会通过植物传代而遗传下去，这会造成植物长期性状的改变，同时可能会对全球作物种子资源产生影响，进而影响全球粮食市场和食品安全。

（3）利用昆虫作为病毒运载工具可能违反《禁止生物武器公约》

Reeves 等认为，“昆虫盟友”项目以昆虫作为病毒运载工具可能违反《禁止生物武器公约》相关条款。他们认为，除了昆虫活动本身具有较大的不可控性外，一旦在昆虫载体设计中取消了 DARPA 所谓的“条件致死措施”，或者昆虫的存活时间大于 DARPA 规定的 2 周时间，该技术就具有潜在的生物武器应用可能[104]。

参考文献

[1] 权桂芝，赵淑津．生物防治技术的应用现状 [J]. 天津农业科学，2007, 13(3): 12–14.

[2] 宋思扬．生物技术概论 [M].4 版．北京：科学出版社，2014.

[3] 本刊编辑部．野兔入侵澳大利亚 [J]. 世界环境，2016(B05)：91.

[4] Disease emergence and resurgence: the wildlife–human connection. Chapter 6. Biowarfare, bioterrorism, and animal diseases as bioweapons[EB/OL].[2021–06–03] .https://pubs.er.usgs.gov/publication/cir1285.

[5] Hajek A , Glare T, Callaghan M. Use of microbes for control and eradication of invasive arthropods[M]. Berlin: Springer, 2009.

[6] Pimentel D, Lach L, Zuniga R, et al. Environmental and economic costs associated with non-indigenous species in the United States[M]//Pimentel D. Biological invasions: economic and environmental costs of alien plant, animal and microbe species. Boca Raton: CRC Press,2002.

[7] Hajek A E, McManus M L, Delalibera I J . A review of introductions of pathogens and nematodes for classical biological control of insects and mites[J]. Biol Control, 2007, 41:1–13.

[8] Ginsberg C. Aerial spraying of Bacillus thuringiensis kurstaki(Btk)[J]. J Pestic Reform ,2006, 20:13–16.

[9] Siegel J P. The mammalian safety of Bacillus thuringiensis-based insecticides[J]. J Invertebr Pathol， 2001, 77(1):13-21.

[10] Sleator R, Hill C. Patho-Biotechnology[M]. Landes Bioscience,2008.

[11] O' Reilly D R, Miller L K. A baculovirus blocks insect molting by producing ecdysteroid UDP-glucosyl transferase[J]. Science, 1989, 245(4922):1110-1112.

[12] Hammock B D, Bonning B, Possee R D, et al. Expression and effects of the juvenile hormone esterase in a baculovirus vector[J]. Nature, 1990, 344:458-461.

[13] Stewart L M, Hirst M, López Ferber M, et al. Construction of an improved baculovirus insecticide containing an insect-specific toxin gene[J]. Nature, 1991 ,352(6330):85-88.

[14] Scholte E J, Ng'habi K, Kihonda J, et al. An entomopathogenic fungus for control of adult African malaria mosquitoes[J]. Science, 2005 ,308(5728):1641-1642.

[15] Sunshine Project Backgrounder No. 4[EB/OL]. http://www.sunshineproject.org.

[16] Walters L. Gene therapy, law, recombinant DNA advisory committee (RAC)[M]//Encyclopedia of ethical, legal, and policy issues. Hoboken: John Wiley & Sons, Inc.,2002.

[17] National Human Genome Research Institute. "Germline Gene Transfer" National Institutes of Health [EB/OL].(2006-01-01)[2021-06-10]. http://www.genome.gov/10004764.

[18] Baruch S, Huang A, Pritchard D, et al. Human germline genetic modification: issues and options for policymakers[J]. Fetal Diagnosis & Therapy, 2005, 8(4):210-212.

[19] Niidome T, Huang L. Gene therapy progress and prospects: nonviral vectors[J]. Gene Ther, 2002,9(24):1647-1652.

[20] 成军 . 现代基因治疗分子生物学 [M]. 北京：科学出版社 , 2014.

[21] Cotrim A P, Baum B J. Gene therapy: some history, applications, problems, and prospects[J]. Toxicol Pathol, 2008,36(1):97-103.

[22] Black J L. Genome projects and gene therapy: gateways to next generation biological weapons[J]. Mil Med, 2003,168(11):864-871.

[23] Thomas C E, Ehrhardt A, Kay M A. Progress and problems with the use of viral vectors for gene therapy[J]. Nat Rev Genet， 2003,4(5):346-358.

[24] Assessment of adenoviral vector safety and toxicity: report of the National Institutes of Health Recombinant DNA Advisory Committee[J]. Hum Gene Ther, 2002,13(1):3-13.

[25] Marshall E. Gene therapy death prompts review of adenovirus vector[J]. Science, 1999,286(5448):2244-2245.

[26] Cavazzana-Calvo M, Hacein-Bey S, de Saint Basile G, et al. Gene therapy of human severe combined immunodeficiency(SCID)-X1 disease[J]. Science, 2000 ,288(5466):669-672.

[27] Hacein-Bey-Abina S, von Kalle C, Schmidt M, et al. A serious adverse event after successful gene therapy for X-linked severe combined immunodeficiency[J]. N Engl J Med, 2003 ,348(3):255-256.

[28] Check E. A tragic setback[J]. Nature，2002，420(6912):116-118.

[29] Kaiser J. Seeking the cause of induced leukemias in X-SCID trial[J]. Science, 2003,299(5606):495.

[30] Check E. Cancer risk prompts US to curb gene therapy[J]. Nature, 2003 ,422(6927):7.

[31] Tucker J B. Innovation，dual use，and security: managing the risks of emerging biological and chemical technologies[M]. Cambridge: The MIT Press，2012.

[32] Kay M A, Woo S L. Gene therapy for metabolic disorders[J]. Trends Genet, 1994 ,10(7):253-257.

[33] 王立铭 . 上帝的手术刀：基因编辑简史 [M]. 杭州：浙江人民出版社 , 2017.

[34] 邓洪新，魏于全 . 肿瘤基因治疗的研究现状和展望 [J]. 中国肿瘤生物治疗杂志 , 2015,22(2):170-176.

[35] Steven M. Block, living nightmares: biological threats enabled by molecular biology[M]// Sofaer D A, Wilson G D, Drell S D. The new terror: facing the threat of biological and chemical weapons. Stanford: Hoover Institution Press, 1999.

[36] Ainscough M J. Next generation bioweapons: the technology of genetic engineering applied to biowarfare and bioterrorism[M]. Maxwell Air Force Base, AL: U.S. Air Force Counterproliferation Center, 2002.

[37] Friedmann T, Noguchi P, Mickelson C. The evolution of public review and oversight mechanisms in human gene transfer research: joint roles of the FDA and NIH[J]. Curr Opin Biotechnol, 2001,12(3):304-307.

[38] Merrill R A, Javitt G H. Gene therapy, law, and FDA role in regulation [M]. American Cancer Society, 2002.

[39] Diamond E. Reverse-FOIA limitations on agency actions to disclose human gene therapy clinical trial data[J]. Food & Drug Law Journal, 2008, 63(1):321-373.

[40] Fire A, Xu S, Montgomery MK, et al. Potent and specific genetic interference by double-stranded RNA in Caenorhabditis elegans. Nature[J]. 1998,391(6669):806-811.

[41] 金由辛，赵波涛，马中良.RNA 干扰技术[M].北京：化学工业出版社，2013.

[42] Robinson R. RNAi therapeutics: how likely, how soon?[J].PLoS Biol,2004 ,2(1):E28.

[43] Ohnishi Y, Tamura Y, Yoshida M, et al. Enhancement of allele discrimination by introduction of nucleotide mismatches into siRNA in allele-specific gene silencing by RNAi[J]. PLoS One,2008, 3(5):e2248.

[44] Vaishnaw A K, Gollob J, Gamba-Vitalo C,et al. A status report on RNAi therapeutics[J]. Silence, 2010 , 1(1):14.

[45] Schwarz D S, Ding H, Kennington L, et al. Designing siRNA that distinguish between genes that differ by a single nucleotide[J]. PLoS Genet, 2006 ,2(9):e140.

[46] Zuckerman J E, Hsueh T, Koya RC, et al. siRNA knockdown of ribonucleotide reductase inhibits melanoma cell line proliferation alone or synergistically with temozolomide[J]. J Invest Dermatol, 2011, 131(2):453-460.

[47] Courties G, Baron M, Presumey J, et al. Cytosolic phospholipase A2 α gene silencing in the myeloid lineage alters development of Th1 responses and reduces disease severity in collagen-induced arthritis[J]. Arthritis Rheum, 2011 ,63(3):681-690.

[48] Yin Q, Gao Y, Zhang Z, et al. Bioreducible poly(β -amino esters)/shRNA complex nanoparticles for efficient RNA delivery[J]. J Control Release,2011,151(1):35-44.

[49] National Science Advisory Board for Biosecurity. Proposed framework for the oversight of dual use life sciences research: strategies for minimizing the potential misuse of research information[EB/OL].(2007-06-01)[2021-06-10].http://oba.od.nih.gov/biosecurity/pdf/Framework%20 for%20transmittal%200807_Sept07.pdf.

[50] Federation of American Scientists. Case studies in dual-use biological research[EB/OL].[2021-06-10].http://www.fas.org/biosecurity/education/dualuse/index.html.

[51] Chamberlain A, Gronvall G K. The science of biodefense: RNAi[J]. Biosecur Bioterror, 2007, 5(2):104-106.

[52] United Kingdom. Scientific and technological developments relevant to the Biological Weapons Convention[R]. The Sixth Review Conference of the Parties to the Con-vention on the Prohibition of the Development, Production, and Stockpiling of Bacteriological(Biological)and Toxin Weapons(BTWC), Geneva, Switzerland, 2006.

[53] Sunshine Project,TWN. Emerging Technologies, Genetic Engineering, and Biological Weapons[EB/OL].(2004-01-01)[2014-03-08].http://www.agenda21-treffpunkt.de/

archiv/03/11/EmergingBiotech-sun.pdf.

[54] Institute of Medicine and National Research Council. Globalization, biosecurity, and the future of the life sciences[M]. Washington, D.C.: The National Academies Press, 2006.

[55] 甄永苏，赵铠 . 疫苗研究与应用 [M]. 北京：人民卫生出版社，2013.

[56] Roland K L, Tinge S A, Killeen K P,et al. Recent advances in the development of live, attenuated bacterial vectors[J]. Curr Opin Mol Ther, 2005 ,7(1):62–72.

[57] Pawelek J M, Low K B, Bermudes D. Bacteria as tumour–targeting vectors[J]. Lancet Oncol, 2003,4(9):548–556.

[58] Mengesha A, Dubois L, Chiu RK, et al. Potential and limitations of bacterial–mediated cancer therapy[J]. Front Biosci, 2007,12:3880–3891.

[59] Jain R K, Forbes N S. Can engineered bacteria help control cancer?[J]. Proc Natl Acad Sci USA, 2001, 98(26):14748–14750.

[60] Loessner H, Weiss S. Bacteria–mediated DNA transfer in gene therapy and vaccination[J]. Expert Opin Biol Ther,2004,4(2):157–168.

[61] Daudel D, Weidinger G, Spreng S. Use of attenuated bacteria as delivery vectors for DNA vaccines[J]. Expert Rev Vaccines,2007,6(1):97–110.

[62] Schoen C, Stritzker J, Goebel W, et al. Bacteria as DNA vaccine carriers for genetic immunization[J]. Int J Med Microbiol, 2004 ,294(5):319–335.

[63] Galen J E, Levine M M. Can a ‘flawless’ live vector vaccine strain be engineered?[J]. Trends Microbiol, 2001,9(8):372–376.

[64] Lewis G K. Live–attenuated Salmonella as a prototype vaccine vector for passenger immunogens in humans: are we there yet?[J]. Expert Rev Vaccines,2007,6(3):431–440.

[65] Zhou S. Synthetic biology: Bacteria synchronized for drug delivery[J]. Nature, 2016, 536(7614):33–34.

[66] Wolff J A, Malone R W, Williams P,et al. Direct gene transfer into mouse muscle in vivo[J]. Science, 1990, 247(4949 Pt 1):1465–1468.

[67] Schaffner W. Direct transfer of cloned genes from bacteria to mammalian cells[J]. Proc Natl Acad Sci USA,1980 ,77(4):2163–2167.

[68] Courvalin P, Goussard S, Grillot–Courvalin C. Gene transfer from bacteria to mammalian cells[J]. C R Acad Sci Ⅲ , 1995 ,318(12):1207–1212.

[69] Darji A, Guzmán CA, Gerstel B, et al. Oral somatic transgene vaccination using attenuated S.

typhimurium[J]. Cell,1997 ,91(6):765–775.

[70] Sizemore D R, Branstrom A A, Sadoff J C. Attenuated Shigella as a DNA delivery vehicle for DNA–mediated immunization[J]. Science, 1995,270(5234):299–302.

[71] Dietrich G, Bubert A, Gentschev I, et al. Delivery of antigen–encoding plasmid DNA into the cytosol of macrophages by attenuated suicide Listeria monocytogenes[J]. Nat Biotechnol, 1998,16(2):181–185.

[72] Levine M M, Sztein M B. Vaccine development strategies for improving immunization: the role of modern immunology[J]. Nat Immunol, 2004 ,5(5):460–464.

[73] Mellman I, Steinman R M. Dendritic cells: specialized and regulated antigen processing machines[J]. Cell, 2001,106(3):255–258.

[74] Janeway CA , Medzhitov R. Innate immune recognition[J]. Annu Rev Immunol, 2002,20:197–216.

[75] Hoebe K, Janssen E, Beutler B. The interface between innate and adaptive immunity[J]. Nat Immunol, 2004 ,5(10):971–974.

[76] Hense M, Domann E, Krusch S, et al. Eukaryotic expression plasmid transfer from the intracellular bacterium Listeria monocytogenes to host cells[J]. Cell Microbiol, 2001 ,3(9):599–609.

[77] Ledwith B J, Manam S, Troilo P J, et al. Plasmid DNA vaccines: assay for integration into host genomic DNA[J]. Dev Biol(Basel),2000,104:33–43.

[78] Cichutek K. DNA vaccines: development, standardization and regulation[J]. Intervirology, 2000,43(4–6):331–338.

[79] Spreng S, Viret J F. Plasmid maintenance systems suitable for GMO–based bacterial vaccines[J]. Vaccine, 2005,23(17–18):2060–2065.

[80] Glover D J, Lipps H J, Jans D A. Towards safe, non–viral therapeutic gene expression in humans[J]. Nat Rev Genet, 2005 ,6(4):299–310.

[81] Heinemann J A, Sprague G F. Bacterial conjugative plasmids mobilize DNA transfer between bacteria and yeast[J]. Nature, 1989,340(6230):205–209.

[82] Lessl M, Lanka E. Common mechanisms in bacterial conjugation and Ti–mediated T–DNA transfer to plant cells[J]. Cell, 1994,77(3):321–324.

[83] Grillot–Courvalin C, Goussard S, Courvalin P. Bacteria as gene delivery vectors for mammalian cells[J]. Curr Opin Biotechnol,1999,10(5):477–481.

[84] Grillot-Courvalin C, Goussard S, Huetz F, et al. Functional gene transfer from intracellular bacteria to mammalian cells[J]. Nat Biotechnol, 1998 ,16(9):862–866.

[85] Cossart P, Sansonetti P J. Bacterial invasion: the paradigms of enteroinvasive pathogens[J]. Science, 2004,304(5668):242–248.

[86] Carey R W, Holland J F, Whang H Y, et al. Clostridial oncolysis in man[J]. Eur J Cancer, 1967,3:37–46.

[87] Engelbart K, Gericke D. Oncolysis by Clostridia. V. Transplanted tumors of the hamster[J]. Cancer Res, 1964,24:239–242.

[88] Mose J R, Mose G. Oncolysis by Clostridia. I. Activation of Clostridium bytiricum(M–55)and other nonpathogenic Clostridia against the Ehrlich sarcoma[J]. Cancer Res, 1964,24:212–216.

[89] Thiele E H, Arison R N, Boxer G E. Oncolysis by Clostridia. III. Effects of Clostridia and chemotherapeutic agents on rodent tumors[J]. Cancer Res, 1964 ,24:222–233.

[90] Yu Y, Shabahang S, Timiryasova T M,et al. Visualization of tumors and metastases in live animals with bacteria and vaccinia virus encoding light–emitting proteins[J]. Nat Biotechnol, 2004,22(3):313–320.

[91] Yu Y, Timiryasova T, Zhang Q, et al. Optical imaging: bacteria, viruses, and mammalian cells encoding light–emitting proteins reveal the locations of primary tumors and metastases in animals[J]. Anal Bioanal Chem,2003 ,377(6):964–972.

[92] Elbashir S M, Lendeckel W, Tuschl T. RNA interference is mediated by 21– and 22–nucleotide RNAs[J]. Genes Dev, 2001 ,15(2):188–200.

[93] Li C X, Parker A, Menocal E, et al. Delivery of RNA interference[J]. Cell Cycle, 2006,5(18):2103–2109.

[94] Zamore P D, Tuschl T, Sharp PA, et al. RNAi: double–stranded RNA directs the ATP–dependent cleavage of mRNA at 21 to 23 nucleotide intervals[J]. Cell, 2000,101(1):25–33.

[95] de Fougerolles A, Vornlocher H P, Maraganore J, et al. Interfering with disease: a progress report on siRNA–based therapeutics[J]. Nat Rev Drug Discov, 2007 ,6(6):443–453.

[96] Xiang S, Fruehauf J, Li C J. Short hairpin RNA–expressing bacteria elicit RNA interference in mammals[J]. Nat Biotechnol, 2006,24(6):697–702.

[97] 徐雪丽，张伟，胡又佳 . 溶瘤病毒在肿瘤治疗中的研究进展 [J]. 世界临床药物 ,2014, 35(11):88–94.

[98] 宁小平，虞淦军，吴艳 . 溶瘤病毒的肿瘤临床应用研究进展 [J]. 中国肿瘤生物治疗杂志，

2020, 27(6):705–710.

[99] 张佳星．“疟原虫治疗癌症”有多少科学依据 [N]. 科技日报，2019–02–11(1).

[100] DARPA enlists insects to protect agricultural food supply[EB/OL].(2016–10–19)[2019–07–20]. https://www.darpa.mil/news–events/2016–10–19.

[101] 王盼盼，田德桥．DARPA 昆虫盟友项目生物安全问题争议 [J]. 军事医学，2019，43(7)：488–493.

[102] Reeves R G, Voeneky S, Caetano–Anollés D, et al. Agricultural research, or a new bioweapon system?[J]. Science, 2018,362(6410):35–37.

[103] Simon S, Otto M, Engelhard M. Scan the horizon for unprecedented risks[J]. Science, 2018, 362(6418):1007–1008.

[104] U.S. Military is studying an insect army to defend crops. Scientists fear a bioweapon[EB/OL].(2017–10–04)[2019–07–20] .https://www.chicagotribune.com/news/environment/ct–pentagon–insects–biowarfare–20181004–story.html.

第四章　合成生物学

一、概述

合成生物学（Synthetic Biology）是一门建立在系统生物学、生物信息学等学科基础之上，并以基因组技术为核心的现代生物科学。合成生物学（synthetic biology）一词最早出现于1911年的*Lancet*[1]和*Science*上[2]。1974年，波兰学者Waclaw Szybalski提出synthetic biology的概念："设计新的调控元素，并将这些新的模块加入已存在的基因组内，或者从头创建一个新的基因组，最终将会出现合成的有机生命体。"[3]当前对合成生物学定义为：在系统生物学研究的基础上，引入工程学的模块化概念和系统设计理论，以人工合成DNA为基础，设计创建元件（parts）、器件或模块（devices），以及通过这些元器件改造和优化现有自然生物体系（systems），或者从头合成具有预定功能的全新人工生物体系[4-5]。

从定义上可以看出，合成生物学类似于现代建筑工程，只不过把工程材料换为基因或细胞零件，从而使人们可以将"基因"连接成网络，将细胞零件按需搭建成各种细胞或生命体。合成生物学的鲜明特点在于将现代工程学的基本理念引入生命科学，即用"模块化、标准化"的组成单元来设计构建较为复杂的系统，是一门融合了生物学、化学、物理学和工程科学等多学科技术和方法的交叉学科。合成生物学与传统生物学、现代生物技术的根本区别在于合成生物学是工程化的生物学[6]。

因此，从工程学的角度出发，合成生物学的本质是在明确的目标指导下，以工程化的范式从事生命科学研究与生物技术创新。欧洲委员会"关于新兴的和新近发现的健康风险科学委员会"于2015年提出了合成生物学的实用性定义，即合成生物学是一个将科学、技术和工程相结合的应用领域，旨在促进和加速对生物体遗传物质的设计、建造和改造[7]。

（一）从分子生物学到合成生物学

1953年4月25日，詹姆斯·沃森和弗朗西斯·克里克在*Nature*发表了题为《核酸的分子结构：脱氧核糖核酸的结构》（*Molecular Structure of Nucleic Acides: A Structure for Deoxyribose Nucleic Acid*）的里程碑式的论文，为分子生物学的发展奠定了基础[8]。4位科学家——詹姆斯·沃森（James D. Watson）、弗朗西斯·克里克（Francis Crick）、莫里斯·威尔金斯（Maurice Wilkins）、罗莎琳德·富兰克林（Rosalind Franklin）也因此名扬天下。其中，富兰克林病逝于1958年，其余3人在1962年共享了诺贝尔生理学或医学奖[9]。

标准生物学将生物的结构和化学视为要理解和解释的自然现象，而合成生物学将生物化学过程、分子和结构作为原材料和工具，将生物学的知识和技术与工程的原理和技术结合在一起。“自下而上”（bottom-up）的合成生物学处于研究的早期阶段，寻求使用化学试剂从头开始创建新的生化系统和生物；“自上而下”（top-down）的合成生物学将现有的生物、基因、酶和其他生物材料视为零件或工具，可以根据研究人员的选择进行重新配置[10]。

合成生物学深深扎根于分子生物学，今天所谓的合成生物学的最早成就可以追溯到20世纪70年代基因工程的诞生。基因工程，也称为重组DNA研究，是利用工具在生物体内和跨生物体内切割、移动和重新结合（重组）DNA片段，有意操纵生物的遗传物质。

1972年，斯坦福大学生物化学家保罗·伯格（Paul Berg）通过将噬菌体的DNA剪接到猴病毒SV40中而创建了第一个重组DNA分子[11]。伯格因为他的工作获得了1980年的诺贝尔化学奖。到70年代末，科学家创造了第一个基因工程商业产品。使用重组DNA技术生产的人类胰岛素对人类健康具有巨大的益处，它改变了糖尿病的治疗方法[12]。1982年，重组胰岛素蛋白优泌林（Humulin）面市[13]。

20世纪80年代初期，研究人员开发了另一种革命性的技术，称为聚合酶链式反应（PCR）。PCR就像分子复制机一样，使科学家能够放大单个DNA片段并更轻松地对其进行操作。

80 年代初，自动 DNA 测序成为可能。这项技术大大加快了确定基因序列的过程。通过大规模基因组测序工作，科学家们能够鉴定出许多天然生物的完整遗传密码，包括细菌、病毒及高级生物，如小鼠和人类。细菌基因组通常包含 500 万 ~ 1000 万个碱基对，果蝇基因组包括 1.65 亿个碱基对，而人类基因组包括超过 30 亿个碱基对。

第一个被成功解析的真正意义上的基因组是一个 RNA 病毒基因组：1976 年，比利时根特大学沃尔特·菲尔斯实验室成功测定了噬菌体 MS2 的 RNA 序列。英国桑格的团队用“双脱氧”测序法完成了第一个 DNA 病毒基因组序列的测定，即对噬菌体 phiX174 的测序，他们的成果于 1977 年发表在 *Nature* 上。但这种测序方法速度很慢，非常麻烦。文特尔开发了一种全新的方法，即全基因组鸟枪测序法（whole genome shotgun sequencing），极大提高了效率[13]。

在科学家可以对天然存在的 DNA 进行测序之后，他们开发了合成 DNA 片段的技术。研究人员开发了一些方法来准确合成越来越长的 DNA 片段，并将它们组合成更大的 DNA 片段。

DNA 合成技术的发展使科学家可以制造整个基因，并最终制造出微生物的完整基因组。通过合成细菌细胞的完整基因组并将其转移到细胞中，Venter Institute 的研究人员完全化学合成构建了一个自我复制的细菌细胞[14]。值得注意的是，许多科学家认为这项成就并不等于科学意义上的“创造生命”，因为这项研究需要功能正常的天然宿主细胞接受合成的基因组。但这项工作代表着“原理证明”，即合成生物学技术可用于构建具有新的特征的细胞和生物，这是未来技术和科学成就的基础[15]。

如前所述，迄今为止，合成生物学的特征是自上而下和自下而上的方法[16]。这些技术在一定程度上重叠，并且这两种方法都有一个共同的目标：以可预测性和可靠性设计特定的生物学功能。

通过 20 世纪 70 年代以来一直使用的自上而下的方法，科学家们使用合成生物学重新设计现有的生物或基因序列，以期去除不必要的部分，或替换或添加特定的部分以实现新的特征和功能。通过使用这种方法，科学家们去除生物体的一部分，以创建“底盘生物”，然后对其进行修饰[17]。

合成生物学中自上而下方法的一个实例是“最小基因组”的产生。自上而下的合成生物学也定义为借用一个或多个生命系统的特性来创造新生物。一个例子是将酵母细胞的生产能力与细菌的代谢灵活性相结合。通过这种方法，研究人员可以将细菌轻松完成一系列化学过程的基因插入酵母细胞中[18]。

在自下而上的合成生物学中，科学家旨在从无生命的成分开始，从原材料开始构建生命系统。自下而上的方法还包括创建基因工程回路和开关，以打开或关闭特定功能。在某些情况下，自下而上的方法理论上可能会产生一种全新的生物，其功能可能不同于当前存在的生物或细胞。

自下而上的方法有时具有以下特点：它们依赖于由化学合成的标准化零件组装的系统，这些零件以可预测的方式执行所需的功能，并且可以互换。标准生物部件（BioBricks）注册中心存放着标准DNA部件的开放目录，这些部件编码了基本的生物学功能，可以很容易地在不同的实验室之间进行组合和交换。这些标准化部件免费提供给公众，以便在该领域进行进一步的研究。

对生物学家而言，合成生物学是了解生物如何运作的窗口。从化学家的角度来看，合成生物学是一种用于制造各种用途的新型分子和分子系统的工具。科学家们利用合成生物学控制生命系统中的化学反应，如快速、廉价地生产药物[19]，以及生产可以利用植物和太阳能的新型生物燃料[20]。

将今天的合成生物学与过去的分子生物学区别开来的特征是标准化部件，以及计算机和自动化所起的重要作用。DNA合成和测序的最新技术进步和经济效率使合成生物学家能够以更大规模制造、移动和操纵DNA。与传统生物学研究相比，对可预测功能和标准化的追求是合成生物学的核心，反映了工程学对其发展的影响。

基因组工程是指为了特定目的而对全基因组进行广泛的遗传改造。2009年，哈佛大学遗传学教授乔治·丘奇（George Church）团队开发了一种大尺度修改细胞基因组的多重自动化基因组工程（Multiplex Automated Genome Engineering，MAGE）技术，该技术将大量人工合成的具有各种突变的单链DNA库导入宿主细胞进行重组，可以快速高效地得到各种突变株。2009年8月，*Science*发表评述认为，丘奇开发的MAGE技术和文特尔开发的基因组高效转移技术具有互补作用，都是合成生物学的重要进展[21]。2010年12月，《自然·生物技术》在同一期发表了乔治·丘奇团队的两篇论文，他们的技术可使合成一个核苷酸的成本小于1美分[22-23]。

（二）合成生物学研究领域

1. 合成生物学的可再生能源应用[10]

通常，生物燃料是源自生物质的可再生能源，其中包括源自植物、动物和有机废物的材料。可以使用几种方法从生物质中收集能量，包括燃烧、化学处理或利用微生物的代谢能力进行生物降解。与简单的燃烧相比，通过更复杂的化学和生化反应将生物质加工成生物燃料或电能，可减少废物的产生并减少温室净排放量。

乙醇是全球最常见的生物燃料，它主要由玉米或甘蔗生产。生物柴油是目前使用的另一种生物燃料，由植物油、动物油脂制成。这些燃料中任何一种的广泛商业开发都面临挑战。对于乙醇生产，挑战包括生产效率低下。生物柴油还涉及大量生产的能源成本。

通过合成生物学生产的生物燃料和相关产品可以减少全球石油依赖。当前，生物燃料生产的各种合成生物学替代方法包括生产纤维素乙醇和其他生物醇。生物燃料也可以由修饰的藻类生产，这些藻类通过光合作用的自然过程来制造生物油，如生物柴油[24]。

合成生物学家旨在提高将生物质转化为具有更清洁能源的速度和效率[25]。通过合成“超级发酵”酵母和细菌可以解决这一挑战。合成生物学提供了新的生物质资源或原料，它们比现有资源更加有效、可靠、低成本[26]。

（1）生物醇

与来自玉米或甘蔗的乙醇不同，纤维素乙醇由纤维素制成，纤维素是所有植物细胞壁的主要成分，如废弃的玉米秸秆和木片等，可以减少依靠玉米生产乙醇所带来的经济压力。但是，纤维素乙醇是一种产量相对较低的生物醇。

由合成生物学制备并用于能源生产的潜在更有前景的生物醇是丁醇。与乙醇一样，丁醇是通过糖和淀粉的发酵或纤维素的分解而产生的，然后将粗产物精炼以制成可用的燃料。丁醇的一个特殊优势是可以直接用于传统的汽油发动机，还具有相对较高的能量密度。一些细菌具有内置的酶来制造丁醇，但是自然过程不是很快。合成生物学家改造大肠杆菌，以改善这种细菌的生化反应，使丁醇更具工业实用性[27]。

（2）光合藻类

通过合成生物学产生生物燃料的另一种工具是使用光合藻类。藻类是低投入、高产量的原料，在实验条件下，同样面积其产生的能源要比玉米或大豆等陆地作物产生的能源多得多。目前，正在通过合成生物学开发的一种策略是改造藻类细胞，使其通过细胞壁连续分泌油脂，从而提高产量。

支持藻类的人指出，藻类是可生物降解的，因此如果逃逸，则对环境无害。藻类还可以在陆地和水中生长。与将植物油或动物脂肪转化为生物燃料相比，使用藻类制成的生物油预计污染更少、效率更高。通过吸收二氧化碳，藻类可提供减少温室气体排放的额外好处。与乙醇类似，已发现藻类衍生的生物油与目前使用的石油产品相比具有非常相似的物理和化学性质。

（3）氢燃料

氢燃料是合成生物学商业应用的另一个重点领域。氢是一种非常理想的燃料来源，因为它可以清洁燃烧，只产生副产品水。正在研究产生生物氢的几种可能途径，一种方法是将工程大肠杆菌作为宿主生物产生氢气[28]。工程藻类也正在作为生物氢的来源。

（4）风险和潜在危害

合成生物学提供了许多潜在的方法来改善能源生产和降低成本。对这些有前途的活动进行全面评估，需要对当前的局限性、挑战和预期的风险或危害给予类似的关注。

预期的主要风险之一是意外或有意释放由合成生物学开发的生物造成的污染。与通常合成化学品不同，生物有机体可能更难控制。从理论上讲，无控制的释放可能导致与其他生物的杂交、不受控制的扩散，以及对生物多样性的威胁[29]。这种情况是理论上的。然而，考虑到这一点并制定适当的预防措施是有必要的，因为合成生物产生的光合藻类意外释放可能造成的危害具有不确定性。

能源领域的另一种风险是对生态系统的损害。如果将大片土地专门用于生物燃料开发，可能给土地带来新的巨大压力，可能影响粮食生产和当前的生态系统。由于合成生物学的这些应用还很初步，因此，生物燃料生产对土地利用的影响仍然未知[30-31]。总体上，许多人预计潜在的效率，以及随之而来的对石油燃料依赖的减少将抵消利用合成生物学生产能源对当今环境生态系统的预期风险，但是仍然存在很大的不确定性。

2. 合成生物学的健康领域应用

合成生物学有机会以多种方式促进人类健康，以及提高药物和疫苗的产量。同时，个性化药物及用于预防和治疗的新型药物和设备等都是其预期的成就。

（1）药物

合成生物学家改进了一种称为代谢工程的化学技术，以提高药物的产量。通过这一过程，科学家们改变了生物体的代谢途径。他们可以重新设计这些途径，以生产新产品或增加现有产品的产量。

在医学中利用合成生物学的一个众所周知的例子是对微生物的改造，以使抗疟药青蒿素更便宜、更有效。疟疾每年影响2亿～3亿人，并导致70万～100万人死亡，主要发生在撒哈拉以南非洲地区。青蒿素是一种天然存在的化学物质，是一种有效的疟疾治疗方法，但植物产量有限和生产成本高。为了解决这个问题，加利福尼亚大学合成生物学家通过转基因大肠杆菌可大量生产青蒿素的前体[19]。

（2）疫苗

合成生物学技术也正在研究并用于加速疫苗的开发。流感疫苗的生产是其重点关注的领域。要开发疫苗，首先需要确定具有独特遗传密码的病毒株，以针对该病毒株研发疫苗。合成生物学工具，包括快速、廉价的DNA测序与计算机建模相结合，可以通过加快这一步骤来缩短生产时间。一些行业组织正在开发用于流感疫苗的合成种子病毒“库”，希望实现更快的疫苗生产[32]。

利用合成生物学方法，J. Craig Venter的合成基因组公司与疫苗制造商瑞士诺华公司联合设计了禽流感疫苗。研究人员直接合成HA和NA基因，然后拼接到流感疫苗株其他基因。从拿到毒株序列，到合成出种子病毒，仅需要5天的时间。2013年3月31日，中国疾控中心在一个在线数据库中发布了H7N9流感病毒的基因组序列。第二天，美国J.Craig Venter研究所就合成了该病毒的HA和NA基因，之后将合成物送到诺华的实验室，到4月6日制成了首个种子病毒[33]。

（3）推进基础生物学和个性化医学

研究人员发现，合成生物学具有极大的潜力来增进对生物学原理的认识[34]。一般而言，个性化医学旨在应用基因组学来开发个性化、更有效的疾病预防和治疗方法。合成生物学为推进这一目标提供了有用的策略。可以开发合成生物以根据疾病环境来触发提供或停止治疗的触发器，并提供靶向杀死癌细胞的功能[35]。

（4）风险和潜在危害

合成生物学的生物医学应用会给人类和环境带来潜在风险。人为的健康风险可能来自使用合成生物学技术故意或无意释放生物的不利影响。使用合成生物学技术操纵传染病病原体后，病原体可能会传染给实验室工作人员，或者传染给家庭成员。

同样，利用合成生物学技术开发的新型生物可以治疗疾病，也可能会给患者带来意想不到的不良影响。

3. 合成生物学在农业、食品和环境中的应用

合成生物学可帮助降低对全球食品供应和环境健康的某些现有威胁。这些潜在的好处在某些方面比对能源和健康的期望还初步，但是这些领域的研究与开发正在进行中。

在农业，为达到特定目的而操纵农作物和繁殖动物的做法并不少见。重组DNA技术、克隆和其他生物技术的使用增强了这些实践。为了进一步开展这些活动，合成生物学家正在试验高产、抗病的植物。研究人员正在改变植物的特性以使其更具有营养价值。

合成生物学的环境应用通常以污染控制和生态保护为目标。美国2010年墨西哥湾溢油事件后，墨西哥湾沿岸地区展示了生物如何降低石油污染影响[36]。

合成生物学在农业、粮食和环境中应用的风险引起了人们的广泛关注，与过去有关基因工程在安全性、资源管理和生物多样性方面的讨论有关。简而言之，这些风险包括对人类、植物或动物的危害，如难以控制的环境逃逸或释放，以及随之而来的生态系统破坏；新的动植物害虫难以控制；增加杀虫剂抗性和入侵物种的生长[37]。

在合成生物学的潜在应用中，远远超出了当今整个生物技术行业实践的基因工程。合成生物学的批评者和支持者都担心其会创造出具有不确定或不可预测功能的新生物，可能以未知和不利的方式影响生态系统和其他物种。有关逃逸和污染的相关风险可能极难被事先评估。

4. 分子生物防护（molecular biocontainment）

随着生物技术的快速发展，通过基因工程和合成生物学技术在实验室构建

生物体的潜在释放对人类健康和环境构成了巨大威胁。虽然通过加强生物安全管理措施可以在一定程度上降低风险的发生，但潜在的风险仍不可忽视。转基因生物（genetically modified organisms，GMOs）扩散的风险包括转基因农作物、转基因环境修复工程菌，以及基因改造病原体泄露的风险。防转基因生物扩散技术最近几年引起了越来越多的关注。

防转基因生物扩散技术的发展主要包括以下 3 个方面：①基因工程营养缺陷株（环境中缺乏所需的物质）；②诱导致死（环境中存在诱导致死物质）；③阻止质粒水平转移（质粒转移到另一菌株不能生存）[38]。

近些年，合成生物学技术使防转基因生物扩散技术有一些新的发展与应用。

（1）流感病毒研究的生物安全保障

2013 年 12 月，《自然·生物技术》发表了一篇文章，提出了一种为禽流感病毒研究加设安全措施的方法。新方法能进一步加强流感病毒研究的安全性，降低人类因接触实验室病毒而受感染的风险[39]。

美国西奈山伊坎医学院设计了一种策略，能进一步确保流感病毒研究的安全。不同物种会表达不同的 microRNA，带有 microRNA 标靶的流感病毒会在感染了带有特定 microRNA 的物种细胞后停止复制。他们发现了一种在人类和小鼠表达，而在雪貂肺部不表达的 microRNA，然后把该 microRNA 标靶插入流感病毒基因序列。研究发现，该流感病毒可以在雪貂间复制传播，在感染小鼠后的致病力减弱。也就是说，其提高了在雪貂中进行流感病毒研究的安全性。

（2）多重生物“安全开关”

2015 年 1 月，《美国科学院院刊》（*PNAS*）报道了英国爱丁堡大学研究人员开发出一种生物“安全开关”，可以控制啤酒酵母的生长[40]。该安全开关通过转录与位点特异性重组两种安全控制措施发挥作用，其依赖一种低浓度的小分子物质。在其存在的情况下，组氨酸进行转录，酵母存活。另一种机制是 Cre-LoxP 位点特异性重组导致组氨酸的缺失，使酵母致死。

（3）条件依赖

2015 年 2 月，美国耶鲁大学[41]和哈佛大学[42]分别在 *Nature* 发表了防转基因扩散相关的论文。其原理大致是修改转基因生物的基因组，改变其氨基酸“编码系统”，使其必须依赖一种人工合成的氨基酸才能存活，转基因生物自身不能制造这种氨基酸，必须依靠人工“喂养”，因此一旦它扩散至野外，就会因得不到该合成氨基酸的补充而死亡。

二、病毒基因组合成

（一）发展历史

大肠杆菌酪氨酸 tRNA 的 207-bp DNA，由 Khorana 及其同事在 1979 年合成[43]。当时，合成 DNA 在人力、资源和时间上都非常昂贵[44]。由于化学合成中固有的错误率，要组装的寡核苷酸的长度通常只有 50 ~ 100 个[45]。Sanger 等人的经典双脱氧核苷酸链终止法仍然是当今很多分子生物学实验室 DNA 测序的主要技术[46]。

与 DNA 病毒相比，RNA 病毒平均而言具有相对较小的基因组。原因是在没有校对的情况下，基因组复制过程中的错误率很高。因此，RNA 病毒的平均基因组大小约为 10 kb。但是，无论 RNA 基因组的大小如何，复制都会产生大量的遗传变异。

Weissmann 等人利用反转录病毒的反转录酶（将 RNA 转录成 DNA）在 1978 年证明，可以将 RNA 噬菌体 Qβ（4215 核苷酸）的基因组反转录成单链 DNA，从而产生 RNA 基因组相应的 DNA 副本[47]。

RNA 病毒的反向遗传学可以很容易地产生病毒基因组[48]。平均而言，病毒基因组要比细菌或高级生物的基因组小得多。DNA 病毒基因组的大小为 3000 bp ~ 1 Mbp。考虑到组装合成 DNA 片段的最新进展，所有病毒基因组现在都在合成范围内。

1. 合成脊髓灰质炎病毒

2002 年，*Nature* 发表了美国纽约州立大学 Stony Brook 分校的 Eckard Wimmer 等人完成的通过化学方法合成脊髓灰质炎病毒的文章[49-50]。

脊髓灰质炎病毒可导致小儿麻痹症，其基因组是单链 RNA。该研究团队通过互联网上可以找到的脊髓灰质炎病毒的基因组序列，通过商业途径获得了平均 69 bp 的一些片段，然后对这些片段进行拼接，最终形成 7741 bp 的 cDNA 片段。当其组装成完整的 cDNA 片段后，其通过 RNA 聚合酶生成单链的 RNA 脊髓灰质炎病毒基因组，通过细胞培养，然后注射给小鼠表明了该病毒的活性。

该研究得到了美国国防高级研究计划局（DARPA）的资助。

《科学》发表的一个观点声称，脊髓灰质炎病毒的合成只是一个技术[51]。反驳者认为，脊髓灰质炎病毒合成论文表明，利用目前可用的实验技术，病毒化学合成现在是可行的[52]。脊髓灰质炎病毒的合成引起了一些科学家和政府官员的担忧，他们认为，出于国家安全的考虑，该项目是不负责任的，不应公开发表[53]。

2. DNA 病毒的全基因组合成：噬菌体 φX174

在脊髓灰质炎病毒化学合成后的一年多时间里，Smith 等人发表了噬菌体 φX174 基因组的化学合成[54]。汉密尔顿·史密斯（Hamilton Smith）和他在马里兰州克雷格·文特尔研究所（J. Craig Venter）的同事发表了关于噬菌体合成的文章，这种病毒感染细菌，称为 φX174。虽然这种病毒只含有 5386 个 DNA 碱基对，但这项新技术大大提高了 DNA 合成的速度，与 Wimmer 小组合成脊髓灰质炎病毒超过一年的时间相比，史密斯和他的同事在两周内合成了功能完整的 φX174 噬菌体。

噬菌体 φX174 包含一个单链环状基因组，它是第一个合成的具有感染性的 DNA 病毒基因组和第一个被确定序列的 DNA 病毒基因组[55]。

3. 蝙蝠 SARS 样冠状病毒合成

2008 年，*PNAS* 发表了美国范德堡大学（Vanderbilt University）的 Denison 等人关于全基因组合成蝙蝠 SARS 样冠状病毒的文章[56]。2002 年秋季，中国广东省报告了危及生命的 SARS 呼吸道疾病病例，越南、加拿大和香港也报告了相关病例。到 2003 年春季，世界卫生组织（WHO）报告了 2353 例病例，其中 4%的患者死亡[57]。2003 年 7 月 5 日，WHO 宣布，SARS-CoV 的所有人际传播都已停止[58]。尽管早期证据表明果子狸是 SARS 冠状病毒的宿主，但后期研究表明，蝙蝠是 SARS 样冠状病毒的天然贮藏库[59]。

为了确定 SARS 冠状病毒从蝙蝠到人的适应过程中涉及的步骤，Becker 等人化学合成了蝙蝠 SARS 样冠状病毒基因组，该基因组被认为是人类 SARS 流行最可能的祖先。用人类 SARS CoV 的受体结合结构域（receptor binding domain，RBD）取代蝙蝠 SARS CoV 的受体结合结构域之后，他们成功产生了感染性克隆。传染性 SARS CoV 嵌合体的化学合成表明了全基因组合成在“人畜共患病的跨物种转移”研究中的有用性。

4. 西尼罗河病毒全基因组合成

西尼罗河病毒（WNV）是一种正链 RNA 病毒，是黄病毒科黄病毒属成员。该基因组长度约为 11 kb，它在一个开放阅读框中编码一种蛋白，该蛋白经过蛋白水解加工成 10 种病毒蛋白。该病毒最初在非洲、亚洲和欧洲被发现，并于 1999 年首次出现在北美。

用于疫苗开发的种子病毒通常是天然来源的病毒。由于担心污染，候选疫苗的审查非常严格。如果可以从头开始合成，则可以避免这些复杂情况。Orlinger 等选择了这种策略来生产西尼罗病毒种子库[60]。他们利用已知的基因组序列，通过化学合成基因组，产生了 11 029 nt 的 WNV 基因组序列。这些实验证明了用于疫苗开发和生产的病毒合成的可行性和实用性。

5. 再造 1918 流感病毒

1918 流感病毒大流行是现代最致命的大流行之一，大流行造成 2000 万 ~ 5000 万人死亡[61]。美国研究人员陶本伯格（Taubenberger）及其同事在 1918 流感病毒大流行死亡人员的保存组织中寻找残留的基因片段，其所在的研究所有一个仓库，保存了许多尸体解剖留下的病理组织。其中有两份死于 1918 流感病毒的士兵肺部组织，浸过福尔马林，以小块蜡封存着。尽管组织里的病毒已经降解得支离破碎，陶本伯格仍用反转录聚合酶链反应的方法，从中找到了部分 1918 流感病毒的 RNA 碎片[62]。

1997 年 3 月，陶本伯格等人在《科学》上报道了他们根据这些碎片分离出的 5 个基因。但是这还不够，需要更多的样本来得到完整的基因组序列。退休的病理学家乔汉·哈尔丁（Johan Hultin）读到这篇文章，想起了自己几十年前在阿拉斯加寻找 1918 流感病毒的经历，在与陶本伯格联系后决定重返阿拉斯加。

1997 年 8 月，72 岁的哈尔丁再度来到阿拉斯加的一个村庄。哈尔丁在墓穴中发现了一具冰冻保存得非常完好的女性遗体，从中提取肺部组织，交给陶本伯格。新获得的样本补全了士兵肺部组织样本缺失的部分。陶本伯格等人从样本中提取病毒 RNA 片段，反转录成 DNA，并对之进行测序。在经历了艰难的拼图工作之后，研究人员终于将各个片段拼合成完整的基因组序列[63]。

所有 8 个基因的序列于 2005 年完成[64-69]。2005 年 10 月 6 日出版的英国《自然》上，科学家报道了 1918 流感病毒最后 3 个基因的序列——PB2、PB1 和 PA，该病毒的基因组至此拼合完整[69]。1918流感病毒的完整序列信息问世后，其他研究者便着手再造这种病毒。纽约西奈山医学院的病毒学家彼得·帕勒斯（Peter Palese）小组将病毒的8个基因拼合，然后送往乔治亚州的美国疾病预防控制中心实验室。在那里，病毒学家特伦斯·塔姆佩（Terrence Tumpey）将病毒核酸注入人肾脏细胞，细胞据此产生病毒粒子。塔姆佩随后从细胞中分离出病毒，分别对小鼠、鸡胚和人类细胞样本进行试验。实验发现，该病毒的毒性极强[70]。基于当前H1N1流感病毒，重构的1918流感病毒的HA基因在小鼠实验中表现出高致病性[71-72]。对该病毒的进一步研究有望帮助人类为未来的流感大流行做好准备，包括令人担心的禽流感大流行[73]。

这两项成果——完整的1918流感病毒基因组和再造的病毒立刻引起了有关生物安全的争议[74]。人们一方面担心再造的病毒从实验室泄漏；另一方面则担心基因组序列信息是公开的，既然科学家能够合成病毒，有实力的恐怖组织也可能进行类似的研究。

6. 人工合成马痘病毒

2017年7月6日，美国《科学》报道了一个加拿大研究团队正在人工合成马痘病毒，该报道再次引起了人们对生物技术两用性的担忧[75]。2018年1月19日，*PLoS One*发表了马痘病毒合成的论文[76]，这是迄今为止合成的最大的病毒。该研究工作引起了很多关注[77-79]。

加拿大阿尔伯塔大学的病毒学家David Evans表示，他们利用商业途径合成的序列片段，最终重构了天花病毒的近亲马痘病毒。Evans表示，合成马痘病毒的初衷是因为该研究可能有助于探索研发新的更好疫苗。但该研究却引发了人们的极大担忧：恐怖组织可能会使用这些现代生物技术。Evans也承认，研究可能是一把“双刃剑”，存在被不法分子利用的风险。

7. 细菌基因组合成

2008年，文特尔研究所（J. Craig Venter Institute）合成了生殖支原体细菌基因组的精简版，由583 000个DNA碱基对组成[80]。2010年5月，文特尔研究所在*Science*宣布合成了由超过100万个DNA碱基对组成的丝状支原体基因组[81]。细菌基因组的全合成是利用DNA合成技术创造更复杂和功能性产品的重要里程碑。这是一个山羊支原体（*Mycoplasma capricolum*）细胞，但细胞中的遗传物质却是依照丝状支原体（*Mycoplasma mycoides*）的基因组人工合成而来，产生的人造细胞表现出的是后者的生命特性。支原体是目前发现的最小、最简单的具有自我繁殖能力的细胞，其基因组也是原核生物中最小的，因此便于操作[82-83]。该项目的负责人克雷格·文特尔将“人造生命”起名为“辛西娅”（Synthia，意为“人造儿”）。此次植入的DNA片段包含约850个基因。

2011年9月14日，美国约翰·霍普金斯大学医学院Dymond等首次完成对真核生物酿酒酵母（*Saccharomyces cerevisiae*）部分基因组的人工合成与改造，人工改造的基因序列约占整个酵母基因组的1%，含这种人工基因组的酵母正常存活[84]。

8. 科学家人工合成最小细菌

科学家们一直尝试通过合成生物学的方法，研究和制造拥有最小基因组的细菌。2016年3月25日，*Science*刊登了美国克雷格·文特尔研究所发表的论文，他们成功获得了迄今为止最小的细菌——3.0版辛西娅（Syn 3.0），仅有53万个碱基对，包含473个基因[85]。

既往研究中，合成基因组被转入去除自身基因组的山羊支原体受体细胞，得以形成完整的细胞——1.0版辛西娅（Syn 1.0）。Syn 1.0可以自我复制，并完全保留了丝状支原体的各项遗传特征。本研究中，该研究团队试图从Syn 1.0的基因组出发，打造最小基因组。他们采用了广泛转座子突变的方法来确定必需基因和非必需基因。当一个基因内部插入Tn5转座子而造成失活，却不会影响整个细胞的生长，那么这个基因就属于非必需基因。他们将Syn 1.0的基因组分为8个大片段，逐段采用广泛转座子突变的方法来构建插入突变体文库，分析文库中Tn5转座子的各个插入位点，确定必需基因和非必需基因。根据分析结果，将必需基因和半必需基因保留，去掉非必需基因，从而得到了含473个基因的最小基因组。转入供体细胞后得到了可以在培养基中生长的最小细菌——Syn 3.0。

（二）滥用的可能性

合成生物学的两用性问题受到广泛关注[86]。DNA合成技术的可获得性和可负担性的提高最终可能使潜在生物恐怖分子更容易获得危险病毒病原体，特别是那些仅限于少数高安全等级实验室的病毒（如天花病毒），或难以从自然界分离的病毒（如埃博拉病毒和马尔堡病毒），或灭绝的病原体（如 1918 流感病毒）。

天花病毒基因组长度比脊髓灰质炎病毒长得多，现在一种可能的方法是通过改造其他一些和天花病毒类似的病毒，如猴痘病毒或鼠痘病毒，使其具有和天花病毒相似的序列。为了制造这样的人工病原体，一个有能力的合成生物学家需要组装基因复合物，使病原体能够感染人类宿主并导致疾病和死亡。将生物体设计为具有传染性，或能够在人与人之间传播，将更加困难。鉴于这些技术障碍，一些学者认为，合成"超级病原体"的威胁似乎被夸大了，至少在可预见的未来是如此[87]。

因此，与 DNA 合成技术相关的最直接的滥用风险是重新创造已知的病毒病原体，而不是创造全新的。尽管滥用的主要威胁来自国家级生物战计划，但涉及个体的两种可能情景需引起关注：第一种情况涉及"独狼"，如训练有素的分子生物学家，他可能由于意识形态原因或个人不满产生伤害动机；第二种情况涉及"生物黑客"（biohacker），其不一定有恶意，但是出于好奇或者展示技术实力而创造生物工程生物。随着合成生物学越来越多地为大学生甚至高中阶段的学生所用，可能会出现"黑客文化"，增加了鲁莽或恶意实验的风险[88]。

合成许多病毒所需的 DNA 链可以通过互联网从商业供应商处订购。此外，台式 DNA 合成仪正变得越来越高效，并且越来越多地以可承受的价格进行出售。

在评估 DNA 合成的潜在滥用时，重要的是检查隐性知识在合成病原体中的作用。通过组装 DNA 片段构建致病性病毒需要分子生物学技术的长期应用，如连接和克隆，包括很多实践经验。美国国家生物安全科学顾问委员会（NSABB）认为："合成 DNA 技术易于获取，是当前生物学研究中使用的基本工具。相比之下，在实验室中构建病毒更为复杂，并且在某种程度上是一门艺术。"[86]

事实上，一个寻求从头开始重建一种已知病毒病原体的潜在生物恐怖分子将面临许多具有挑战性的技术障碍。第一个技术障碍是感染性病毒基因组的合成需要准确的基因序列。尽管已知许多致病病毒的 DNA 或 RNA 序列，但序列数据的质量也各不相同，在公开数据库中发表的基因组通常包含错误。此外，一些已发表的序列不是来自天然病毒株，而是源自在实验室中经历了许多代培养或丧失毒力的毒株。

合成高致病性病毒的第二个技术障碍是确保其感染性。对于某些病毒，如脊髓灰质炎病毒，遗传物质是直接感染的，因此，将其导入易感细胞会导致完整的病毒颗粒的产生。对于其他病毒，如流感和天花病毒，病毒基因组本身不具有感染性，需要额外的成分（如遗传物质复制所涉及的酶）。

第三个技术障碍涉及病毒基因组的特征。具有大基因组的病毒比具有小基因组的病毒更难合成。此外，正链 RNA 病毒比负链 RNA 病毒更容易构建。因此，脊髓灰质炎病毒相对容易合成，因为它具有由正链 RNA 组成的小基因组，而天花病毒难以合成，因为它具有由双链 DNA 组成的非常大的基因组。合成马尔堡病毒和埃博拉病毒将是中等难度的：尽管它们的基因组相对较小，但它们不具有直接感染性，诱导它们产生病毒颗粒将具有挑战性。尽管存在这些障碍，DNA 合成滥用的风险仍然会随着时间的推移而增加[88]。

三、标准件合成生物学

（一）技术概述

合成生物学的另一个方面涉及“新生物部件、装置和系统的设计和构造，以及用于有用目的的现有自然生物系统的设计”。这一新兴学科的目标是用一系列标准生物学部件建立可操作的遗传环路[88]。

基于部件的合成生物学旨在成为一种变革性技术。研发标准部件的最前沿研究人员认为，它提供了一个工具箱，使用户能够设计和构建多种生物系统，就像晶体管、电容器和其他电子元件一样，可以组装成各种各样的功能设备。经过质量控制的标准生物部件将用于构建遗传模块，然后可以将其组装成新的生物系统。英国皇家工程院（Royal Academy of Engineering）的一份报告描述了合成生物学的设计[89]。在实施阶段，将对应于遗传回路的合成 DNA 组装并插入细菌或酵母细胞中，在最终验证阶段，验证回路的预期功能。

基于部件的合成生物学的一个关键目标是创建具有标准界面的模块，并且可以像积木一样进行组装，而无须了解其内部结构。换句话说，用户可以忽略它们的 DNA 序列，就像人们不必理解微处理器如何在个人计算机上使用文字处理软件一样。标准遗传部件的创建最终将使非生物学家和业余爱好者更容易使用合成生物学方法[88]。

麻省理工学院（Massachusetts Institute of Technology，MIT）是合成生物学的早期中心。20 世纪 90 年代，电气工程教授托马斯·奈特（Thomas Knight）在麻省理工学院计算机科学实验室内建立了一个生物实验室，并开始开发标准遗传部件，称为“生物砖”（BioBricks），资金来自美国国防高级研究计划局（DARPA）和海军办公室。从那时起，BioBricks 已被纳入标准生物部件注册，这是一个开源数据库，可供该领域所有合法研究人员使用[88]。增加生物部件数量的主要推动力是国际遗传工程机器大赛（International Genetically Engineered Machine，iGEM），该竞赛由 BioBricks 基金会每年在麻省理工学院举行，包括来自世界各地的本科大学生团队[88]。

据乐观评估，如 2005 年新兴科学技术专家组（New and Emerging Science and Technology，NEST）向欧盟委员会提交的报告，预测它将“以某种方式推动生命科学领域的工业、研究、教育和就业，这可能与计算机行业在 20 世纪 70—90 年代的发展相媲美”[90]。NEST 报告确定了 6 个可以从合成生物学技术中受益的领域：生物医学、生物制药、可持续化学工业、环境和能源、生物材料及应对生物恐怖主义。

最常被引用的合成生物学成功应用的例子是加利福尼亚大学伯克利分校的杰伊·科伊斯令（Jay Keasling）及其同事将一种工程化的代谢途径插入酵母中以产生青蒿酸的工作，其为抗疟疾药物青蒿素的前体[91]。该项目的目标是降低青蒿素的生产成本，从而提高其对发展中国家人群的可用性[92]。合成生物学家利用生物工程微生物生产生物燃料也取得了显著进展[27, 93]。

（二）滥用的可能性

理解、修饰并最终创造新生命形式的能力可能会带来滥用的巨大潜力。一旦遗传模块的标准化、可靠性提高，并且可以插入细菌基因组以实现特定应用，该技术就将跨越两用性的阈值。理论上，恶意行为者可以利用基于部件的合成生物学来提高经典生物战剂的稳定性和可用性，或创造新的生物战剂。然而，迄今为止，合成生物学的主要关注点是已知致病病毒的合成，而不是使用标准部件来产生新的病原体。由于基于部件的合成生物学仍然是一项尖端技术，生物恐怖分子必须克服巨大的技术挑战才能将其用于有害目的[94]。然而，基因合成技术的速度、准确性和可及性日益提高，可能会随着时间的推移降低这些障碍[95]。

由于目前缺乏可武器化的部件和装置，因此滥用基于部件的合成生物学具有一定难度。由于合成生物学需要相当多的专业和隐性知识，滥用的最大风险可能在于国家级的进攻性生物武器计划。然而，随着合成生物学的实践经验继续在国际传播，风险的性质将发生变化。除了有助于推广合成生物学的年度iGEM竞赛之外，合成生物学家还进行了许多深入的研究工作，包括可以自己动手操作的合成生物学试剂盒和说明书。由于这些努力，合成生物学领域将逐渐变得更容易为非专业人士所使用，也可能使非国家行为者使用遗传部件和模块用于邪恶目的。

鉴于基于部件的合成生物学处于早期发展阶段，恐怖分子或犯罪集团可能订购标准生物部件并出于有害目的而建造人工病原体的风险较低。因此，威胁并非迫在眉睫。然而，如果技术广泛普及，故意滥用的可能性将会增大。

该领域的进展速度非常显著，麻省理工学院标准生物部件登记处的标准化部件的数量呈指数级增长。但是，有几点需要注意。从业者在“驯服生命系统的复杂性”方面遇到了一些困难，如基因之间意外的相互作用等[96]。据注册管理机构负责人兰迪·雷特伯格（Randy Rettberg）说，大约1500个注册部件被证实具有设计以外的其他特性。更多持怀疑态度的观察者声称，只有5%～10%的标准部件实际上与预期一致。根据这个估计，注册表中大约5000个部件中最多只有500个实际上可以使用[88]。

另一个发展限制因素是标准化问题，或定义生物部件的具体技术参数。这个问题一直是BioBricks基金会赞助的一系列研讨会的焦点，包括技术和法律观点的讨论。然而迄今为止，合成生物学领域还未能开发生物部件的明确标准。加州大学伯克利分校生物工程学教授亚当·阿金（Adam Arkin）指出，缺乏进展的一个原因是“与许多其他工程学科不同，生物学还没有关于生物部件的最小信息的理论”。[97]因此，根据斯坦福大学教授德鲁·恩迪（Drew Endy）及其同事的说法，工程生物系统的设计和建造仍然是一个特殊的过程，成本、完成时间和成功的可能性很难准确估计。[98] 在合成生物学从业者就生物部件的一套统一标准达成一致之前，不可能将青蒿素的生物合成等活动从传统的代谢工程提升到基于部件的合成生物学领域。

四、治理措施

当前，对合成生物学的一些担心主要体现在以下几个方面[99]：

①工程微生物进入人体可以产生非预期的负面效果，如感染或非预期的免疫反应。

②新的生物体进入环境可以产生新的风险。这些微生物可以改变生态系统，影响食品，并且可能代替自然物种。另外，由于合成生物学新的基因组合，可以改变进化速率，或非预期地适应新的环境。合成生物可以传播一个或多个基因到自然物种中，产生未知的结果。

③对于产生新的能源，如生物能源，其可以影响当前的生态系统。

④病原体合成的威胁，如人工合成一些自然界难以获得或已经消亡的病原体，如埃博拉病毒、马尔堡病毒、禽流感病毒、天花病毒等烈性病毒，甚至制造出自然界没有但危害更大的新病原体。

如同 DNA 重组技术是否会对人类健康造成威胁的问题一样，一些必须面对的社会问题也困扰着合成生物学家们。

1974 年，一群美国科学家呼吁暂停 DNA 研究。1975 年，来自世界各地的科学家、决策者、律师和新闻界人士在加利福尼亚州 Pacific Grove 的阿西洛玛（Asilomar）会议中心召开会议，讨论安全问题。在 Asilomar 重组 DNA 会议上的讨论促使形成了确保安全的指导方针，并建立了一个科学的同行评审小组，该小组今天被称为美国国立卫生研究院（NIH）重组 DNA 咨询委员会。指导方针和重组 DNA 咨询委员会是基因工程研究监督系统的重要组成部分。1976 年，美国国立卫生研究院发布了关于进行重组 DNA 研究的安全指南。在当前考虑有关合成生物学研究的辩论时，科学家和政策制定者已经指出 Asilomar 是有价值的先例。

2004 年 6 月，在美国麻省理工学院举行的第一届合成生物学国际会议上，除了讨论合成生物学的科学与技术问题外，还讨论了这一学科当前与未来的生物学风险、有关伦理学问题及知识产权问题。随着这个领域的发展，对于合成生物学安全性的考虑越来越多。人们所担心的正是对这些人工合成微生物有意或无意的误用，让一些具有致病性的病原菌威胁人类和其他生物的安全；或者在实验室中制造出未经自然选择而产生的物种，而这些物种的某些特性很可能影响到生态环境，破坏生态平衡[83]。

另外，合成生物学的发展过程也一直伴随着有关伦理道德的争论。一些宗教组织认为生物合成无异于扮演上帝造物，有悖自然伦理。“任意创造生命”既不是目前合成生物学发展水平所能及，也不是发展该学科的最终意义。

（一）意识到两用潜力

为了回应媒体和公众对合成基因组学的关切，欧洲和美国评估了该技术的两用性风险。2006 年 8 月，一名记者报道了通过互联网申请合成致病性 DNA 序列是多么容易，由此英国政府召开了一次部门间会议，以考虑从头合成病毒的可行性和潜在风险。英国政府认为，DNA 合成技术“将会推进以致可以更容易地构建病毒生物或更容易地进行修饰”，应该不断审查该问题[100]。2006 年，荷兰政府要求遗传修饰委员会（Commission on Genetic Modification，COGEM）评估转基因生物监管框架下的现有风险管理和安全措施是否足以涵盖合成生物学的发展。COGEM 得出结论认为，现有措施已经足够，但应继续监测该领域的进展[88]。

在美国，基因合成技术受到更多关注。在 2006 年的一份报告中，NSABB 强调可能滥用 DNA 合成技术在实验室中制造受管制的危险病毒[86]。2006 年，美国科学院的政策分析部门国家研究委员会委托微生物学家斯坦利·莱蒙（Stanley Lemon）和大卫·雷尔曼（David Relman）主持专家委员会，分析生命科学革命的安全影响[101]。委员会得出结论认为，现有病原体的合成比通过基于部件方法创造人工生物具有更大的近期威胁。同样，国家生物安全科学顾问委员会（NSABB）及其合成生物学工作组主要关注利用 DNA 合成技术重建对人类、动物或植物健康构成严重威胁的受管制生物剂和毒素[86]。总之，迄今为止风险评估的重点是危险管制生物剂病毒的合成，而不是从标准生物部件构建功能遗传模块。

2010 年 12 月，美国总统生物伦理咨询委员会发表了题为《新方向：合成生物学和新出现技术的伦理》的研究报告[10]。报告指出：在看到合成生物学提供的美好前景的同时，也要特别认真应对潜在的风险，要做负责任的管理者，周到地考虑对人类、其他物种、自然界及环境的影响。其他一些相关报告和法规也进行了阐述[102-105]。

（二）现有治理措施

1. 美国

（1）NIH 涉及重组 DNA 分子的研究指南[106]

NIH 于 1976 年制定了《NIH 指南》，该指南是基于公众对操纵遗传物质的新兴技术的关注而创建的。《NIH 指南》要求对研究进行基于风险的分类和控制，这些研究涉及重组 DNA 分子及包含这些分子的生物和病毒的构建或使用。在接受 NIH 资助的涉及重组 DNA 研究的机构中，研究人员必须遵守《NIH 指南》，并且还应涵盖这些范围内的合成生物学。《NIH 指南》规定的监管程序始于地方一级，通过机构生物安全委员会（IBCs）的工作，以确保生物安全措施实施，包括实验室生物安全等。如果机构获得过联邦研究经费，则非联邦资助的研究也必须遵守《NIH 指南》。例如，尽管 J. Craig Venter 研究所在合成基因组方面所做的工作不是联邦资助的，但 Venter 研究所是主要的联邦拨款接受者，也必须遵守《NIH 指南》。

（2）微生物和生物医学实验室生物安全（BMBL）

美国疾病预防控制中心（CDC）和美国国立卫生研究院（NIH）还颁布了被广泛接受的行业标准，即《微生物和生物医学实验室生物安全》（*Biosafety in Microbiological and Biomedical Laboratories*，BMBL），该标准为实验室生物安全建立了特定的标准[107]。BMBL 是对《NIH 指南》的补充，其重点更加广泛。

（3）生物技术协调框架

不同于研发监管，对于生物技术产品的评估与监管（包括环境释放）由美国国家环境保护局（Environmental Protection Agency，EPA）、美国农业部动植物卫生检疫局（Animal and Plant Health Inspection Service，APHIS）和美国食品药品管理局（FDA）3个部门分别各自执行。在美国，这一监管框架被认为仍适用于监管大多合成生物学开发的应用。随着将来大量商业用途的合成生物衍生产品的出现，各监管机构开展的风险评估将面临更大的挑战[108]。

第一批基因工程产品被考虑用于现场测试是在20世纪80年代中期，政府发布了跨机构指导文件，称为“协调框架”（The Coordinated Framework），以规范生物技术产品的研发。从根本上说，该政策要求政府通过针对未进行基因工程开发的产品建立的现有法律框架来规范基因工程产品。例如，通过基因工程开发的药品受美国食品药品管理局（FDA）对新药的上市前审查和监管。监管的前提是对最终产品的特性进行风险收益评估，而不是根据其制造方法进行评估。

（4）筛选合成双链DNA的指南

2010年10月，美国卫生与公众服务部（HHS）发布了《筛选合成双链DNA的指南》。该指南针对使用双链DNA合成来重建病原体和毒素有关的潜在生物安保问题[109]。双链DNA合成机构在收到请求后，需要进行顾客审查和序列审查，如果其中之一存在疑问，则需进行后续审查。如果双链DNA属于选择性病原体和毒素，提供者必须具备资格，材料的运输也必须符合CDC和美国农业部动植物卫生检疫局（APHIS）的相应程序。

由于认识到与合成DNA相关的安全问题，许多基因合成公司已经开始主动筛选客户和订单。国际合成生物学协会（International Association of Synthetic Biology，IASB）是一个主要由德国公司组成的联盟，2009年11月3日发布了《基因合成最佳实践行为准则》[110]。与美国政府的指导文件一样，IASB行为准则建议使用初始筛查确认客户的真实情况，然后是自动筛查，使用计算机程序搜索基因序列之间的相似性。

在IASB实施其行为准则不久，最初参与该程序的两家公司退出并建立了自己的组织，即国际基因合成协会（International Gene Synthesis Consortium，IGSC）。该机构包括5家世界领先的基因合成公司，并声称占该行业80%的市场份额[111]。由于其巨大的市场份额，IGSC声称它有开发可行的筛选措施的经验，并提出了《协调筛选协议》[112]。

（5）选择性生物剂计划

由美国 CDC 和 APHIS 共同管理的联邦选择性生物剂计划规范了拥有、使用或转移“选择性病原体和毒素”的个人和实体。“选择性生物剂”（select agents）是“有可能对公共健康和安全构成严重威胁的”病原体或生物毒素。

2. 欧盟

在欧洲，对基因组合成的关注主要集中在生物安全（biosafety）及知识产权上，而不是故意滥用[113-114]。两个欧洲国家——英国和荷兰在考虑合成基因组的生物安保（biosecurity）风险方面得出结论，即现行的监管框架足以解决滥用的风险。

欧盟认为，尽管合成生物学是一个相对较新的研究领域，但现有的适用于生物、化学及基因改造研究和产品的管理条例也适用于合成生物学研究、应用和产品。合成生物学风险评估参照当前欧盟转基因生物监管框架。

3. 学术机构

2006 年 5 月，在加州大学伯克利分校举行的第二届合成生物学国际会议专门讨论了合成生物学的社会问题，包括“生物安保和风险”。会议期间，伯克利 SynBio 政策小组提交了一篇论文，题为《基于社区的选择，用于改善合成生物学中的安全性和安保性》。尽管该论文旨在作为合成生物学界行为准则的基础，但 30 多个民间社会团体公开批评该论文，认为拟议的措施太弱了。参加会议的合成生物学从业者也拒绝批准拟议的行为准则[88]。

随后，由美国麻省理工学院、克雷格·文特尔研究所和战略与国际研究中心（Center for Strategic and International Studies，CSIS）联合制定的合成生物学治理方案聚焦 DNA 合成技术的趋势，主要针对基因长度 DNA 序列的商业供应。该报告于 2007 年发布，其结论是，DNA 合成申请的筛选和实验室生物安全官员的审核将为防止合成 DNA 的滥用提供最大的益处[95]。随后，两个基因合成领域的行业协会及美国政府都采纳了该报告建议。

一些研究人员建议鉴于合成生物学缺乏具有法律约束力的治理措施，因此，有必要审查基因工程领域的现有国内立法和法规，以评估其适用性。由于美国的基因工程监管方法侧重于产品而非过程，导致下游风险评估不适合评估一般的两用生物技术风险，以及基于部件的合成生物学的特定风险。由于治理措施应力求在生物部件发生之前防止其被滥用，因此，需要在上游进行干预。

对于合成生物学治理，我国学者张春霆院士提出：应对这些问题的有效措施之一就是我们必须掌握人造生命与合成生物学的相关理论和技术，这样才能既防范其风险，又充分利用它造福社会[115]。

参考文献

[1] The Lancet. Reviews and notices of books[J]. The lancet,1911,178(4584):97–99.

[2] McCoy H N. Synthetic metals from non–metallic elements[J]. Science, 1911,34(866):138–142.

[3] Szybalski W, Skalka A. Nobel prizes and restriction enzymes[J]. Gene, 1978 ,4(3):181–182.

[4] 熊燕，陈大明，杨琛，等. 合成生物学发展现状与前景 [J]. 生命科学，2011，23(9):826–837.

[5] 钱万强，墨宏山，闫金定，等．合成生物学安全伦理研究现状 [J]. 中国基础科学，2013(4):13–16.

[6] 赵国屏．合成生物学：革命性的新兴交叉学科，“会聚”研究范式的典型 [J]. 中国科学：生命科学，2015，45(10): 905–908.

[7] 关正君，裴蕾，魏伟，等．合成生物学概念解析、风险评价与管理 [J]. 农业生物技术学报，2016，24(7): 937–945.

[8] Watson J D, Crick F H. Molecular structure of nucleic acids：a structure for deoxyribose nucleic acid[J]. Nature, 1953,171(4356):737–738.

[9] 王立铭．上帝的手术刀：基因编辑简史 [M]. 杭州：浙江人民出版社，2017.

[10] U.S. Presidential Commission for the Study of Bioethical Issues. New directions: the ethics of synthetic biology and emerging technologies[R]. Washington, D.C.: PCSBI, 2010.

[11] Jackson D A, Symons R H, Berg P. Biochemical method for inserting new genetic information into DNA of Simian Virus 40: circular SV40 DNA molecules containing lambda phage genes and the galactose operon of *Escherichia coli*[J]. Proc Natl Acad Sci USA, 1972,69(10):2904–2909.

[12] Goeddel D V, Kleid D G, Bolivar F, et al. Expression in *Escherichia coli* of chemically synthesized genes for human insulin[J]. Proc Natl Acad Sci USA,1979 ,76(1):106–110.

[13] 克雷格·文特尔．生命的未来 [M]. 贾拥民，译．杭州：浙江人民出版社 ,2016.

[14] Gibson D G, Glass J I, Lartigue C, et al. Creation of a bacterial cell controlled by a chemically synthesized genome[J]. Science, 2010,329(5987):52–56.

[15] Petsko G A. Hand–made biology[J]. Genome Biol, 2010， 11(6):124.

[16] Fritz B R, Timmerman L E, Daringer N M, et al. Biology by design: from top to bottom and back[J]. J Biomed Biotechnol, 2010, 2010(1110–7243):232016.

[17] Unbottling the genes[J]. Nat Biotechnol, 2009, 27(12):1059.

[18] Bayer T S, Widmaier D M, Temme K, et al. Synthesis of methyl halides from biomass using engineered microbes[J]. J Am Chem Soc, 2009 ,131(18):6508–6515.

[19] Martin V J, Pitera D J, Withers S T, et al. Engineering a mevalonate pathway in *Escherichia coli* for production of terpenoids[J]. Nat Biotechnol, 2003 ,21(7):796–802.

[20] Dellomonaco C, Fava F, Gonzalez R. The path to next generation biofuels: successes and challenges in the era of synthetic biology[J]. Microb Cell Fact, 2010 ,9:3.

[21] Wang H H, Isaacs F J, Carr P A, et al. Programming cells by multiplex genome engineering and accelerated evolution[J]. Nature, 2009,460(7257):894–898.

[22] Matzas M, Stähler P F, Kefer N, et al. High–fidelity gene synthesis by retrieval of sequence–verified DNA identified using high–throughput pyrosequencing[J]. Nat Biotechnol, 2010,28(12):1291–1294.

[23] Kosuri S, Eroshenko N, Leproust E M, et al. Scalable gene synthesis by selective amplification of DNA pools from high–fidelity microchips[J]. Nat Biotechnol, 2010,28(12):1295–1299.

[24] Beer L L, Boyd E S, Peters J W, et al. Engineering algae for biohydrogen and biofuel production[J]. Curr Opin Biotechnol, 2009 ,20(3):264–271.

[25] Savage D F, Way J, Silver P A. Defossiling fuel: how synthetic biology can transform biofuel production[J]. ACS Chem Biol, 2008,3(1):13–16.

[26] Rulkens W. Sewage sludge as a biomass resource for the production of energy: overview and assessment of the various options[J]. Energy Fuels, 2008, 22(1): 9–15.

[27] Atsumi S, Hanai T, Liao JC. Non–fermentative pathways for synthesis of branched–chain higher alcohols as biofuels[J]. Nature, 2008,451(7174):86–89.

[28] Clomburg J M, Gonzalez R. Biofuel production in *Escherichia coli*: the role of metabolic engineering and synthetic biology[J]. Appl Microbiol Biotechnol, 2010,86(2):419–434.

[29] Eggers J, Tröltzsch K,Falcucci A, et al. Is biofuel policy harming biodiversity in Europe?[J].

Global Change Biology Bioenergy,2009, 1(1):18–34.

[30] Tilman D, Reich P B, Knops J M. Biodiversity and ecosystem stability in a decade–long grassland experiment[J]. Nature, 2006,441(7093):629–632.

[31] Tilman D, Reich P B, Knops J, et al. Diversity and productivity in a long–term grassland experiment[J]. Science, 2001 ,294(5543):843–845.

[32] Synthetic Genomics. Synthetic Genomics Inc. and J. Craig Venter Institute form new company, Synthetic Genomics Vaccines Inc.(SGVI), to develop next generation vaccines[EB/OL].(2010–10–07)[2021–06–16]. http://www.syntheticgenomics.com/media/press/100710.html.

[33] Dormitzer P R, Suphaphiphat P, Gibson D G, et al. Synthetic generation of influenza vaccine viruses for rapid response to pandemics[J]. Sci Transl Med, 2013 ,5(185):185ra68.

[34] Feero W G, Guttmacher A E, Collins F S. Genomic medicine—an updated primer[J]. N Engl J Med, 2010, 362(21):2001–2011.

[35] Anderson J C, Clarke E J, Arkin A P, et al. Environmentally controlled invasion of cancer cells by engineered bacteria[J]. J Mol Biol, 2006 ,355(4):619–627.

[36] Hazen T C, Dubinsky E A, DeSantis T Z, et al. Deep–sea oil plume enriches indigenous oil–degrading bacteria[J]. Science, 2010,330(6001):204–208.

[37] Snow A A, Andow D A, Gepts P, et al. Genetically engineered organisms and the environment: current status and recommendations[J]. Ecological Applications,2005, 15:377–404.

[38] Moe–Behrens G H, Davis R, Haynes K A. Preparing synthetic biology for the world[J]. Front Microbiol, 2013,4:5.

[39] Langlois R A, Albrecht R A, Kimble B, et al. MicroRNA–based strategy to mitigate the risk of gain–of–function influenza studies[J]. Nat Biotechnol, 2013 ,31(9):844–847.

[40] Cai Y, Agmon N, Choi W J, et al. Intrinsic biocontainment: multiplex genome safeguards combine transcriptional and recombinational control of essential yeast genes[J]. Proc Natl Acad Sci USA, 2015, 112(6):1803–1808.

[41] Rovner A J, Haimovich A D, Katz S R, et al. Recoded organisms engineered to depend on synthetic amino acids[J]. Nature, 2015 ,518(7537):89–93.

[42] Mandell D J, Lajoie M J, Mee M T, et al. Biocontainment of genetically modified organisms by synthetic protein design[J]. Nature, 2015,518(7537):55–60.

[43] Khorana H G. Total synthesis of a gene[J]. Science, 1979,203(4381):614–625.

[44] Agarwal K L, Büchi H, Caruthers M H, et al. Total synthesis of the gene for an alanine transfer ribonucleic acid from yeast[J]. Nature, 1970 ,227(5253):27–34.

[45] Carlson R. The changing economics of DNA synthesis[J]. Nat Biotechnol, 2009 ,27(12):1091–1094.

[46] Shendure J, Ji H. Next–generation DNA sequencing[J]. Nat Biotechnol, 2008 ,26(10):1135–1145.

[47] Taniguchi T, Palmieri M, Weissmann C. QB DNA–containing hybrid plasmids giving rise to QB phage formation in the bacterial host[J]. Nature, 1978,274(5668):223–228.

[48] Wimmer E, Mueller S, Tumpey T M, et al. Synthetic viruses: a new opportunity to understand and prevent viral disease[J]. Nat Biotechnol, 2009 ,27(12):1163–1172.

[49] Cello J, Paul A V, Wimmer E. Chemical synthesis of poliovirus cDNA: generation of infectious virus in the absence of natural template[J]. Science, 2002,297(5583):1016–1018.

[50] Wimmer E. The test–tube synthesis of a chemical called poliovirus. The simple synthesis of a virus has far–reaching societal implications[J]. EMBO Rep, 2006(Spec No):S3–9.

[51] Block S M. A not–so–cheap stunt[J]. Science, 2002 ,297(5582):769–770.

[52] Kennedy D. A not–so–cheap stunt(Response)[J]. Science,2002, 297:769–770.

[53] Wimmer E, Paul A V. Synthetic poliovirus and other designer viruses: what have we learned from them? [J].Annu Rev Microbiol, 2011,65:583–609.

[54] Smith H O, Hutchison C A , Pfannkoch C, et al. Generating a synthetic genome by whole genome assembly: phiX174 bacteriophage from synthetic oligonucleotides[J]. Proc Natl Acad Sci USA, 2003,100(26):15440–15445.

[55] Sanger F, Coulson A R, Friedmann T,et al. The nucleotide sequence of bacteriophage phiX174[J]. J Mol Biol, 1978,125(2):225–246.

[56] Becker M M, Graham R L, Donaldson E F, et al. Synthetic recombinant bat SARS–like coronavirus is infectious in cultured cells and in mice[J]. Proc Natl Acad Sci USA, 2008, 105(50):19944–19949.

[57] Drosten C, Günther S, Preiser W, et al. Identification of a novel coronavirus in patients with severe acute respiratory syndrome[J]. N Engl J Med, 2003 ,348(20):1967–1976.

[58] Ashraf H. WHO declares Beijing to be free of SARS[J]. Lancet. 2003 ,361(9376):2212.

[59] Li W, Shi Z, Yu M, et al. Bats are natural reservoirs of SARS–like coronaviruses[J]. Science, 2005,310(5748):676–679.

[60] Orlinger K K, Holzer G W, Schwaiger J, et al. An inactivated West Nile Virus vaccine derived from a chemically synthesized cDNA system[J]. Vaccine, 2010 ,28(19):3318–3324.

[61] Taubenberger J K. The origin and virulence of the 1918 "Spanish" influenza virus[J]. Proc Am Philos Soc, 2006,150(1):86–112.

[62] Taubenberger J K, Reid A H, Krafft A E, et al. Initial genetic characterization of the 1918 "Spanish" influenza virus[J]. Science, 1997 ,275(5307):1793–1796.

[63] 南方周末：召唤恶魔，再造 1918 流感病毒 [N/OL].(2005–10–25)[2021–06–10]. https://tech.sina.com.cn/d/2005–10–25/1545747921.shtml.

[64] Reid A H, Fanning T G, Hultin J V, et al. Origin and evolution of the 1918 "Spanish" influenza virus hemagglutinin gene[J]. Proc Natl Acad Sci USA, 1999 ,96(4):1651–1656.

[65] Reid A H, Fanning T G, Janczewski T A, et al. Characterization of the 1918 "Spanish" influenza virus neuraminidase gene[J]. Proc Natl Acad Sci USA, 2000 , 97(12):6785–6790.

[66] Basler C F, Reid A H, Dybing J K, et al. Sequence of the 1918 pandemic influenza virus nonstructural gene(NS)segment and characterization of recombinant viruses bearing the 1918 NS genes[J]. Proc Natl Acad Sci USA, 2001,98(5):2746–2751.

[67] Reid A H, Taubenberger J K, Fanning T G. Evidence of an absence: the genetic origins of the 1918 pandemic influenza virus[J]. Nat Rev Microbiol, 2004 ,2(11):909–914.

[68] Taubenberger J K. The virulence of the 1918 pandemic influenza virus: unraveling the enigma[J]. Arch Virol Suppl, 2005(19):101–115.

[69] Taubenberger J K, Reid A H, Lourens R M, et al. Characterization of the 1918 influenza virus polymerase genes[J]. Nature, 2005,437(7060):889–893.

[70] Tumpey T M, Garc ı a–Sastre A, Taubenberger J K,et al. Pathogenicity of influenza viruses with genes from the 1918 pandemic virus: functional roles of alveolar macrophages and neutrophils in limiting virus replication and mortality in mice[J]. J Virol, 2005,79(23):14933–14944.

[71] Kobasa D, Takada A, Shinya K, et al. Enhanced virulence of influenza A viruses with the haemagglutinin of the 1918 pandemic virus[J]. Nature, 2004 ,431(7009):703–707.

[72] Tumpey T M, Basler C F, Aguilar P V, et al. Characterization of the reconstructed 1918 Spanish influenza pandemic virus[J]. Science, 2005,310(5745):77–80.

[73] Taubenberger J K, Morens D M, Fauci A S. The next influenza pandemic: can it be predicted? [J]. JAMA, 2007 ,297(18):2025–2027.

[74] Lamb R A, Jackson D. Extinct 1918 virus comes alive[J]. Nat Med, 2005 ,11(11):1154–1156.

[75] Kupferschmidt K.How Canadian researchers reconstituted an extinct poxvirus for $100,000 using mail–order DNA[J]. Science, 2017, doi:10.1126/science.aan7069.

[76] Noyce R S, Lederman S, Evans D H. Construction of an infectious horsepox virus vaccine from chemically synthesized DNA fragments[J]. PLoS One, 2018,13(1):e0188453.

[77] Noyce R S, Evans D H. Synthetic horsepox viruses and the continuing debate about dual use research[J]. PLoS Pathog, 2018,14(10):e1007025.

[78] DiEuliis D, Berger K, Gronvall G. Biosecurity implications for the synthesis of horsepox, an orthopoxvirus[J]. Health Secur, 2017 ,15(6):629–637.

[79] Koblentz G D. The de novo synthesis of horsepox virus: implications for biosecurity and recommendations for preventing the reemergence of smallpox[J]. Health Secur,2017,15(6):620–628.

[80] Gibson D G, Benders G A, Andrews–Pfannkoch C, et al. Complete chemical synthesis, assembly, and cloning of a Mycoplasma genitalium genome[J]. Science, 2008 ,319(5867):1215–1220.

[81] Pennisi E Genomics. Synthetic genome brings new life to bacterium[J]. Science, 2010,328(5981):958–959.

[82] Bornscheuer U T. The first artificial cell—a revolutionary step in synthetic biology?[J]. Angew Chem Int Ed Engl, 2010,49(31):5228–5230.

[83] 孙明伟，李寅，高福 . 从人类基因组到人造生命：克雷格・文特尔领路生命科学 [J]. 生物工程学报 , 2010，26(6)：697–706.

[84] Dymond J S, Richardson S M, Coombes C E, et al. Synthetic chromosome arms function in yeast and generate phenotypic diversity by design[J]. Nature, 2011 ,477(7365):471–476.

[85] Hutchison C A , Chuang R Y, Noskov V N,et al. Design and synthesis of a minimal bacterial genome[J]. Science, 2016,351(6280):aad6253.

[86] National Science Advisory Board for Biosecurity. Addressing biosecurity concerns related to synthetic biology[EB/OL]. (2010–04)[2021–06–10].http://oba.od.nih.gov/biosecurity/meetings/200912/Relman_NSABB%20SB%20 120309.pdf.

[87] Tucker J B. Raymond A Z. The promise and perils of synthetic biology[J]. New Atlantis,2006, 12:25–45.

[88] Tucker J B. Innovation, dual use, and security: managing the risks of emerging biological and chemical technologies[M].Cambridge: The MIT Press, 2012.

[89] Royal Academy of Engineering. Synthetic biology: scope, applications, and implications[R]. London, 2009:18–21.

[90] New and Emerging Science and Technology. Synthetic biology: applying engineering to biology[R]. Brussels: European Commission, 2005: 13.

[91] Ro D K, Paradise E M, Ouellet M, et al. Production of the antimalarial drug precursor artemisinic acid in engineered yeast[J]. Nature, 2006 ,440(7086):940–943.

[92] Chang M C, Keasling J D. Production of isoprenoid pharmaceuticals by engineered microbes[J]. Nat Chem Biol, 2006,2(12):674–681.

[93] Keasling J D, Chou H. Metabolic engineering delivers next–generation biofuels[J]. Nat Biotechnol, 2008,26(3):298–299.

[94] Epstein G L. The challenges of developing synthetic pathogens[EB/OL].(2008–05–19)[2021–06–15]. http://www.thebulletin.org/web–edition/features/ the–challenges–of–developing–synthetic–pathogens.

[95] Garfinkel M S, Endy D, Epstein G L, et al. Friedman, Synthetic genomics: options for governance[EB/OL].(2007–10–12)[2021–06–10]. http://www.jcvi.org/cms/fileadmin/site/research/projects/synthetic–genomics–report/synthetic–genomics–report.pdf.

[96] Kwok R. Five hard truths for synthetic biology[J]. Nature,2010 ,463(7279):288–290.

[97] Arkin A. Setting the standard in synthetic biology[J]. Nat Biotechnol, 2008 ,26(7):771–774.

[98] Canton B, Labno A, Endy D. Refinement and standardization of synthetic biological parts and devices[J]. Nat Biotechnol, 2008,26(7):787–793.

[99] National Research Council and National Academy of Engineering. Emerging and readily available technologies and national security: a framework for addressing ethical, legal, and societal issues[M]. Washington, D.C.: The National Academies Press, 2014.

[100] United Kingdom. Department for business, enterprise, and regulatory reform, the potential for misuse of DNA sequences(oligonucleotides) and the implications for regulation[EB/OL].(2006–01–01)[2021–06–15]. http://www.dius.gov.uk/partner_organisations/office_for_

science/science_in _government/key_issues/DNA_sequences.

[101] Institute of Medicine and National Research Council. Globalization, biosecurity, and the future of the life sciences[M]. Washington, D.C.: The National Academies Press,2006.

[102] USG policy for federal oversight of DURC [EB/OL].(2012-03-29)[2021-06-01].http://www.phe.gov/s3/dualuse/Pages/USGOversightPolicy.aspx.

[103] Directive 2001/18/EC of the European Parliament and of the Council on the deliberate release into the environment of genetically modified organisms[EB/OL].(2001-03-12)[2021-06-01]. http://www.international-food-safety.com/pdf/2001_18.pdf.

[104] Directive 2009/41/EC of the European Parliament and of the Council of 6 May 2009 on the contained use of genetically modified micro-organisms [EB/OL]. [2021-01-09]. https://eur-lex.europa.eu/eli/dir/2009/41/oj.

[105] SCHER, SCENIHR, SCCS. Opinion on synthetic biology II: Risk assessment methodologies and safety aspects[EB/OL]. [2021-06-01]. http://ec.europa.eu/health/scientific_committees/emerging/docs/scenihr_o_048.pdf.

[106] NIH guidelines for research involving recombinant or synthetic nucleic acid molecules[EB/OL].[2021-06-01]. https://blink.ucsd.edu/safety/research-lab/biosafety/nih/index.html.

[107] Biosafety in microbiological and biomedical laboratories(BMBL), 6th edition[EB/OL].[2021-06-01].https://www.chinacdc.cn/lac/gzzd/gwfgbz/202003/W020210119501608360986.pdf.

[108] Carter S R, Rodemeyer M, Garfinkel M S, et al. Synthetic biology and the U.S. biotechnology regulatory system: challenges and options[R]. J Craig Venter Institute, Rockville, MD(United States):2014, doi:10.2172/1169537.

[109] HHS. Screening framework guidance for providers of synthetic double-stranded DNA [EB/OL].[2021-06-01].https://www.phe.gov/Preparedness/legal/guidance/syndna/Documents/syndna-guidance.pdf.

[110] Lok C. Gene-makers put forward security standards[J]. Nature, 2009, doi:10.1038/news.2009.1065.

[111] Hayden E C.Gene-makers form security coalition[J].Nature, 2009, doi: 10.1038/news.2009.1095.

[112] Bhattacharjee Y. Gene synthesis companies pledge to foil bioterrorists[EB/OL].(2009-11-19)[2021-06-01].https://www.science.org/news/2009/11/gene-synthesis-companies-pledge-

foil-bioterrorist.

[113] Lentzos, Filippa. Synthetic biology in the social context: the UK debate to date[J]. Biosocieties, 2009, 4(2-3):303-315.

[114] Schmidt M. Public will fear biological accidents, not just attacks[J]. Nature, 2006, 441(7097):1048.

[115] 张春霆 . 人造生命与合成生物学 [J]. 科技导报 , 2011, 29(1): 卷首语 .

第五章　转基因植物

一、植物转基因技术现状

转基因植物是指利用基因工程技术，把从动物、植物或微生物中分离到的目的基因或特定的 DNA 片段，加上适合的调控元件，通过各种方法转移到植物基因组中，使得该基因或 DNA 序列能稳定表达和遗传。通过转基因方法，可以使农作物获得一些优良性状，如抗虫（insect resistant，IR）、抗病、高产等[1]。

（一）概述

人类驯化植物至少有一万年时间了。早期的植物驯化涉及根据目的选择植物、果实或种子。选定的特征包括更高的产量、降低的毒性、改善的种子或果实的风味或形态，以及谷物更容易收获等。人们将众多野生植物驯化为农作物，如小麦、水稻、玉米、马铃薯和番茄等[2]。

根据遗传的基本原理来利用物种中可用的遗传变异是植物育种的基石。19 世纪末 20 世纪初的研究使人们对遗传学有了更好的了解，而植物育种者则以越来越高的精确度应用了这一知识。他们通过杂交特定的亲本植物以产生具有所需性状的后代。他们还发现了加速遗传变异的方法，从而有针对性且更有效地培育改良品种。DNA 突变在自然界中相对罕见[3]，但科学家发现可以利用化学物质或辐射以更高的频率诱导 DNA 突变，从而增加 DNA 的遗传变异。自然和人为突变是随机的，因此育种者必须评估后代，以便他们可以丢弃具有不良或有害性状的个体，并选择具有改良特征的个体进行进一步发展。

1988 年，Calgene 公司获得了美国政府的批准，以进行具有延迟成熟特征的转基因番茄的田间试验。这种番茄后来成为 1994 年用于商业销售的第一种转基因作物。1989 年，孟山都公司（Monsanto Company）获得了对耐除草剂草甘膦的大豆进行田间试验的许可，这种大豆于 1996 年开始在美国进行商业销售[2]。

2015 年，全球耕地中约有 12%（15 亿公顷中的 1.797 亿公顷）种植了转基因作物，9 种粮食作物、3 种非粮食作物和 2 种花卉的转基因产品已商业化。转基因玉米和大豆是生长较为广泛的转基因作物。自 1996 年首次商业投放以来，转基因玉米的产量已经大大增加，当时播种面积不足 30 万公顷，到 2006 年，全世界的转基因玉米播种面积为 2520 万公顷，到 2015 年，该面积翻了一番以上，达到 5370 万公顷，占当年全世界玉米播种面积的 1/3[2]。

与玉米一样，转基因大豆品种在 1996 年引入后迅速增加。2001 年，全球种植了 3300 万公顷，到 2015 年，种植了 9200 万公顷。2015 年收获的 1.18 亿公顷大豆中，约有 80%种植了转基因大豆。2015 年种植了转基因品种的其他粮食作物，包括油菜、木瓜、马铃薯、南瓜和茄子等。除油菜外，转基因品种对这些作物的生产贡献很小。在 2015 年种植的 3600 万公顷油菜中，转基因油菜品种占 24%[2]。

2015 年，转基因作物的产量在世界各地分布不均。美国生产了 10 种转基因品种，其次是加拿大，有 4 种。转基因玉米、大豆和棉花生长在许多国家，而转基因苜蓿、苹果、杨树、马铃薯、南瓜和茄子分别只在一个国家种植。在 1.797 亿公顷的转基因农作物中，有超过 7000 万公顷来自美国。在巴西、阿根廷、印度和加拿大种植的转基因农作物占 9130 万公顷，其余的 1750 万公顷分布在 23 个国家[2]。

2015 年，木质素含量降低的苜蓿品种也准备进入美国市场，巴西已批准将基因工程菜豆和桉树商业化。水稻、小麦、高粱和木薯的转基因品种处于不同发展阶段[2]。

（二）技术类型

2015 年，有 14 种转基因作物投入商业生产。转基因作物可以具有一种或多种转基因特性。例如：美国的某些大豆品种经过改造，可以耐受一种或多种除草剂；美国的转基因玉米品种可以被设计为抗一种或多种除草剂，还包含针对不同害虫种类的几种杀虫蛋白；一些玉米品种具有增强耐旱性的性状。有些作物可以抵抗病毒，而另一些则可以延缓成熟。

1. 抗除草剂

抗除草剂（herbicide resistant，HR）性状使转基因作物能够在施用除草剂后生存下来。2015 年，已开发出针对 9 种不同除草剂的 HR 特性，但并非全部性状和作物的组合已经投入商业生产。一些对两种除草剂（如草甘膦和 2，4-D，或草甘膦和麦草畏）具有抗性的作物品种已于 2015 年投入商业开发。但是，在 1996—2015 年，大多数 HR 作物被设计为只对一种除草剂具有抗性，在此期间使用的最常见的除草剂抗性作物是针对草甘膦。草甘膦抗性于 1996 年首次引入大豆，到 2015 年已在苜蓿、油菜、棉花、玉米和甜菜中使用[2]。

2. 抗虫性

抗虫（IR）性状能够将杀虫特性结合到植物本身中。转基因昆虫抗性的一个主要例子是将编码晶体（Cry）蛋白的基因从土壤细菌苏云金芽孢杆菌（*bacillus thruingiensis*，*Bt*）转移到植物中（Cry 蛋白也称为 Bt 毒素）。当昆虫以植物为食时，转移的蛋白对目标昆虫有毒。2015 年，具有昆虫抗性的棉花、茄子、玉米、杨树和大豆的品种投入商业生产。

3. 抗病毒

抗病毒性（VR）可防止植物感染特定的病毒性疾病。转基因可防止病毒在宿主植物中成功复制。康乃尔大学、夏威夷大学等共同开发了商业种植的木瓜抗病毒品种，并于 1998 年首次在夏威夷引入。巴西一家公司开发了一种基因工程病毒抗性的豆类，2014 年获得商业化生产批准[4]。

4. 商业生产中的其他特征

在大豆中，已经能够增加油的氧化稳定性，并提高油的 ω-3 脂肪酸含量。2015 年，高油酸大豆在北美市场销售。在玉米中，已开发出具有耐旱性和提高 α-淀粉酶含量的转基因特性。孟山都公司开发的耐旱玉米品种 DroughtGard™ 表达了一种编码来自枯草芽孢杆菌的冷休克蛋白 B（cspB）基因[5]。通过基因工程将 α-淀粉酶引入玉米胚乳中，先正达公司（Syngenta）开发了一种玉米品种，与缺乏该酶的品种相比，该品种的谷物更适合用作乙醇生产的原料。

2015 年，非褐变品种的苹果和马铃薯开始商业化销售。基因工程被用于沉默多酚氧化酶家族中酶的表达，该酶导致农作物割开后的褐变。在转基因非褐变马铃薯中，控制天冬酰胺合成酶产生的基因也可被沉默，以减少天冬酰胺的产生，因为当马铃薯在高温下油炸或烘烤时，天冬酰胺的分解会导致丙烯酰胺的产生，这是一种潜在的致癌物[6]。2015 年，在美国商业化种植了 930 公顷具有转基因特性的不褐变和低丙烯酰胺马铃薯。

澳大利亚 Florigene 公司使用基因工程技术生产了蓝色的康乃馨和玫瑰。巴西在 2015 年批准了多种经基因工程改造以提高产量的桉树，其通过从小型一年生植物拟南芥中导入内切葡聚糖酶基因而提高了产量。桉树的生长主要是作为纸张等产品的纤维素来源，而内切葡聚糖酶基因的表达导致更多的纤维素沉积在细胞壁。

5. 停止或未商业化的转基因农作物

基因工程的许多特性已经被开发出来，但一些从未被商业化，也有一些在商品化初期就退出生产，主要原因包括非营利性、消费者不偏爱、社会观念，以及不遵守监管程序等。

基因工程的第一种商业作物，即 FLAVR SAVR 番茄，由于延缓了成熟，从而延长了保质期。FLAVR SAVR 番茄在 1994—1997 年被种植，然后因为味道不好，并且比其他番茄更昂贵而退出市场[7]。同样在 20 世纪 90 年代中期，Zeneca 公司销售了一种番茄，该番茄的含水量较低，可用作番茄酱。该产品被标记为转基因产品。1996 年，萨费伯（Safeway）和塞恩斯伯里（Sainsbury）杂货连锁店在英国出售了带有其商标的基因工程番茄酱。但是，在新闻媒体报道“基因工程的生物效应”导致销售下降之后，它于 1999 年从市场上撤出。

具有昆虫和病毒抵抗特性的转基因马铃薯由于其他害虫控制产品的竞争而退出商业生产。1995 年，孟山都公司 Bt 转基因马铃薯获得了美国政府的批准，该马铃薯具有 Bt 基因，可用于控制科罗拉多马铃薯甲虫，并种植了 600 公顷。1998 年批准了对马铃薯叶卷病毒具有抗性的转基因马铃薯，并在 1999 年批准了对马铃薯 Y 病毒的抗性品种。1995—1998 年，美国转基因马铃薯的种植面积增加到约 20 000 公顷，占 3.5%。但是，2000 年播种面积急剧下降，原因是缺乏消费者接受度[8]。此外，许多农民采用了一种新引入的杀虫剂来控制科罗拉多马铃薯甲虫和其他害虫，而不是种植转基因品种。2001 年，孟山都公司关闭了其马铃薯部。

孟山都公司在 20 世纪 90 年代中期开发了对草甘膦有抗性的小麦，并计划将其商业化。但是，由于缺乏小麦行业的支持[9]，一些种植者担心转基因小麦会被国外市场拒绝。

ProdiGene 公司对使用基因工程在植物系统中生产药物或工业产品感兴趣。但是，它没有遵守美国的监管程序，不仅其产品从未投放市场，而且该公司因违规而被罚款[2]。

二、植物转基因风险

转基因生物到底会给人类社会和生活带来哪些安全性隐患？目前主要从两个方面来分析和评估：一是对生态环境；二是对人类健康。

（一）植物转基因的影响

1. 转基因对作物产量的影响

（1）潜在产量与实际产量

美国国家研究委员会较早的报告[10]和其他研究报告[11]讨论了潜在产量与实际产量之间的区别。潜在产量是在给定的二氧化碳浓度、温度和光照条件下，在无水分或养分限制且无病害虫损失的情况下可实现的理论产量[12]。

作物的遗传改良可以缩小实际产量与潜在产量之间的差距，或者可以增加整体潜在产量。这种改变可以通过 3 种方式来完成：第一，可以提高潜在产量，如可以改善植物的冠层结构，以提高光合作用的效果；第二，可以提高水和养分的利用性；第三，可以通过保护作物免受包括杂草、昆虫和疾病在内的侵害来减少降低产量的因素。

大多数转基因农作物具有减少杂草与农作物竞争、防止虫害或两者兼有的性状。一些商业化的农作物被设计用来抵抗病毒，其他一些农作物则被设计用来抵抗环境不利因素。

提高产量的一个例子为基因工程桉树的产量增加了 20%，这是由于一年生小植物拟南芥的内切葡聚糖酶基因的表达所致[13]。2015 年，表达内切葡聚糖酶的转基因桉树被批准在巴西的人工林中种植。

（2）基因工程对产量的影响

1）Bt 玉米

Areal 在 2013 年比较了 Bt 玉米和非 Bt 玉米的产量。根据从菲律宾、南非、美国、西班牙、加拿大等国家收集的数据，Bt 玉米的产量比不含 Bt 的玉米高 0.55 吨 / 公顷。Gurian-Sherman 在 2009 年发现，当存在 Bt 特性时，玉米和棉花的产量提高了 22% [11]。

2）Bt 棉花

Areal 等人在 2013 年进行的分析发现，平均而言，含 Bt 的棉花产量比不含 Bt 的棉花多 0.3 吨 / 公顷 [14]。他们的发现基于 1996—2007 年从印度、中国、南非、阿根廷、墨西哥和澳大利亚收集的数据。

3）Bt 杨树

自 1994 年开始进行田间试验以来，已在中国种植了含 Bt 的杨树，但直到 2005 年才批准将其商业化。在中国，杨树人工林主要用于环保和造林 [15]。因此，在中国对 Bt 杨树的研究中，产量效应并不是人们感兴趣的结果。

2. 抗虫农作物引起的杀虫剂使用变化

由于采用了产生 Bt 毒素的农作物，因此，对大型和小型农场的杀虫剂使用变化进行了许多研究。Klümper 和 Qaim 在 2014 年进行的分析表明，采用 Bt 棉花和玉米可减少 39% 的杀虫剂用量 [16]。

美国国家研究委员会在 2010 年发布的关于美国转基因作物影响的报告表明，美国 1996—2007 年在棉花和玉米中使用的杀虫剂用量均有所下降 [10]。

2014 年对菲律宾农民的一项调查发现，在所分析的 2003—2004 年和 2007—2008 年两个生长季节中，Bt 玉米使用的杀虫剂用量是非 Bt 玉米的 1/4 ～ 1/3[17]。在澳大利亚，无论是 Bt 棉还是非 Bt 棉，杀虫剂的使用量都急剧下降 [18]。

Bt 棉在中国的推广速度很迅速，2011 年，种植 Bt 棉的农田比例上升到 95% 以上。Bt 棉花的使用增加导致目标害虫棉铃虫的密度降低，杀虫剂的总体使用减少。

Qaim 和 Zilberman 在 2003 年分析了印度 2001 年的数据，发现 Bt 使用者杀虫剂用量比非采用者减少了 69% [19]。Sadashivappa 和 Qaim 2009 年发现 Bt 棉的平均杀虫剂施用量是非 Bt 棉的 41% [20]，而 Kouser 和 Qaim 2011 年发现两者相差 64% [21]。Shankar 等 2008 年研究了南非使用杀虫剂和 Bt 棉之间的关系，发现使用 Bt 棉花的农场的杀虫剂用量为 1.6 升 / 公顷，使用非 Bt 棉花的农场使用的杀虫剂用量为 2.4 升 / 公顷[22]。

3. Bt 作物导致次生害虫的变化

Bt 毒素对目标物种的控制有时为“次生”昆虫物种的种群增加提供了机会。次生昆虫种群增加是因为它们对作物中特定的 Bt 性状不敏感或敏感性降低。Naranjo 等人 2008 年在对美国境内和境外关于次生害虫的影响进行的研究得出的结论是，对转基因棉花中表达的 Bt 毒素不敏感的害虫会影响全球棉花生产[23]。Catarino 等 2015 年回顾了 Bt 棉花和 Bt 玉米中次生害虫增加的案例[24]，得出的结论是，次生虫害“可能不够严重，不足以影响该技术的使用，但确实需要进一步探索，向农民提供可行的建议，使监管者意识到潜在问题和风险”。

4. 抗除草剂作物对杂草种类的影响

一旦引入抗除草剂作物并连续使用，不使用其他杂草管理技术的单一除草剂的重复施用会导致对除草剂不敏感的杂草种类增加。草甘膦能控制很多杂草，但不能控制所有杂草种类。一些耐草甘膦的杂草在抗草甘膦的农作物中变得更加成问题。在美国，2006 年的一项调查显示，抗草甘膦作物中有几种杂草正在增加[25]。一些研究认为，抗草甘膦作物的增加似乎并未影响作物系统中杂草的总体多样性[26–27]。

（二）遗传工程作物的环境效应

对于转基因作物对环境产生不利影响的可能性存在不同的看法，包括害虫的天敌，以及植物和昆虫生物多样性的下降。人们担心转基因作物会通过基因流污染其他作物和野生植物。

1. Bt 作物和节肢动物的生物多样性

1999 年，美国约翰·罗西教授在 *Nature* 刊登了一篇论文，指出食用转基因玉米会导致斑碟幼虫死亡率增加[28]。虽然这一结论被一些科学家质疑，但同样带来了“转基因植物对生态环境是否安全”的争论。

美国国家研究委员会关于美国转基因作物对农场可持续发展的影响的报告指出，在 Bt 作物替代非 Bt 作物的情况下，害虫倾向于保持不变或更为丰富。Lu 等 2012 年报道了随着 Bt 棉的采用，中国的害虫（瓢虫、草蛉和蜘蛛）广泛而大量地增长，且蔓延到了非转基因作物（玉米、花生和大豆）[29]。

美国国家研究委员会关于转基因作物影响的报告还研究了 Bt 作物对农场一般节肢动物的生物多样性的影响[10]。通过比较玉米和棉花的 Bt 品种和使用杀虫剂的非 Bt 品种，该报告得出结论，Bt 作物可以促进生物多样性。但是，如果进行比较时不使用杀虫剂，那么 Bt 作物的生物多样性就与非 Bt 作物相似或更低。

Bt 玉米花粉对蜜蜂的影响引起特别关注。当蜜蜂暴露于对 Bt 玉米品种觅食的预期剂量的 50 倍左右时，其没有死亡，但对成年后的学习有一定影响[30]。Johnson 2015 年研究认为，Bt 花粉对蜜蜂无害[31]。

2. 抗除草剂作物和杂草生物多样性

对于抗除草剂作物，人们担心草甘膦降低了杂草的丰度和多样性。由于使用草甘膦抗性品种，在玉米和大豆中发现的主要杂草发生了变化，但是 Owen 2008 年发现，对杂草生物多样性的影响远小于最初的预期[32]。

转基因作物可导致基因污染。基因污染最有名的例子是 1998 年加拿大 Alberta 省发现的一种 Canola 油菜，它由于基因污染而含有由抗草甘膦、抗固沙草、抗咪唑啉类除草剂等 3 种转基因堆积而成的“广谱抗除草剂基因”。抗除草剂转基因油菜在此地种植不过短短的两年，基因污染导致的“基因堆叠”现象就如此迅速地发生[1]。

3. 基因工程性状对农场作物多样性的影响

在评估从转基因作物到野生近缘种群的基因流动时，考虑了通过种子、花粉等。转基因花粉的基因流向其他具有相容性的物种，引发了关于转基因作物的争论[33]。许多早期的担忧是基于这样的假设，即基因流动会增加相关物种的杂草性[34]。例如，2010 年在俄勒冈州的 Malheur 县发现了抗草甘膦的本特草的种群，但该处未颁发其使用许可证。

（三）转基因作物对人类健康的影响

1998 年，英国的普兹泰教授发表文章，称用转基因马铃薯喂养幼鼠可引起其内脏和免疫系统受损。尽管随后英国皇家学会宣布该研究“充满漏洞”，所得结论不科学，但这一研究结果在英国乃至全世界引发了关于转基因食品安全性的激烈讨论[35]。

1. 植物内源性毒素

大多数初级代谢化学物质（如参与碳水化合物、蛋白质、脂肪和核酸形成的化学物质）在动植物之间共享，因此不太可能具有毒性。与植物化合物改变有关的可感知风险主要来自植物特异性分子的改变，被称为次生代谢产物。植物界中有超过 200 000 种次生代谢产物[2]。

作物产生的次生代谢产物数量各不相同。例如，马铃薯以其次生代谢产物的多样性而闻名。许多次生代谢产物起保护剂的作用，如吸收有害的紫外线[36]，或者杀死或阻止损害作物的昆虫和病原体[37]。

人们了解某些植物化合物的毒性，但尚未研究其他一些化合物。经常食用的植物中的一些次生代谢产物和其他产品（如蛋白质和多肽）在大量食用时可能对人类有毒。

Friedman 2006 年提供的信息表明，马铃薯中的某些生物碱可以同时具有有害作用和有益作用[38]。食物通常含有天然存在的食物毒素或抗营养剂，但在普通饮食中以天然存在的浓度可以被人类安全食用[39]。

许多次生代谢产物被认为对人类具有潜在的健康益处，并且被大量消费[40]，而不是引起担忧[41-42]。例如，各种已知的抗氧化剂，如花青素和一些皂苷可能具有抗癌活性。作物会产生一系列化学物质，某些化学物质在大量食用时可能对人类有毒。

（1）基因工程和非基因工程作物的实质等同

转基因作物监管中解决的一个主要问题是有毒次生代谢产物的浓度是否受到基因工程的影响。除植物毒素外，还采用比较的方法对特定转基因作物中的营养素、引入的蛋白质及其代谢产物进行了评估，该方法通常被实质等效的概念所涵盖。

转基因食品与非转基因食品之间的某些差异是可识别的，但某些潜在差异可能难以预测和辨别。

一些民众和科学家对转基因食品安全性的大部分关注都集中在意料之外的差异带来的潜在风险上。在某些情况下，意外的影响在某种程度上是可以预测或确定的，在其他情况下，变化或风险可能没有被考虑，因此，唯一有效的测试是对整个食品本身的测试。

（2）动物测验

1）使用化合物和食品进行短期和长期啮齿动物测试

由美国或其他国家的监管机构进行的动物测试受到的一种普遍批评与其持续时间短有关。基因工程作物评估与一般农业化学品评估之间的区别在于使用“整体食品”测试，这些测试旨在评估由于作物基因工程可能引起的有意或无意的变化，从而引起的潜在危害。为了测试转基因玉米、大豆和水稻，将其面粉添加到动物饮食中，占饮食的 10% ~ 60%。全食物测试通常在大鼠中进行 28 天或 90 天。

整个食品测试的实用性受到了许多政府机构，以及行业和学术研究人员的质疑[43]。但是，欧洲研究与创新局在其 2010 年的报告《欧盟资助的转基因生物研究十年（2001—2010 年）》中得出以下结论：“精心设计的 90 天啮齿动物喂养研究的数据，构成了在上市前对转基因食品及常规食品安全性进行比较评估的最佳基础。”

对全食品测试的批评观点认为，全食品研究不能提供有用的食品安全测试，因为它们的灵敏度不足以检测差异[44-45]。所有使用动物饲料进行全食物研究的普遍问题是，在测试整个食物时，需要测试多少只动物，进行多长时间的食物安全性评估。对为期 90 天的全食物研究的批评包括由 Poulsen 等人进行的一项由欧盟资助的项目，其中水稻经过基因工程改造以生产凝集素，已知具有毒性。在 90 天的测试中，给老鼠喂了 60% 含凝集素基因的大米或不含凝集素基因的大米。研究人员得出的结论是，他们没有发现两种方法结果之间有任何有意义的区别。但是，在饮食中加 0.1% 的重组凝集素的实验中，发现了生物学效应，包括小肠、胃和胰腺的重量差异显著。

2）啮齿动物的其他长期研究

安全性测试还有其他长期的研究，其中一些研究包括多代研究[46-48]，一些研究研究了三代到四代，如 Kiliç 和 Akay 2008 年进行了三代大鼠研究[49]。小鼠和大鼠由于其与人类一般生理功能的相似性和体型小而广泛用于毒性研究，但与啮齿类动物相比，一些农场动物被认为是更好的人类生理学模型。最好的例子是猪，它被认为比啮齿动物更好，尤其是在营养评估方面。

用食用转基因食品喂养的动物研究包括使用啮齿动物和农场动物的研究。一些使用农场动物研究的设计与啮齿动物研究相似，并且其持续时间和重复性也与啮齿动物实验相似。一些测试进行了 28 天[50]，其他测试时间更长[51]。

猪的实验尤为重要，如研究 Bt 玉米和非 Bt 玉米对仔猪的短期生长，以及对母猪和仔猪的多代研究[52-53]。所测试的特征包括器官大小、免疫标志物及微生物群落等。研究者普遍得出结论，Bt 玉米不会影响猪的健康。

2. 疾病和慢性病的发生

用啮齿动物和其他动物进行的短期和长期动物研究的总体结果，以及有关转基因食品营养和次生化合物成分的其他支持转基因食品与常规食品一样安全的数据使许多人信服，但并非所有相关研究人员[54]。

一些评论提到了对诸如癌症、糖尿病和帕金森病等慢性疾病的担忧，可能的器官特异性损伤（肝和肾毒性），以及自闭症和过敏症等疾病。Smith 2003 年宣称："从 1990 年到 1998 年，糖尿病上升了 33%，淋巴癌上升，许多其他疾病也在上升，与转基因食品有联系吗？"[55]

（1）癌症发病率

关于草甘膦对人的潜在致癌性的争论一直在持续。草甘膦是主要的除草剂[56]，并且已经证明，HR 大豆中草甘膦的残留量高于非转基因大豆。1985 年，美国环境保护局（EPA）根据小鼠体内的肿瘤形成将草甘膦归为 C 组（可能对人类致癌）。但是，1991 年，在重新评估了小鼠数据之后，EPA 将分类更改为 E 组（人类非致癌性），并在 2013 年重申"基于两项充分的啮齿类动物致癌性研究，草甘膦不可能对人类构成癌症风险"。

2015 年，国际癌症研究署（International Agency for Research on Cancer, IARC）发布了草甘膦专题报告。在报告中，IARC 将草甘膦归为 2A 组（可能对人类致癌）[57]。IARC 工作小组发现，尽管"人类对草甘膦的致癌性的证据有限"，但"实验动物中对草甘膦的致癌性有充分证据"。

在 IARC 的报告发布后，欧洲食品安全局（European Food Safety Authority, EFSA）2015 年评估了草甘膦，得出结论认为，草甘膦不太可能对人类构成致癌风险。

（2）食物过敏

转基因食品的过敏问题引起高度关注是因为在转基因史上发生过一起有名的"星联玉米"事件。1998 年，美国环境保护局批准安万特公司生产含杀虫蛋白 Cry9C 的转基因玉米——"星联玉米"，但明确规定只准供动物饲料之用，不能作为食品。然而到 2000 年 9 月，发现美国市场玉米面饼等 300 多种产品中含有微量“星联玉米”，并且少数人吃了之后引起皮疹、腹泻或呼吸系统的过敏反应。此事在美国引起轩然大波[1]。

一些公众人士认为，转基因作物导致食物过敏的患病率增加。美国科学院研究委员会审查了一段时间内美国食物过敏症流行的记录。美国食物过敏的患病率正在上升。作为粗略的比较，委员会审查了一段时间内英国因食物过敏而住院的患者数据。英国公民很少吃从转基因作物中提取的食物。数据表明，英国的食物过敏症正在以与美国大致相同的速度增加[58]。该委员会没有发现食用转基因食品与食物过敏发生率增加之间的关系。

（3）自闭症

在2010年美国疾病预防控制中心对11个地区的自闭症人群进行的调查中，8 岁儿童的总体患病率约为 1/68（1.47%）。在 1990 年之前，美国或英国很少有儿童被诊断出患有自闭症，但两国的患病率均急剧上升。美国和英国的研究人员撰写了一份报告，研究了随时间推移英国自闭症的流行情况，并将其与美国的流行情况进行了比较[59]。

他们得出的结论是，在 20 世纪 90 年代初，两个国家被诊断为自闭症的儿童人数不断增长。在很少食用转基因食品的英国和普遍食用转基因食品的美国，自闭症的普遍相似性表明，自闭症的大幅上升与食用转基因食品无关。

3. 遗传工程作物对人类健康的益处

改善人类健康可能是发展特定作物性状的动力。例如：基因工程 β－胡萝卜素含量更高的水稻具有减少维生素 A 缺乏症的特定目标；能够产生 Bt 毒素的转基因玉米可以减少虫害，并减少产生真菌毒素的真菌对玉米粒的污染。除了作物对改善人类健康的直接影响外，由于某些转基因植物减少杀虫剂的使用，因此还有潜在的间接好处。

（1）微量营养元素含量提高

据世界卫生组织称，约有 2.5 亿学龄前儿童缺乏维生素 A。每年有 25 万 ~ 50 万缺乏维生素 A 的儿童失明，其中一半在失去视力的 12 个月内死亡。全面改善儿童及其父母的饮食是一个尚未实现的目标。作物育种者已经使用常规育种提高了玉米、木薯、香蕉中 β－胡萝卜素的浓度。在储存和烹饪过程中，β－

胡萝卜素会损失一些,但生物利用度仍然很好。在莫桑比克和乌干达的耕种地区,对使用橙皮红薯(含高 β-胡萝卜素)这些高 β-胡萝卜素品种的影响进行了评估。在这两个国家中,β-胡萝卜素的摄入量都增加了。在乌干达,食用高 β-胡萝卜素红薯与维生素 A 含量呈正相关。莫桑比克的另一项研究发现,食用高 β-胡萝卜素红薯可降低腹泻患病率[60]。

通过基因工程提高 β-胡萝卜素含量的黄金大米(Golden Rice)是利用基因工程技术提高作物营养价值的最著名例子之一。研究发现,仅两个基因即可在稻谷的胚乳中合成 β-胡萝卜素[61]。增加 β-胡萝卜素的浓度只是常规作物育种和基因工程的一个目标。在诸如小麦等农作物中增加铁和锌的研究处于不同的发展阶段[62]。

(2)改变油的成分

高含量的不饱和脂肪在工业加工中会造成不利影响,因为它们易于氧化和产生反式脂肪,而具有高百分比油酸(约 80%)的油需要较少的加工。通过下调脂肪酸去饱和酶 FAD2-1A 和 FAD2-1B 的表达可生产含高油酸的大豆。2015 年,高油酸大豆在北美市场上销售。

(3)农民接触杀虫剂和除草剂对健康的影响

某些 Bt 作物中的杀虫剂使用量大大低于常规育种。杀虫剂施用数量的减少将降低农场工人的暴露水平,从而降低对健康的影响。Racovita 等 2015 年回顾了在中国、印度、巴基斯坦和南非的 5 个关于 Bt 棉花的研究,与非 Bt 棉花相比,所有报告的杀虫剂施用量均下降[63]。Kouser 和 Qaim 2011 年在印度进行的一项研究表明,使用 Bt 棉花的农民报告每季 0.19 次中毒,而使用常规育种棉的农民报告每季 1.6 次中毒[20]。

三、植物转基因监管

在 1973 年科恩等人描述 rDNA 技术的文章发表后不久,人们对基因工程带来的潜在生物安全风险的担忧在科学界浮出水面。1973 年,参加戈登(Gordon)核酸会议的科学家呼吁美国科学院召集一个研究小组,以制定有关基因重组研究安全的指南。科学家还建议美国国立卫生研究院(NIH)建立一个有关 rDNA 研究生物安全咨询委员会,并呼吁召开一次国际科学会议,以探讨"应对重组

DNA 研究潜在生物危害的适当方法”。重组 DNA 国际会议于 1975 年 2 月在加利福尼亚的阿西洛马（Asilomar）会议中心召开。与会者制定了生物安全原则，为 rDNA 研究安全提供指导。

NIH 也响应了先前的建议，并于 1974 年 10 月成立了重组 DNA 分子咨询委员会（后更名为重组 DNA 咨询委员会）。在 Asilomar 会议之后，NIH 重组 DNA 咨询委员会立即开始制定研究指南，于 1976 年 6 月发布了《关于重组 DNA 分子的研究指南》（*Guidelines for Research Involving Recombinant DNA Molecules*）。目前，该指南已被多次修改。

随着时间的推移，欧洲民间社会团体加强了对农业基因工程的关注[64]。在 20 世纪 90 年代，一些政府制定了对转基因作物和转基因食品的监管方法。

各国政府采取了不同的监管对策。支持优先发展现代生物技术的包括美国、加拿大等发达国家，以及一些发展中国家。各国生物安全立法和管理模式主要可分为基于产品和基于技术两类。以美国、加拿大等国家为代表的一些发达国家对生物安全管理采取基于产品的管理模式。这一管理模式认为以基因工程为代表的现代生物技术与传统生物技术没有本质区别，因而应针对生物技术产品而不是生物技术本身进行管理。这一管理模式支持实质等同性原则，因而也倾向于优先发展转基因技术。这些发达国家现代生物技术非常发达，同时也是转基因作物的种植大国。由于转基因技术应用能够在短期内增加农作物的产量，降低农药施用量，有助于增加粮食产量，从而也在一些发展中国家受到欢迎。这些国家以巴西和阿根廷为代表。这些国家的生物技术发展水平虽不及美国和加拿大，但其转基因作物的种植面积较大[65]。

监管方法会影响不同国家的种植者采用转基因作物的速度。一些国家允许相对快速地批准新的转基因农作物品种；其他国家则采取更为谨慎的监管立场，批准了相对较少的基因工程食品和农作物。

（一）美国

美国《生物技术监管协调框架》（*Coordinated Framework for the Regulation of Biotechnology*）于 1986 年发布，描述了确保生物技术产品安全的美国监管政策，包括田间试验和转基因作物的种植，以及对衍生产品的食品安全性审查。3 个监管机构对转基因作物的不同方面具有管辖权：

①美国农业部的动植物卫生检验局（APHIS）对转基因植物进行监管，控制和防止可能损害作物、植物或树木的植物害虫传播。

②美国环境保护局（EPA）针对农药等对环境和人类健康安全性的影响进行监管。

③美国食品药品管理局（FDA）监管食品和饲料的安全性。

自 1986 年以来，《生物技术监管协调框架》定期更新，并于 2015 年 7 月进行了修订。

（二）欧盟

欧洲联盟（European Union）简称欧盟，是由欧共体发展而来。1993 年 1 月 1 日，在获得欧共体所有 12 个成员国的批准之后，欧盟诞生。以欧盟或其前身欧共体的名义颁布的法律文件主要有两种形式，即指令（directive）和条例（regulation）。二者的区别在于：条例具有全面的约束力；指令在实现目标的方式和方法方面没有约束力。条例一经颁布，自然成为各成员国法律体系的一部分。

在转基因生物及其立法方面，欧共体主要采用指令形式，而自 2000 年以来，欧盟越来越多地采用条例形式[66]。以欧盟为代表的一些发达国家强烈反对现代生物技术在农业领域的应用。

早在 20 世纪 80 年代现代生物技术发展之初，欧洲国家就开始考虑对转基因作物的环境释放进行评估和管理，在其后的 20 多年中，欧盟颁布了一系列法规文件。欧盟是目前全球转基因生物安全管理最为严格的地区，其某些成员国甚至完全禁止对某些转基因产品的出售和田间试验，并实行严格的转基因食品标识制度[65]。

欧盟进行转基因生物安全管理的逻辑起点是认为现代生物技术具有“潜在的危险性”，这一点与美国和加拿大等国家不同。也正因如此，欧盟对“预防原则”的贯彻也较美国和加拿大更为彻底。欧盟之所以采取严格的基于技术的预防性管理政策，主要原因有两个方面：一方面是欧盟国家转基因作物种植面积都非常小，在国民经济中不占重要地位；另一方面是欧盟国家公众非常关注转基因产品的健康影响，对转基因产品的接受程度较低[65]。

（1）关于转基因生物有意环境释放安全管理的立法

关于转基因生物有意环境释放的第 90/220/EEC 号指令于 1990 年 4 月通

过，是欧盟在有意环境释放方面最重要的立法之一。2001 年 3 月，欧洲议会和理事会发布了关于转基因生物有意环境释放的第 2001/18/EC 号指令，原指令废止[65]。

（2）关于转基因食品安全管理的立法

关于新食品和新食品成分的第 258/97/EEC 号指令于 1997 年 1 月发布。1998 年 5 月，欧盟颁布了关于由转基因生物制成特定食品必须强制标识的第 1139/98/EC 号条例[65]。2003 年，欧盟通过了《转基因食品和饲料条例》（EC NO.1829/2003）、《转基因生物可追溯性和标识以及转基因食品和饲料可追溯性条例》（EC NO.1830/2003）与《转基因生物越境转移条例》（EC NO.1946/2003）3 部转基因生物及其产品立法。

（3）关于转基因生物越境转移安全管理的立法

2003 年 7 月，欧洲议会和理事会通过了关于转基因越境转移的第 1946/2003 号条例。2003 年 9 月，欧洲议会和理事会关于转基因食品和饲料的第 1829/2003 号条例生效。

（三）我国相关法规

在转基因生物安全方面，我国国务院 2001 年发布了《农业转基因生物安全管理条例》，农业部 2002 年发布了《农业转基因生物安全评价管理办法》《农业转基因生物标识管理办法》《农业转基因生物进口安全管理办法》，2006 年发布了《农业转基因生物加工审批办法》等相关法规。

2013 年 9 月 18 日，美国塔夫茨大学就该校以中国儿童为对象进行转基因“黄金大米”的人体试验致歉。2008 年，研究人员在未告知对象实情的情况下，在湖南省衡阳市的学生中进行了“黄金大米”试验。2012 年 8 月，相关研究结果发表在《美国临床营养学杂志》上[67]，该事件也暴露出我国转基因食品安全监管的漏洞。

参考文献

[1] 袁婺洲 . 基因工程 [M]. 北京 : 化学工业出版社 , 2010.

[2] National Academies of Sciences, Engineering, and Medicine. Genetically engineered crops:

experiences and prospects[M]. Washington, D.C.： The National Academies Press, 2016.

[3] Ossowski S, Schneeberger K, Lucas-Lledó JI, et al. The rate and molecular spectrum of spontaneous mutations in Arabidopsis thaliana[J]. Science,2010 ,327(5961):92–94.

[4] Farias J R, D A Andow, R J Horikoshi,et al. Field-evolved resistance to Cry1F maize by Spodoptera frugiperda(Lepidoptera: Noctuidae)in Brazil[J]. Crop Protection,2014, 64:150–158.

[5] Castiglioni P, Warner D, Bensen R J, et al. Bacterial RNA chaperones confer abiotic stress tolerance in plants and improved grain yield in maize under water-limited conditions[J]. Plant Physiol, 2008,147(2):446–455.

[6] Zyzak D V, Sanders R A, Stojanovic M, et al. Acrylamide formation mechanism in heated foods[J]. J Agric Food Chem, 2003,51(16):4782–4787.

[7] Vogt D U , Parish M E.Food Biotechnology in the United States: science, regulation, and issues[M]. Washington, D.C.: Congressional Research Service,2001.

[8] Guenthner J F. Consumer acceptance of genetically modified potatoes[J]. American Journal of Potato Research, 2002, 79(5):309–316.

[9] Stokstad E Biotechnology. Monsanto pulls the plug on genetically modified wheat[J]. Science, 2004,304(5674):1088–1089.

[10] National Research Council. The impact of genetically engineered crops on farm sustainability in the United States[M]. Washington, D.C.: The National Academies Press,2010.

[11] Gurian-Sherman D. Failure to yield: evaluating the performance of genetically engineered crops[M]. Cambridge, MA: UCS Publications,2009.

[12] Ittersum M V , Cassman K G , Grassini P , et al. Yield gap analysis with local to global relevance—a review[J]. Field Crops Research, 2013, 143(1):4–17.

[13] FuturaGene. Futura Gene's eucalyptus is approved for commercial use in Brazil[EB/OL]. (2015-09-23)[2021-06-10]. http://www.futuragene.com/FuturaGene-eucalyptus-approved-for-commercial-use. pdf.

[14] Areal F J , Riesgo L , E Rodríguez-Cerezo. Economic and agronomic impact of commercialized GM crops: a meta-analysis[J]. Journal of Agricultural Science, 2013, 151(1):7–33.

[15] Sedjo R A .Will developing countries be the early adopters of genetically engineered forests? [J]. Agbioforum, 2005, 8(4):205–212.

[16] Klümper W, Qaim M. A meta-analysis of the impacts of genetically modified crops[J]. PLoS

One, 2014,9(11):e111629.

[17] Sanglestsawai S , Rejesus R M , Yorobe J M .Do lower yielding farmers benefit from Bt corn? Evidence from instrumental variable quantile regressions[J]. Food Policy, 2014, 44:285–296.

[18] Wilson L , Downes S , Khan M , et al. IPM in the transgenic era: a review of the challenges from emerging pests in Australian cotton systems[J]. Crop and Pasture Science, 2013, 64(8):737–749.

[19] Qaim M, Zilberman D. Yield effects of genetically modified crops in developing countries[J]. Science, 2003 ,299(5608):900–902.

[20] Sadashivappa P, Qaim M. Bt cotton in India: development of benefits and the role of government seed price interventions[J]. AgBioForum,2009,12(2):172–183.

[21] Kouser S, Qaim M. Impact of Bt cotton on pesticide poisoning in smallholder agriculture: a panel data analysis[J]. Ecological Economics ,2011,70:2105–2113.

[22] Shankar B, Bennett R, Morse S. Production risk, pesticide use and GM crop technology in South Africa[J]. Applied Economics ,2008, 40:2489–2500.

[23] Naranjo S E, RubersonJ R, Sharma HC, et al. The present and future role of insect–resistant genetically modified cotton in IPM[M]//Romeis J, Shelton A M , Kennedy G G.Integration of insect–resistant genetically modified crops with IPM systems.Berlin: Springer,2008:159–194.

[24] Catarino R, Ceddia G, Areal F J, et al. The impact of secondary pests on Bacillus thuringiensis(Bt)crops[J]. Plant Biotechnol J, 2015,13(5):601–612.

[25] Culpepper A S.Glyphosate–induced weed shifts[J]. Weed Technology, 2006,20:277–281.

[26] Gulden R H, Sikkema P H , Hamill A S , et al. Glyphosateresistant cropping systems in Ontario: multivariate and nominal trait–based weed community structure[J]. Weed Science, 2010, 58(3):278–288.

[27] Schwartz L M , Gibson D J , Gage K L , et al. Seedbank and field emergence of weeds in glyphosate–resistant cropping systems in the United States[J]. Weed Science, 2001, 63(2):425–439.

[28] Losey J E, Rayor L S, Carter M E. Transgenic pollen harms monarch larvae[J]. Nature,1999,399(6733):214.

[29] Lu Y, Wu K, Jiang Y, et al. Widespread adoption of Bt cotton and insecticide decrease promotes biocontrol services[J]. Nature,2012,487(7407):362–365.

[30] Ramirez-Romero R, Desneux N, Decourtye A, et al. Does Cry1Ab protein affect learning performances of the honey bee Apis mellifera L.(Hymenoptera, Apidae)?[J] .Ecotoxicol Environ Saf,2008 ,70(2):327-333.

[31] Johnson R M. Honey bee toxicology[J]. Annu Rev Entomol,2015 ,60:415-434.

[32] Owen M D. Weed species shifts in glyphosate-resistant crops[J]. Pest Manag Sci, 2008,64(4):377-387.

[33] Snow A A , P P Morán.Commercialization of transgenic plants: potential ecological risks[J]. Bioscience, 1997(2):86-96.

[34] Wolfenbarger L L, Phifer P R. The ecological risks and benefits of genetically engineered plants[J]. Science, 2000,290(5499):2088-2093.

[35] 马越，廖俊杰 . 现代生物技术概论 [M]. 北京：中国轻工业出版社 ,2011.

[36] Treutter D. Significance of flavonoids in plant resistance: a review[J]. Environmental Chemistry Letters, 2006，4:147-157.

[37] Dixon R A. Natural products and plant disease resistance[J]. Nature, 2001 ,411(6839):843-847.

[38] Friedman M. Potato glycoalkaloids and metabolites: roles in the plant and in the diet[J]. J Agric Food Chem, 2006,54(23):8655-8681.

[39] Novak W K, Haslberger A G. Substantial equivalence of antinutrients and inherent plant toxins in genetically modified novel foods[J]. Food Chem Toxicol, 2000,38(6):473-483.

[40] Murthy H N, Georgiev M I, Park S Y, et al. The safety assessment of food ingredients derived from plant cell, tissue and organ cultures: a review[J]. Food Chem, 2015,176:426-432.

[41] Dixon R A. Phytoestrogens[J]. Annu Rev Plant Biol,2004,55:225-261.

[42] Patisaul H B, Jefferson W. The pros and cons of phytoestrogens[J]. Front Neuroendocrinol, 2010,31(4):400-419.

[43] Ricroch AE, Boisron A, Kuntz M. Looking back at safety assessment of GM food/feed: an exhaustive review of 90-day animal feeding studies[J]. International Journal of Biotechnology, 2014，13:230-256.

[44] Bartholomaeus A, Parrott W, Bondy G, et al. The use of whole food animal studies in the safety assessment of genetically modified crops: Limitations and recommendations[J]. Critical Reviews in Toxicology, 2013, 43(S2):1-24.

[45] Kuiper H A, Kok E J, Davies H V. New EU legislation for risk assessment of GM food: no scientific justification for mandatory animal feeding trials[J]. Plant Biotechnol J, 2013,11(7):781–784.

[46] Javier A Magaa–Gómez, Barca A . Risk assessment of genetically modified crops for nutrition and health[J]. Nutrition Reviews, 2009, 67(1):1–16.

[47] Domingo J L, Giné Bordonaba J. A literature review on the safety assessment of genetically modified plants[J]. Environ Int, 2011,37(4):734–742.

[48] Snell C, Bernheim A, Bergé J B, et al. Assessment of the health impact of GM plant diets in long–term and multigenerational animal feeding trials: a literature review[J]. Food Chem Toxicol, 2012 ,50(3–4):1134–1148.

[49] Kiliç A, Akay M T. A three generation study with genetically modified Bt corn in rats: Biochemical and histopathological investigation[J]. Food Chem Toxicol, 2008,46(3):1164–1170.

[50] Brouk M J, Cvetkovic B, Rice D W, et al. Performance of lactating dairy cows fed corn as whole plant silage and grain produced from genetically modified corn containing event DAS–59122–7 compared to a nontransgenic, near–isogenic control[J]. J Dairy Sci, 2011,94(4):1961–1966.

[51] Steinke K, Guertler P, Paul V, et al. Effects of long–term feeding of genetically modified corn(event MON810)on the performance of lactating dairy cows[J]. J Anim Physiol Anim Nutr(Berl),2010, 94(5):e185–193.

[52] Walsh M C, Buzoianu S G, Gardiner G E, et al. Fate of transgenic DNA from orally administered Bt MON810 maize and effects on immune response and growth in pigs[J]. PLoS One, 2011, 6(11):e27177.

[53] Buzoianu S G, Walsh M C, Rea M C, et al. Transgenerational effects of feeding genetically modified maize to nulliparous sows and offspring on offspring growth and health[J]. J Anim Sci, 2013,91(1):318–330.

[54] Hilbeck A, Binimelis R, Defarge N, et al. No scientific consensus on GMO safety[J]. Environmental Sciences Europe, 2015,27:4.

[55] Smith J M. Seeds of deception: exposing industry and government lies about the safety of the genetically engineered foods you' re eating[M]. Yes! Books,2003.

[56] Livingston M , Fernandez–Cornejo J , Unger J , et al. The economics of glyphosate resistance management in corn and soybean production[J]. Economic Research Report, 2015, 184:1–52.

[57] Guyton K Z, Loomis D, Grosse Y, et al. International agency for research on Cancer Monograph Working Group, IARC, Lyon, France. Carcinogenicity of tetrachlorvinphos, parathion, malathion, diazinon, and glyphosate[J]. Lancet Oncol, 2015 ,16(5):490–491.

[58] Gupta R, Sheikh A, Strachan D P,et al. Time trends in allergic disorders in the UK[J]. Thorax, 2007,62(1):91–96.

[59] Taylor B, Jick H, Maclaughlin D. Prevalence and incidence rates of autism in the UK: time trend from 2004–2010 in children aged 8 years[J]. BMJ Open, 2013,3(10):e003219.

[60] Jones Y M, Brauw D A. Using agriculture to improve child health: promoting orange sweet potatoes reduces diarrhea[J]. World Development, 2015,74:15–24.

[61] Ye X, Al–Babili S, Klöti A, et al. Engineering the provitamin A(beta–carotene)biosynthetic pathway into(carotenoid–free)rice endosperm[J]. Science, 2000,287(5451):303–305.

[62] Saltzman A, Birol E, Bouis H E, et al. Biofortification: progress toward a more nourishing future[J]. Global Food Security,2013, 2:9–17.

[63] Racovita M, Oboryo D N , Craig W, et al. What are the non–food impacts of GM crop cultivation on farmers' health[J]. Environmental Evidence, 2015,4:17.

[64] Schurman R, Munro W. Fighting for the future of food: activists versus agribusiness in the struggle over biotechnology[M]. Minneapolis: University of Minnesota Press,2010.

[65] 于文轩 . 生物安全立法研究 [D]. 北京：中国政法大学，2007.

[66] 王明远 . 转基因生物安全法研究 [M]. 北京：北京大学出版社 . 2010.

[67] Tang G, Hu Y, Yin S A, et al. β –Carotene in Golden Rice is as good as β –carotene in oil at providing vitamin A to children[J]. Am J Clin Nutr, 2012 ,96(3):658–664.

第六章　转基因动物

一、动物转基因技术现状

转基因动物是指借助基因工程技术把外源目的基因导入动物的生殖细胞、胚胎干细胞（embryonic stem cells，ESCs）或早期胚胎，使之在受体染色体上稳定整合，并能把外源目的基因传给子代的个体。通过转基因技术可以建立转基因动物模型，用于发育及基因的表达调控、疾病的发病机制等研究。同时，通过转基因动物制造生物反应器，可获得人类需要的某些生物活性物质[1]。

生物技术在动物中的应用始于上一个冰河时代之后的西南亚，那时人类首次开始捕获野生动物物种并人工饲养，最初用于肉类和毛皮，后来用于运输和产奶。在大量哺乳动物中，成功驯化的不到 20 种[2]。已成功驯化和养殖的动物相对温顺，饮食习惯灵活，可以通过草食快速生长，并且可以在人工饲养下繁殖。

这些物种的现代品种与他们的祖先物种比较反映了定向育种可以发挥多种作用。例如，占据着当代美国乳业主导地位的现代荷斯坦牛，与半个世纪前的祖先有很大差别。1945—1995 年，每头牛的牛奶产量几乎增长了 3 倍，这在很大程度上是由精选公牛繁殖而成。与奶业一样，过去 60 年来，家禽的产蛋量有了显著提高。1940—1994 年，每只蛋鸡的年产蛋量从 134 只增加到 254 只，主要是由于基因选择的结果[3]。

在过去的一些年中，生产基因工程动物的科学和技术发展非常迅速。现在有可能产生用于乳制品、肉生产，以及用于生物医学目的或其他人类消费的具有新特性的动物。自 1982 年美国科学家 Palmiter 等将大鼠生长激素基因导入小鼠受精卵中获得转基因“超级鼠”以来，转基因动物已经成为当今生命科学中发展最快、最热门的领域之一[1]。

当前，许多方法被用于各种动物物种的基因工程。其中大多数是最初在小鼠和果蝇模型中开发的，直到最近才扩展到家养动物：①直接操作受精卵，然后将其植入子宫；②操纵用于产生受精卵的精子；③操纵早期胚胎组织；④使用胚胎干细胞系，经过离体操作和选择后，将其引入早期胚胎；⑤对培养的体细胞进行处理，然后将其细胞核转移到去核卵母细胞中。体细胞通过核转移（nuclear transfer，NT）生成胚胎正成为基因工程和动物克隆的主要方法[4]。

1. 食品

随着人口数量的增加和生活水平的提高，人类对高质量肉食的需求增加。由于对肉的需求增加及农业用地的减少，存在利用生物技术来提高畜牧业生产的压力。随着生产转基因动物技术变得越来越有效，以及人们对控制插入基因的表达方式的更多了解，这些方法很可能很快就体现在农业中。

2. 药物

转基因家禽、猪、山羊、牛和其他牲畜也开始被用作药物和其他产品的产生者、人类替代器官的潜在来源及人类疾病的模型。通过在牲畜的乳腺中表达新基因，在牛奶中产生外源蛋白质进行了一些临床试验[5]。从理论上讲，转基因动物可以为消费者提供更有营养的牛奶。但是迄今为止，对这项技术的最大投资是对在牛奶中生产酶、凝血因子和其他生物活性蛋白有兴趣的制药公司来进行的。

大量编码有用蛋白质产物的基因（激素、血液蛋白质等）已被引入家畜，使它们在牛奶或血液中表达[6]。一份报告表明，相同的技术可能会扩展到疫苗的大规模生产中[7]。与发酵相比，这种“生物制药”应用因使用成熟的农业方法以较低成本生产大量有价值的产品而具有前景。

许多药用蛋白已经通过乳腺生物反应器生产出来。首例是荷兰研制的转人乳铁蛋白基因的牛。乳铁蛋白能促进婴儿对铁的吸收，提高婴儿的免疫力，抵抗消化道感染。接着又培育出促红细胞生成素的转基因牛。英国科学家成功培育了 α1- 抗胰蛋白酶转基因羊。2006 年，欧洲批准了第一个由转基因羊生产的重组人抗凝血酶用于临床[8]。

3. 器官移植

一些公司认为家畜可能是人类替代器官的来源。移植是器官衰竭的公认且成功的治疗方法，但是人体可用器官严重短缺。由于存在与使用灵长类动物供体器官相关的道德和实践问题，因此，考虑将猪作为替代品。但人类会表达针对猪细胞表面存在的 α1，3- 半乳糖基转移酶的抗体[9]，会因异种移植而引起急性排斥反应，为了改变这种情况，将生产缺乏 α1，3- 半乳糖基转移酶的猪[10-12]。

4. 人类疾病动物模型

人类疾病动物模型是指生物医学研究过程中所建立起来的具有人类疾病模拟表现的动物实验对象及相关实验材料。各类新疫苗、新药、新诊断试剂在最终应用于人体之前都要经过动物模型这一关键阶段的实验，它也是解析人类疾病机制的必备工具。疾病动物模型的使用可以避免人体实验造成的风险和伦理问题，并可严格控制实验条件，便于深入研究疾病的某些问题。疾病动物模型有多种分类方法，如按照产生原因可以分为自发性动物模型和诱发性或实验性动物模型[13]。

尽管小鼠因其体积小、繁殖力强和经过充分的遗传学研究，已成为提供人类疾病模型的首选动物，但农场物种可能会提供其他选择。一种可能的未来情况是在农场动物中创建特定的基因敲除，以在大型动物模型中模仿人类疾病。例如，McCreath 等已经产生了携带突变的胶原蛋白基因的基因工程绵羊，将这种动物作为人类结缔组织疾病的模型[14]。

5. 传染病控制

寨卡病毒病（Zika Virus Disease）是由寨卡病毒（Zika Virus）引起并通过蚊媒传播的一种感染性疾病。2016 年 2 月 16 日，世界卫生组织声明，尽管使用转基因蚊子这一新技术受到争议，其仍可用于阻止寨卡病毒的传播[15]。英国 Oxitec 生物技术公司是发展转基因蚊子技术的一个主要公司，其通过部署转基因蚊子，希望阻止携带病毒的蚊子的大规模繁殖。Oxitec 研发转基因蚊子用来阻止登革热蔓延。转基因埃及伊蚊携带了一种基因，让其幼虫在达到生育年龄前死亡。当这些转基因埃及伊蚊被放入野外，它们会和雌性蚊子交配，产生无法活到成年的后代，最终导致埃及伊蚊的大幅减少。对于转基因蚊子技术，一些人员心存疑虑，认为在未经充分评估的情况下，这种蚊子就被大规模释放到自然环境中，可能导致不可预测的生态后果。

二、动物转基因风险

（一）技术风险

1. 意外的遗传不良反应

将 DNA 引入染色体中的随机位点最明显的影响是对基因完整性的破坏。由于哺乳动物基因组的很大一部分是非编码 DNA，因此，并非所有的整合事件都会导致基因失活。即使正常表达，基因工程本身也常常会对工程生物的生理产生意想不到的影响。一个相关的担忧是，人类细胞表面蛋白作为转基因进入动物物种可能会使这些动物容易感染人类病毒，增加其患病风险，并为人类疾病的传播提供替代宿主。例如，人脊髓灰质炎病毒受体（CD155）当以转基因形式引入时，使小鼠容易感染脊髓灰质炎病毒[16]。同样，被引入猪中以保护异种移植物免受排斥的人补体应答修饰蛋白 CD46 和 CD55 也分别充当麻疹病毒和柯萨奇病毒的受体。它们在转基因猪中的存在不仅使这些动物容易受到人类病毒感染，而且可以为猪病毒适应人类细胞提供新的进化途径。

2. 标记基因

用于产生转基因生物的载体构建体通常含有除所需转基因以外的基因，这些基因通常是抗药性标记。在大多数情况下，标记基因保留在用于产生转基因的载体中。尽管该领域的许多研究人员认为它们相对无害，但它们有可能对宿主或最终消费者造成危害。尽管它们真正危害的可能性很小，但很难证明标记基因在消费产品中是无害的。此类基因通常对于产品本身来说是不必要的，并且通常可以通过合理的实验设计去除，它们的存在引起了人们对基因工程动物产品带来的食品和环境安全问题的关注。

3. 不需要的插入

除了在多个位置插入正确的元件外，用于产生转基因的材料可能还包含与目的和意图无关的其他序列。意外地将此类序列引入转基因动物的种系中，不仅可能造成意想不到的遗传损伤，还可能通过重组产生新的传染性病毒。

4. 流动潜力

当使用病毒载体将基因引入动物种系时，存在将基因无意间传递给其他个体（不一定是同一物种）的可能性。例如，如果使用禽反转录病毒载体创建转基因鸡，那么转基因鸡被相关病毒感染会导致产生和释放可传播的病毒。已证明猫免疫缺陷病毒（FIV）可以基于人类免疫缺陷病毒（human immunodeficiency virus，HIV）载体构建体从一个细胞转移到另一个细胞，这引起了人们的强烈关注[17-18]。

5. 创造新病原体的潜力

内源性或外源性病毒与转基因载体重组后，可能产生新的病毒。最近的一个例子是，通过传染性禽反转录病毒和相关的内源性元件的重组，产生了一种高毒力的病毒，称为 HPRS-103[19-20]。这种病毒显然是由于一次非常罕见的事件而引起的，但随后已传播到全世界，并导致可观的经济损失[21]。

用于引入转基因的载体序列与动物中可能存在的相关但非致病性病毒的重组，可能会产生潜在的致病性病毒。对于反转录病毒载体，这些问题尤为严重。反转录病毒是将转基因插入许多物种的有效载体。在许多物种中，包括鸡和猪，都有能够在宿主动物中低水平复制的内源性前病毒，但没有明显的后果。许多载体，如源自鼠白血病病毒（MLV）的广泛使用的载体，由于在转基因动物的细胞中同时存在载体和内源性病毒，提供了产生病原性重组体的潜力。当载体和内源性病毒序列重组时，动物中可能会产生更大致病性的病毒[22]。

6. 动物管理

尽管生物制药动物不打算供人类或其他动物食用，但仍有理由担心应采取适当的控制措施。使用生物制药动物的公司可能会寻求销售剩余动物，而监管机构则需要准备好应对此类危机。更令人担忧的是，过剩的动物（及其尸体）可能会由于疏忽或盗窃而进入食物，或用于繁殖，从而使转基因不受控制地传播到普通人群中。

7. 异种移植

鉴于其具有缓解由于不可逆的组织或器官衰竭而导致的人类疾病的潜力，以及由于移植人体器官的严重短缺，异种移植成为一种选择。目前，唯一被认真考虑作为异种移植供体的动物是猪。虽然非人类的灵长类动物，如狒狒，似乎具有生理和免疫遗传学上的优势，如缺乏超急性免疫反应，但它们的稀缺性及需要清除它们的传染性因子，以及出于道德方面的考虑使相关技术的发展面临很多困难。

异种移植需关注为传染病的传播提供新机会的风险。通常，细菌和寄生虫可以从来源中清除，而需将病毒作为主要考虑因素[23]。随移植器官传播的原发性感染（如 EB 病毒和巨细胞病毒）是一个主要问题。

（二）食品安全问题

1. 克隆动物

20 世纪 80 年代，将使用胚胎细胞的胚胎分裂（embryo splitting，EMS）克隆技术和卵裂球核移植（blastomere nuclear transfer，BNT）技术引入了奶牛育种。

由于用于产生 EMS 克隆的供体核取自胚胎细胞，因此，几乎不需要任何基因组重编程来驱动胚胎发生。BNT 克隆的食品已被人类食用，没有明显的不良影响。根据当前的科学理解，EMS 和 BNT 克隆产品食品安全受关注程度较低。克隆动物后代的产品被认为与食品安全无关，因为这些动物是自然交配的结果[24]。

2. 遗传工程动物

一些基因工程动物主要为生产非食品材料而开发，如药品和疫苗。评估转基因动物食品安全性的原则与非转基因动物相同，但是针对非食品产品进行基因工程的动物可能会对它们产生的产品加以更多关注。

可以对动物进行基因改造，使其在牛奶或鸡蛋中产生非食品。生产这种动物的公司很可能会寻求转基因但无法生产牛奶或鸡蛋的雄性动物进入食物链，食品的安全性可能引起人们的关注。如果药品或其他具有生物活性的蛋白通过此类动物产品进入食品供应，则人们对食品安全的关注可能更高。

转基因的表达也可能旨在改变营养性。例如，牛奶中转基因的表达可能会优化牛奶的成分，向牛奶中添加营养素，或降低传染病的发生率[25]。人们正在开发几种降低牛奶中乳糖浓度的系统。

可以开发动物来生产旨在满足人类特殊饮食需求的食品。未来的产品可能包括缺乏最常见的变应原性蛋白质的牛奶、胆固醇含量较低的鸡蛋、维生素含量更高的肉类等。

3. 致敏性

食物过敏是对食物中蛋白质或糖蛋白的不良反应，在某些人中会引起免疫系统的增强反应。在几种引起食物过敏的免疫反应中，最常见的反应是由过敏原特异性免疫球蛋白 E（IgE）抗体介导的。IgE 介导的反应被称为急性超敏反应，因为在摄入过敏性食物后几分钟至几小时内就会出现症状。食物过敏还包括迟发型超敏反应，如细胞介导的反应，其症状的发生在摄入变应性食物后 8 小时以上。在美国，食物过敏的患病率为总人口的 1.5%，3 岁以下的儿童为 5%。已经确定有 160 多种食物引起食物过敏。拟用作食品的动物的基因工程涉及在动物中表达新蛋白质，因此，必须评估其安全性，包括新引入蛋白质的潜在变应原性。

虽然已经确定并表征了食物过敏原的常见来源，但对许多其他来源的了解却很少。当一种新蛋白质来自历史上不是人类食物的来源时，就会出现一个更加困难的问题。在对转基因食品进行整体安全性评估时，评估转基因蛋白的潜在变应原性仍然是最困难的方面之一。充分的变应原性评估将需要了解几个因素，包括蛋白质的来源、其表达水平、蛋白质的物理和化学性质，以及与已知变应原的结构相似性。没有一个单一的因素可以被认为是确定的，但是所有这些因素的综合考虑可能为潜在的致敏性提供一些指示[26]。

4. 毒性

许多毒素已得到充分研究，已知毒素的基因不会有目的地转移到食用动物中。

在可能的毒性方面，最关注的是食用动物基因工程的意外和意想不到的影响及副产物。例如，工程技术可以改变代谢过程，从而导致可产生有毒代谢产物。

（三）环境问题

基因工程生物逃逸或释放对环境的潜在影响引起很大关注，很大程度上是由于及早发现环境问题的不确定性，以及一旦出现问题就难以补救。对转基因生物体及其对环境的潜在影响的任何分析都需要区分为故意释放而设计的生物体和无意释放的生物体。

使用杀虫剂控制昆虫的主要替代方法之一是使用农业上有益的昆虫，如天敌和寄生虫。不幸的是，这种有益昆虫经常被杀虫剂破坏。为了解决这个问题，可以对用于生物防治的昆虫进行基因改造，使其具有对杀虫剂的抗性[27]。

转基因的另一种应用是控制诸如蚊子等传播疾病的媒介。借助基因工程技术，可能会破坏昆虫携带和传播疟疾等疾病的能力[28-29]。

与环境风险有关的关键问题包括释放到环境中的转基因昆虫可能造成未知的生态影响，插入昆虫的基因可以通过已知或未知的机制转移到其他物种。尽管技术上取得了进步，但在释放转基因蚊子的计划之前，仍然必须解决重要的科学问题[27-28]。

（四）动物健康与福利

基因工程对动物健康和福利的影响是引起公众极大关注的问题。

1. 生殖技术

包括超排卵、精液收集、人工授精（artificial insemination，AI）、胚胎收集和胚胎移植（embryo transfer，ET）在内的生殖操作均用于生产转基因动物和通过核移植（NT）产生动物。尽管这些程序确实引起了对动物福利方面的关注，但这些程序通常并不专门针对基因工程动物的生产。

人工授精和胚胎采集与转移产生了一系列动物福利问题。在牛中，这些程序可以通过微创程序完成。然而，在绵羊、山羊和猪中，这些操作涉及外科手术。在禽类中，母鸡被杀死以获得早期胚胎。在一些鱼类中，必须宰杀才能获得卵和精子。

体外胚胎培养技术的发展为体内培养提供了一种替代方法。令人担忧的是，由于绕过了正常的精子与卵子结合过程，胚胎可以由异常精子产生，可能导致后代异常。

2. 制药

当前最常见的方法是转基因牛或山羊在乳腺组织表达需要的蛋白。如果该蛋白质在其产生的物种中具有生物活性，则可能引起病理和其他严重的影响。因此，必须严格调节转基因的表达，以确保将药物生产对动物健康的影响降到最低。在猪中，有证据表明，由于转基因物质的表达，乳腺组织异常发育，并且导致泌乳疼痛。

3. 异种移植

与异种移植有关的重要动物福利问题是打算用作器官来源的猪的管理和饲养。为了最大限度地减少将疾病传播给人类受体的可能性，仅使用无特定病原体（specific pathogen free，SPF）的猪。由于SPF动物的一些特殊要求，其使用引起了一些动物福利问题，如 SPF 猪是通过子宫切开术或子宫切除术生产，然后需要在隔离器中饲养 14 天等。

三、动物转基因监管

动物生物技术的商业化将在现有农业和社会系统的背景下发生。这项技术有可能影响农业系统内部和外部的许多社会、经济、宗教、文化和伦理价值观和利益。一些宗教、种族或文化团体规定了饮食规范，其中包括应避免的食物。用作食物的动物基因工程可能会违反这些规范或宗教传统。伦理问题不能通过科学辩论得到彻底解决，然而，科学研究和科学实践的性质、范围和方向会受到伦理考虑的影响。

另外的问题涉及动物福利，美国的动物福利监管体系很复杂。用于动物医学研究的牲畜受《动物福利法》（Animal Welfare Act， AWR）和公共卫生服务（PHS）政策的保护，该政策涵盖由美国国立卫生研究院等国家研究机构资助的研究项目。PHS 政策和 AWR 都要求在启动动物研究方案之前，必须先经过机构动物保护和利用委员会（Institutional Animal Care and Use Committee）的审查和批准。进行此类审查的目的是确保将动物的痛苦降到最低，已对替代方法进行了考虑，并使用了达到研究目标所需的最少动物数量。

“3R”原则是英国动物学家威廉·拉塞尔（William Russell）和微生物学家雷克斯·伯奇（Rex Burch）于 1959 年在他们的著作《人道试验技术的原则》一书中提出的，它可以概况为：减少（reduction），即要尽量减少实验动物使用的数量；优化（refinement），优化实验方案，以减少实验动物的痛苦；替代（replacement），要尽量使用计算机模拟和体外实验等技术替代实验动物。“3R”原则已成为目前生物医学研究中使用实验动物的职业道德标准[30]。

我国动物生物安全相关的法规和标准包括《中华人民共和国动物防疫法》（1997 年）、《重大动物疫情应急条例》（2005 年）、《动物检疫管理办法》（2010 年）、《动物疫情报告管理办法》（1999 年）、《动物防疫条件审查办法》（2010 年）、《无规定动物疫病区评估管理办法》（2007 年）、《国家动物疫情测报体系管理规范（试行）》（2002 年）、《病害动物和病害动物产品生物安全处理规程》（GB16548—2006，2006 年）等。

进出口检疫相关的规章包括《贸易性出口动物产品兽医卫生检疫管理办法》（1992 年）、《进境动物隔离检疫场使用监督管理办法》（2009 年）、《进境动物和动物产品风险分析管理规定》（2002 年）、《进境动物遗传物质检疫管理办法》（2003 年）、《进出境非食用动物产品检验检疫监督管理办法》（2014 年）、《进出境转基因产品检验检疫管理办法》（2004 年）等。

我国《实验动物管理条例》1988 年 10 月 31 日由国务院批准，1988 年 11 月 14 日由国家科学技术委员会发布。《实验动物许可证管理办法（试行）》由科技部、卫生部、教育部、农业部、国家质量监督检验检疫总局、国家中医药管理局、中国人民解放军总后勤部卫生部于 2001 年 12 月 5 日发布。《关于善待实验动物的指导性意见》由科技部于 2006 年 9 月 30 日发布。

参考文献

[1] 袁婺洲 . 基因工程 [M]. 北京 : 化学工业出版社 ,2010.

[2] Mccall D F, Diamond J. Guns, germs, and steel: the fates of human societies[J]. The International Journal of African Historical Studies, 1999, 32(2/3):453.

[3] National Research Council. Animal biotechnology: science-based concerns[M]. Washington, D.C.: The National Academies Press,2002.

[4] Westhusin M E, Long C R, Shin T, et al. Cloning to reproduce desired genotypes[J]. Theriogenology，2001,55(1):35-49.

[5] Colman A. Production of proteins in the milk of transgenic livestock: problems, solutions, and successes[J]. Am J Clin Nutr, 1996,63(4):639S-645S.

[6] Dove A. Milking the genome for profit[J]. Nat Biotechnol, 2000 ;18(10):1045-1048.

[7] Stowers A W, Chen Lh LH, Zhang Y,et al. A recombinant vaccine expressed in the milk of transgenic mice protects Aotus monkeys from a lethal challenge with Plasmodium falciparum[J]. Proc Natl Acad Sci USA, 2002 ,99(1):339-344.

[8] 宋思扬 . 生物技术概论 [M].4 版 . 北京：科学出版社，2014.

[9] Sandrin M S, Vaughan H A, Dabkowski P L, et al. Anti-pig IgM antibodies in human serum react predominantly with Gal(alpha 1-3)Gal epitopes[J]. Proc Natl Acad Sci USA, 1993,

90(23):11391-11395.

[10] Tearle R G, Tange M J, Zannettino Z L, et al. The alpha-1,3-galactosyltransferase knockout mouse[J]. Implications for Xenotransplantation, 1996 ,61(1):13-19.

[11] Dai Y, Vaught T D, Boone J,et al. Targeted disruption of the alpha1,3-galactosyltransferase gene in cloned pigs[J]. Nat Biotechnol, 2002 ,20(3):251-255.

[12] Lai L, Kolber-Simonds D, Park K W, et al. Production of alpha-1,3-galactosyltransferase knockout pigs by nuclear transfer cloning[J]. Science, 2002 ,295(5557):1089-1092.

[13] 薛丽香 , 霍名赫 , 闰章才 , 等 . 建设动物模型平台 , 推动医学科学发展 [J]. 中国科学基金 ,2013(2)：79-82.

[14] McCreath K J, Howcroft J, Campbell K H, et al. Production of gene-targeted sheep by nuclear transfer from cultured somatic cells[J]. Nature, 2000,405(6790):1066-1069.

[15] WHO paves way for use of genetically modified mosquitoes to combat Zika[EB/OL].(2016-02-17)[2021-06-01]. http://www.scmp.com/news/world/article/1913787/who-paves-way-use-genetically-modified-mosquitoes-combat-zika.

[16] Racaniello V R, Ren R. Transgenic mice and the pathogenesis of poliomyelitis[J]. Arch Virol Suppl, 1994,9:79-86.

[17] Berkowitz R, Ilves H, Lin W Y, et al. Construction and molecular analysis of gene transfer systems derived from bovine immunodeficiency virus[J]. J Virol, 2001 ,75(7):3371-3382.

[18] Browning M T, Schmidt R D, Lew K A, et al. Primate and feline lentivirus vector RNA packaging and propagation by heterologous lentivirus virions[J]. J Virol, 2001,75(11):5129-5140.

[19] Payne L N, Gillespie A M, Howes K. Myeloid leukaemogenicity and transmission of the HPRS-103 strain of avian leukosis virus[J]. Leukemia, 1992 ,6(11):1167-1176.

[20] Benson S J, Ruis B L, Fadly A M, et al. The unique envelope gene of the subgroup J avian leukosis virus derives from ev/J proviruses, a novel family of avian endogenous viruses[J]. J Virol, 1998,72(12):10157-10164.

[21] Venugopal K. Avian leukosis virus subgroup J: a rapidly evolving group of oncogenic retroviruses[J]. Res Vet Sci, 1999,67(2):113-119.

[22] Curran M A, Kaiser S M, Achacoso P L, et al. Efficient transduction of nondividing cells by optimized feline immunodeficiency virus vectors[J]. Mol Ther, 2000,1(1):31-38.

[23] Onions D, Cooper D K, Alexander T J, et al. An approach to the control of disease transmission in pig-to-human xenotransplantation[J]. Xenotransplantation, 2000 ,7(2):143-155.

[24] Lanza R P, Cibelli J B, Faber D, et al. Cloned cattle can be healthy and normal[J]. Science, 2001,294(5548):1893-1894.

[25] Houdebine L M. Transgenic animal bioreactors[J]. Transgenic Res, 2000,9(4-5):305-320.

[26] Taylor S L, Hefle S L. Will genetically modified foods be allergenic?[J] .J Allergy Clin Immunol, 2001, 107(5):765-771.

[27] Yan G, Braig H. The spread of genetic constructs in natural insect populations[M]//Lehman, Hugh. Genetically engineered organisms: assessing environmental and human health Effects. Washington, D.C.: CRC Press,2002: 251-314.

[28] Spielman A,Beier J C, Kiszewski A E .Ecological and community considerations in engineering arthropods to suppress vector-borne disease[M]//Lehman, Hugh.Genetically engineered organisms: assessing environmental and human health effects. Washington, D.C.: CRC Press,2002:315-329.

[29] Ito J, Ghosh A, Moreira L A, et al. Transgenic anopheline mosquitoes impaired in transmission of a malaria parasite[J]. Nature, 2002,417(6887):452-455.

[30] 吴能表 . 生命科学与伦理 [M]. 北京：科学出版社，2015.

第七章　克隆技术

一、克隆技术发展

在生殖发育领域产生了一些诺贝尔奖。2007 年，美国犹他大学的马里奥·卡佩基、北卡罗来纳大学的奥利弗·史密西斯及英国卡迪夫大学的马丁·约翰·埃文斯因通过在小鼠胚胎干细胞中引入特异性基因修饰，建立靶向基因技术而获得诺贝尔生理学或医学奖[1]。2010 年，英国剑桥大学的罗伯特·爱德华兹因创立了体外受精（in vitro fertilization，IVF）技术获得了诺贝尔生理学或医学奖。2012 年，英国剑桥大学格登研究所的约翰·伯特兰·格登和日本京都大学的山中伸弥因发现成熟细胞可被重分化成多功能细胞和细胞核重编程技术获得诺贝尔生理学或医学奖。

克隆（cloning）是一个古老而又新鲜的话题。克隆是指创造出一个与原来生物体拥有相同遗传信息的生物体，它原本是指基因的复制，而现在含义则非常广泛。狭义上的动物克隆就是指使用体细胞核移植（somatic cell nuclear transfer，SCNT）技术的克隆，目前大多数动物克隆都是采用这种方式。

（一）相关技术

1. 基因打靶

基因打靶技术是一种定向改变细胞或者生物个体遗传信息的实验手段。通过基因打靶技术可以对生物体基因组进行基因灭活、点突变引入、缺失突变、外源基因引入、染色体大片段删除等修饰和改造，并使修饰后的遗传信息通过生殖系遗传，使遗传修饰生物个体表达突变的性状。通过对遗传修饰生物体的表型分析和机制研究，帮助人类理解生命现象的本质，揭示疾病发生的机制，探寻疾病预防和诊疗的有效方法。

2. 显微注射

显微注射（microinjection）是指将在体外构建的外源目的基因在显微操作仪下用极细的注射针注射到动物受精卵中，使之整合到动物基因组中，最后通过胚胎移植技术将注射了外源基因的受精卵移植到受体动物的子宫内继续发育，通过对后代筛选和鉴定得到转基因动物的方法。显微注射法是目前最为常用且成功率较高的一种制备转基因动物的方法[2]。

3. 细胞融合

细胞融合（cell fusion）是指细胞在离体条件下用人工方法将不同种的细胞通过无性方式融合成一个或多个核的杂合细胞的过程。在单克隆抗体的制备、哺乳动物的克隆及抗癌疫苗的研发等技术中，细胞融合已成为关键技术[3]。

4. 体细胞核移植

体细胞核移植是指将动物早期胚胎卵裂球或动物体细胞的细胞核移植到去核的受精卵或成熟的卵母细胞胞质中，从而获得重构卵，并使其恢复细胞分裂，发育成与供体细胞基因型完全相同的后代的技术。体细胞核移植法制备转基因动物是利用基因工程技术将目的基因整合入动物体细胞染色体中，并将其作为核供体移植入受体（去核卵母细胞）构成重组胚，然后将重组胚移植入代孕母体，待其妊娠、分娩，便可得到经定向遗传修饰的转基因克隆动物[2]。

（二）主要进展

由卵子和精子融合形成的受精卵发育形成多细胞生物取决于由受精卵的有丝分裂形成的不同细胞系中基因的表达。基因是顺序表达的，因此，表达下一组基因需要第一组基因的产物。在发育的早期，细胞获得专门功能，这一过程称为分化（differentiation）。在大多数高等植物中，分化是可逆的，细胞可以被诱导出与受精卵相似的功能。因此，植物细胞具有发展为构成整个植物的所有细胞类型的潜力，这种现象称为全能性。然而，在动物中，分化过程中基因表达发生了不可逆的变化。高等植物的全能性使植物生物技术人员能够从成熟植物中切除组织，使其在培养基中生长，并从中产生新植物[4]。

人们一直认为不可能克隆动物，直到发现两栖动物受精后最初几个分裂细胞是全能细胞。如果将这些细胞的细胞核分离并注射到去核卵细胞中，则可以诱导这些细胞发育成新动物。胚胎被植入子宫中，可培育出与核供体在基因上相同的胚胎。这种通过体细胞核移植（SCNT）进行克隆的技术最早于 1952 年在青蛙中报道[5]，此后被广泛用于研究两栖动物的早期发育。

1962 年，英国生物学家约翰·戈登将非洲爪蟾小肠上皮的细胞核移入另一种蛙类的去核卵细胞中，该细胞成功发育成了一只爪蟾。这是世界上首次成功实现以体细胞核移植的方式实现“初始化”，戈登也因此被称为“体细胞克隆之父”，并获得了 2012 年的诺贝尔生理学或医学奖[6]。

SCNT 涉及多个步骤，其中一些步骤需要显微操作仪。随着胚胎的进一步发育，细胞失去全能性，核转移的成功率迅速下降。尽管如此，由于在牛育种中的潜在应用及繁殖优良品种带来的巨大商业利益的前景，对该领域的兴趣持续存在。

1. 克隆羊

Willadsen 于 1986 年首次报道了通过从绵羊早期胚胎（胚胎发育的 64 细胞和 128 细胞阶段）转移细胞核进行克隆[7]。下一个重大突破来自 1995 年苏格兰爱丁堡罗斯林研究所（Roslin Institute），通过对早期胚胎的细胞进行核转移，产生了活羊羔[8]。1997 年 2 月，英国罗斯林研究所基思·坎贝尔（Keith Campbell）和伊恩·威尔穆特（Ian Wilmut）在《自然》上公布了体细胞克隆羊“多莉”的成功培育[9]。在这项研究中，他们从一只雌性的芬兰多塞特白面绵羊的乳腺细胞中取出细胞核，移植到一个去核的苏格兰黑脸羊的卵细胞中，经体外诱导使之发育为囊胚，最后又接种到一只苏格兰黑脸羊的子宫中。胚胎细胞进一步分化和发育，最终于 1996 年 7 月 5 日诞生了一只白面绵羊——多莉。

多莉来自 6 岁的多塞特母羊的乳腺细胞，并在实验室中培养，使其细胞核处于静止状态,染色体处于非活动状态。然后将单个细胞与未受精卵融合在一起，这些卵中已去除了遗传物质。277 个“重组卵”被培养了 6 天。正常发育到胚泡期的 29 个卵植入了 13 个代孕苏格兰黑脸母羊中。大约 148 天后，在 1996 年 7 月 5 日生下了一只活羊羔，名为多莉。虽然形态和生理上正常，但 DNA 分析证实它比相同年龄绵羊的端粒短。

此外，在 1997 年 7 月，罗斯林研究所和一家私人公司 PPL Therapeutics 宣布波莉（Polly）诞生，这是第一个通过核转移产生的转基因羔羊[10]，其供体细胞是胎儿成纤维细胞，并含有编码人凝血因子 IX 的基因。

多莉的诞生是生物技术史上的一个里程碑。尽管此前已经在两栖动物中证明了克隆动物的可行性，但这一事件的意义在于，这只绵羊是从成年动物提取的细胞中克隆的第一只哺乳动物。

2001 年秋天，多莉被诊断出患有关节炎。X 线证实了其左、右膝关节的病变，后来的病理学研究证实了广泛的变化。2003 年 2 月 10 日，多莉出现呼吸困难和咳嗽，4 天后被临床诊断为绵羊肺腺癌。多莉于 2003 年 2 月 14 日被安乐死，年龄为 6 年零 7 个月。

对于科学家而言，多莉的创立挑战了发育生物学的基本原理之一，即动物细胞的分化是不可逆的。但是，尚不知道提供细胞核的细胞具体类型，并且不能排除其来源于乳腺干细胞而不是终末分化的上皮细胞的可能性。另一个尚未解决的问题是多莉表现出的关节炎和肺腺癌是否与早衰有关。

2. 其他克隆动物

1998 年，新西兰、日本、法国的体细胞克隆牛相继出生。2004 年，美国爱达荷大学的研究人员克隆了 3 头不能通过正常生殖繁育后代的骡子。2005 年，韩国科学家培育出首只克隆狗“史纳皮”[11]。多莉诞生后，通过体细胞核移植技术已经有多种哺乳动物克隆获得了成功，包括绵羊（1997 年）、奶牛（1998 年）、小鼠（1998 年）、山羊（1999 年）、猪（2000 年）、野牛（2000 年）、赤盘羊（2001 年）、兔（2002 年）、猫（2002 年）、马（2003 年）、大鼠（2003 年）、非洲野猫（2003 年）、骡（2003 年）、爪哇野牛（2003 年）、鹿（2003 年）、狗（2005 年）、雪貂（2006 年）、狼（2007 年）、水牛（2007 年）、骆驼（2009 年）等[12]。所有这些克隆动物均采用类似的原理，将体细胞培养后注射入去核的卵子中，再移植到代孕母体发育成个体。

在所有情况下，克隆的成功率都很低，只有大约 1%的克隆胚胎可以活产。许多克隆后代死于子宫内或出生后不久，可能是由于发育异常。

3. 非人灵长类动物克隆

虽然动物克隆取得了巨大进展，但此前与人类最相近的非人灵长类动物克隆却一直未能成功。几个方面的因素制约着灵长类动物的克隆进展。一方面，灵长类的卵极为敏感，哪怕是简单的挤压都会导致其异常分裂；另一方面，试验的成本很高。更为重要的是，灵长类体细胞核对于 SCNT 技术具有天然的抗性。核移植后由于供体细胞核的基因组中存在着重编程抗性区，阻碍了具有多分化潜能调控功能的基因表达，使得 SCNT 技术中的重构胚胎发育受阻，不能进行合适的重编程，这是灵长类动物一直克隆不成功的最大障碍。

美籍哈萨克斯坦科学家沙乌科莱特・米塔利波夫（Shoukhrat Mitalipov）及唐・沃尔夫（Don P. Wolf）早在 1997 年就曾经利用卵裂球的细胞核产生过“克隆猴”[13]。卵裂球是受精卵早期分裂的产物，本身就能发育成完整个体。米塔利波夫所在的美国俄勒冈健康与科学大学 20 多年来一直专注于克隆猴的研究。2007 年，米塔利波夫的团队成功用体细胞克隆出了猕猴的胚胎干细胞[14]。2013 年，他发现咖啡因可以提升核移植重编程效率[15]。

2014 年，美国哈佛大学张毅团队发现体细胞克隆胚胎发育的主要障碍之一是克隆胚胎基因组上大量 H3K9 三甲基化的存在。张毅团队创造性地在小鼠克隆胚胎中过表达 H3K9 三甲基化的去甲基化酶 Kdm4d，实现了小鼠 SCNT 效率提高 10 倍以上[16]。

中科院上海神经生物学研究所蒲慕明和孙强团队确定了 Kdm4d 的理想浓度，利用猴胎儿成纤维细胞进行核移植，使用了 127 枚卵子，获得了 79 个克隆胚胎，移植入 21 只代孕母猴中，最终获得了两只存活的幼猴“中中”和“华华”（图 7-1，彩图见书末）。2018 年 1 月 25 日，其在 *Cell* 上以封面文章的形式在线发表了世界上首次利用体细胞核移植技术获得克隆猴的研究成果，标志着克隆技术的重大突破[17-18]。

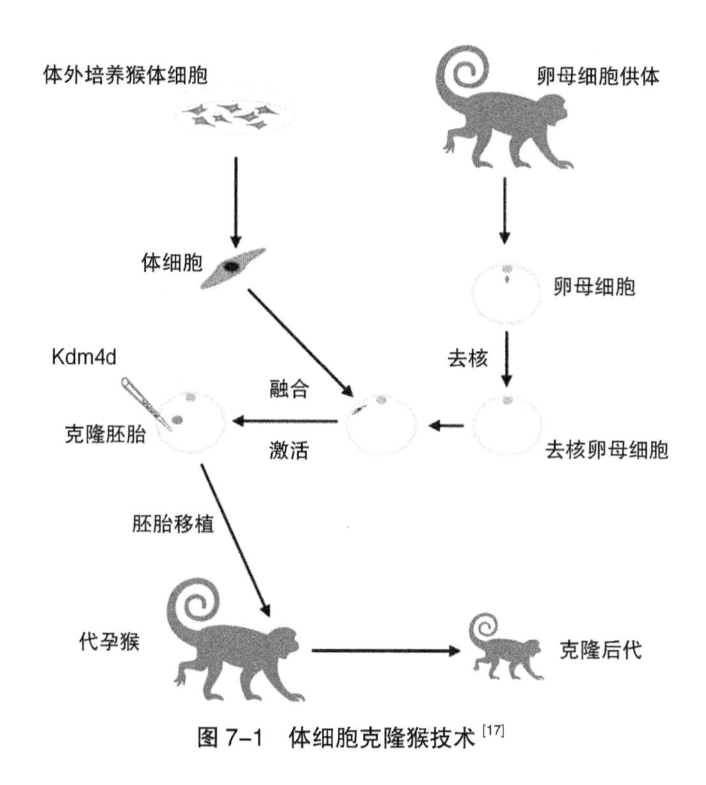

图 7–1　体细胞克隆猴技术[17]

体细胞克隆猴的成功对于生命科学基础研究和转化医学研究具有重大意义。结合基因编辑技术，在较短时间内可以大量生产遗传背景高度一致的非人灵长类实验动物和疾病动物模型，将为脑疾病、免疫缺陷、肿瘤、代谢等疾病的机制研究、干预、诊治带来前所未有的光明前景。这是因为使用非克隆动物进行实验时，难以知道测试组和对照组之间的差异是由治疗引起还是由遗传变异引起，而使用克隆动物则可以显著降低遗传背景的差异，因而需要的动物更少。

近年来，我国针对非人灵长类动物利用基因编辑技术等开展的一些研究结果也在国际顶级期刊发表。2014 年 2 月，*Cell* 报道了云南中国科学院灵长类生物医学重点实验室季维智研究员、南京医科大学沙家豪教授和南京大学黄行许教授团队共同培育的世界首例 CRISPR/Cas9 靶向基因编辑猴在中国昆明诞生[19]。

2016 年 1 月 25 日，*Nature* 报道了中国科学家培育出世界首例“自闭症”转基因猴，这项成果由中国科学院神经生物学研究所孙强团队与上海生命科学研究院仇子龙团队合作完成[20]。

2018 年 1 月 12 日，孙强团队还运用 CRISPR/Cas9 基因编辑技术获得基因敲入食蟹猴，为构建靶向定点整合的基因修饰猴模型提供了可能性，该研究成果发表在《细胞研究》上[21]。

4. 人动物细胞嵌合

2003 年 8 月 13 日，*Cell Research* 发表了由上海第二医科大学发育生物学研究中心盛慧珍团队进行人兔核移植技术培养胚胎干细胞的研究论文。盛慧珍教授领导的研究小组运用克隆技术，从外科废弃的皮肤组织中提取细胞，并将这些细胞融合到新西兰兔的去核卵母细胞中，成功获得 400 多个融合胚胎，其中有 100 多个发育至囊胚阶段，从而获得了干细胞，这是国际上第一例人兔融合胚胎成功的报道[22]。

2016 年，美国 SALK 研究所的研究团队把人类诱导多能干细胞（induced pluripotent stem cells，iPSCs）注入猪胚胎中，首次成功培育出人 – 猪嵌合体胚胎，并在猪体内发育了 3 ~ 4 周[23]。使用人特异性 iPSCs 与大动物进行胚胎嵌合，并在动物体内克隆产生人的器官用于疾病的治疗，是未来发展的重要方向。

5. 三亲婴儿

具有线粒体缺失或突变的卵子，在形成受精卵后，会将线粒体疾病遗传给后代。美国新希望生殖医学中心的张进通过线粒体移植技术，将生母卵细胞核中的 DNA 提出来，注入线粒体捐赠者的去核卵子中，然后将这一卵子与来自父亲的精子结合，形成受精卵。2016 年 9 月，*New Scientist* 报道了这一消息，引起广泛关注和质疑[24]。

三亲婴儿技术使用体外受精（IVF）技术，用正常供体的正常卵子线粒体来代替患病妇女卵子中突变的线粒体。之所以使用“三亲婴儿技术”一词，是因为其涉及使用 3 种来源的遗传物质，即一个男性和两个女性[25]。医学专家和科学家认为，三亲婴儿技术可以防止突变的线粒体 DNA（mitochondrial DNA，mtDNA）从母亲遗传给她的孩子，从而可以生出没有线粒体缺陷的孩子[26]。这种方法将影响三亲婴儿的线粒体基因组，而不会导致婴儿的核基因组发生任何变化。这意味着婴儿的遗传特征和性状主要来自其母亲和父亲[26]。

三亲婴儿技术属于辅助生殖技术，旨在最大限度地减少或消除突变线粒体 DNA 的母体遗传[27]。2015 年 2 月，英国议会批准了一项法案，允许应用该技术，并于当年 10 月生效[28]。2016 年 4 月，第一个三亲婴儿在墨西哥出生[29-30]。

2014年2月，美国食品药品管理局（FDA）讨论了线粒体替代疗法。FDA要求美国科学、工程和医学研究院研究并准备关于线粒体替代疗法临床试验的伦理、社会和政策研究的报告。报告建议，临床试验应仅针对严重的mtDNA缺陷的女性。该报告还建议，FDA应密切监测因临床试验而出生的婴儿的健康和福利[31]。

6. 复原灭绝动物

早在1996年，绵羊多莉成为首个克隆哺乳动物，实际上它不是从活动物的细胞中克隆的，而是来自一只6岁母羊的冻存乳腺细胞，而这只母羊在多莉出生前3年就已经死亡[33]。在多莉诞生后的几年后，一个由西班牙和法国科学家组成的研究组复活了一种已经灭绝的动物物种“布卡多”，也就是比利牛斯高地山羊。这一物种的最后一只存活个体“赛丽亚”2000年1月死亡，宣告了该物种的灭绝[32]。但在1999年的春天，一名为西班牙阿拉贡区政府工作的生物学家何塞·弗尔齐博士收集了赛丽亚耳部的皮肤刮取物，并将组织样本储藏在液氮中。在几年后的2003年，弗尔齐和他的研究组采用了跨物种核转移克隆手段，取得了“赛丽亚”某个耳细胞中的细胞核并转入一头家山羊的卵细胞中，然后将其置入代孕母亲的体内。经过5个月的孕期后，代孕母亲产下了一头活的比利牛斯高地山羊，一个消失的物种的新个体突然又活了过来[32]。

核转移技术的一个重要局限性是需要具有功能染色体的完整核，仅仅依靠DNA是不够的。因此，该技术不支持从通常具有片段化基因组DNA的化石或保存的样本中恢复灭绝的生物。另一个限制是卵细胞和代孕母亲的需求。另外，克隆仅限于密切相关的物种，如果卵和代孕母亲来自远缘的物种，那么成功的可能性很小。这严重限制了许多没有近亲的稀有和濒危物种的保护工作。

复活那些灭绝已久的物种的最大障碍就是它们的完整细胞核已经不复存在，这就意味着无法通过核转移技术来克隆它们。这个问题的解决方案是多重自动化基因组工程（Multiplex Automated Genome Engineering，MAGE）技术。MAGE是大规模、加速化的基因工程。基因工程每次只能手动对少量核苷酸进行改造，而MAGE则能够自动且批量化地进行此类操作。它能够让研究者从一种动物的完整基因组着手，通过对其做出必要的改造，进而将其彻底改变为另一种动物的具有实际功能的基因组。可以从一套大象的基因组入手，将其改造成猛犸象的基因组。

猛犸象与现代亚洲和非洲象的比较基因组学已帮助鉴定了超过 40 万个基因位点差异。从技术上讲，可以对大象的基因组进行修饰（通过等位基因置换），然后将其注入去核的大象卵细胞中，再将其克隆到大象代孕母亲体内，以产生猛犸象。加拿大麦克马斯特大学（McMaster University）古进化遗传学家亨德里克·波纳尔（Hendrik Poinar）、哈佛大学遗传学家乔治·丘奇（George Church）及瑞典自然历史博物馆的研究者联合完成了这一领域的大量相关工作。该研究一直备受争议，批评者认为当前不可能重建原始的物种栖息地，将克隆动物释放到现有的栖息地有关的后果也是未知的。

这个技术也可以用在尼安德特人上，从人类基因组入手，慢慢将其反向改造成尼安德特人的基因组[32]。

恢复灭绝或濒临灭绝的物种的令人信服的理由包括：①保护地球上的生物多样性；②恢复退化的生态系统；③试图消除人类过去有意或无意对自然造成的损害。许多现已灭绝的物种是其栖息地的主要物种，使其复活可能会恢复全球多个地区的生物多样性。

（三）克隆技术的应用

1. 用于优良品种的繁殖

该技术可用于创建无数相同副本的家畜，如猪和牛。一个令人关注的问题是用克隆动物生产的肉或奶是否可以安全食用。在 20 世纪 80 年代，克隆技术被引入牛的育种。荷斯坦牛于 1997 年首次从体细胞中克隆出来，但由于对产品安全性的怀疑，没有将动物克隆及其后代作为食品引入市场。1999 年，美国食品药品管理局（FDA）的兽医医学中心（Centre for Veterinary Medicine，CVM）对来自非基因工程克隆动物的食品进行了广泛的审查，包括牛、猪和山羊[33]。CVM 进行的全面风险评估有两个目标：①确定克隆是否对克隆过程中涉及的动物造成了任何特有的危害；②来自它们的肉和奶与来自常规动物的肉和奶构成的风险是否不同？风险评估得出结论，克隆对动物健康或食品消费均无特殊风险。CVM 还认为，无须对源自克隆动物的食品进行特殊标签。根据其风险评估，CVM 于 2006 年发布了一个指导意见。

2. 创建用于生产药品的转基因牲畜

转基因或遗传修饰生物是使用重组 DNA 技术将“外源”基因整合到基因组

中的生物。为了表达编码治疗用途蛋白质的基因，已经创建了几种这样的生物。尽管已经通过转基因细菌产生了几种人类治疗性蛋白质，但该技术的问题包括纯化困难及缺乏与真核来源蛋白质相关的适当的翻译后修饰。替代方法是在人细胞培养物中产生蛋白质，但很昂贵。可行的替代方法是在转基因绵羊、山羊和牛的乳汁中产生具有适当翻译后修饰的人类蛋白质。

3. 创建用于生产保健食品的转基因动物

基因打靶和转基因可用于改善牛奶的营养质量。人类，尤其是早产儿食用牛奶有关的问题包括乳糖不耐症和对牛奶中某些蛋白质的致敏性。通过用人蛋白质代替这些蛋白质，可以培育特殊的牛，它们产生的牛奶与人奶相似。2012年，位于新西兰汉密尔顿的 Ag Research 实验室通过克隆技术制造了一种牛，这种牛可生产不含过敏原 β 乳球蛋白（BLG）的奶。

4. 干细胞用于基于细胞的治疗（治疗性克隆）

在治疗糖尿病、中风、心脏病和帕金森病等多种疾病中，已经尝试用正常人的细胞替代受损或患病的细胞。但是，移植的细胞会在器官内引起类似于器官移植的免疫反应，并有可能被排斥。可以设想，克隆成年细胞的能力可能会增加从患者自身细胞中生长健康组织的机会，从而避免排斥的问题，这项技术被称为治疗性克隆（therapeutic cloning）。

5. 生产用于异种移植的转基因动物

为了克服器官移植的不足，正在开发表达人类蛋白（如补体抑制因子）的转基因动物（如猪），该蛋白旨在防止被移植的器官排斥。另外，通过核转移，可以从猪中删除基因，从而使器官移植到人类患者中时不再引起免疫排斥反应。

6. 了解衰老和癌症的模型

众所周知，随着衰老，细胞分裂的过程变得不那么精确，从而导致细胞中一些染色体突变。几种与年龄有关的疾病的发展及某些癌症的发生归因于细胞突变的积累。如果可以克隆出患者的细胞，则可以追踪基因表达中发生的变化，并追踪从始至终在患病细胞中发生的生化和生理变化。

7. 保护稀有品种

冷冻保存植物细胞和组织是保存稀有或濒危物种的可行方法。该技术涉及在液氮中冷冻和储存细胞、组织或植物器官。一旦解冻，并转移到合适的培养基中，就可以再生植物。该技术在动物系统中不可行，最多是精子或卵子可以冷冻保存并用于创造新的个体。这种策略的缺点是精子和卵子只能各自提供一半的基因，而且，如果胚胎植入失败，胚胎将永远丢失，而克隆提供了无限的细胞供应。科学家建议克隆可以用来“拯救”稀有或濒临灭绝的物种，如大熊猫，也许可以通过使用熊或相关物种作为卵来源和代孕母亲的方式。

二、克隆技术的安全与伦理问题

（一）克隆动物安全与伦理问题

克隆动物的伦理问题很复杂。尽管政策制定者经常将问题简化为讨论由克隆动物生产的食物是否可以安全食用的问题，但伦理问题超出了这种简化主义的思维范围。在 2002 年 FDA 进行的一项调查中，有 64%的美国人认为克隆“道德错误”（morally wrong）。在 2011 年的另一项调查中，有 4.2%的人认为克隆动物及其后代的肉和牛奶食用不安全。

1. 动物在克隆过程中经历的痛苦

包括供体母亲为了手术取卵而遭受的痛苦，还包括代孕母亲及为研究疾病的克隆体遭受的痛苦。由于目前克隆成功率很低（1% ~ 2%），因此该过程容易出错，死亡率很高。据报道，克隆动物还具有更多的身体缺陷，以及寿命缩短，这促使动物福利组织反对这项技术。例如，2003 年，美国人道主义协会提倡禁止克隆动物，理由是该过程在道德上是不可接受的。然而，这项技术的支持者认为，改善食品生产、药物甚至动物健康方面的好处远远超过了这项技术的缺点，而且克隆动物所面临的问题与其他实验动物没有本质上的不同。

2. 克隆牲畜的食品安全性

由于消费者已经对转基因食品产生怀疑，因此，克隆动物在肉类和产品方面的安全隐患引发关注。

3. 对环境的影响

克隆动物与其他动物的杂交可能产生负面结果，从而给生物多样性带来意想不到的后果。

4. 创造不需要的动物

反对者对是否需要使用该技术来使已灭绝的动物（如猛犸象）复活提出质疑，

因为为它们找到合适的栖息地将是一个挑战。

5. 对动物物种的非自然修饰——“扮演上帝”（playing God）

误导失去宠物的主人复活他们的宠物，人们通常很难接受克隆的宠物不一定与原来的宠物相同。

（二）克隆人安全与伦理问题

人类核移植和克隆技术的可能性引起了媒体的极大关注，并引起了公众对该技术的道德和伦理影响的关注。一些人列举了克隆人类的潜在好处和目的[34]。

①产生生物学相关的孩子。允许不育夫妇、同性伴侣或个人生育与自己基因组成相同的孩子。

②避免遗传疾病。如果父母双方均发生隐性突变，克隆技术将避免导致后代患病。

③获得理想的组织或器官进行移植。为了避免排斥，必须在供体和受体中匹配组织器官，克隆将确保完全匹配，以避免移植排斥。

④复制亲人。这是使死者“复活”或保留亲人的生物学特性的一种手段。

⑤繁殖具有才能或美貌的特殊个体，以保留特定个体的独特特征。

有两个令人信服的原因需要进行人类克隆。

（1）治疗由线粒体疾病引起的疾病

1998年，英国人类受精和胚胎学管理局（Human Fertilisation and Embryology Authority，HFEA）主席露丝·德希（Ruth Deech）在下议院科学与技术委员会上讲述了克隆人类的可能应用[35]。线粒体DNA突变是一种罕见的遗传病，以癫痫和失明为特征。通过以正常方式从体外受精所产生的胚胎中取出核（除去有缺陷的线粒体），并将其放入剥离了自身核的捐赠卵中，就可以克隆出一个婴儿，作为其父母的后代。

（2）研究细胞分化的机制和控制

核移植实验及从克隆的人类胚胎中获得胚胎干细胞并控制其分化为不同细胞类型的能力，为生物学和医学领域带来了革命性的新机遇。这些方法使得以全新的方式研究人类遗传疾病成为可能。克隆的人类细胞可以用于测试新药，也可以用于细胞疗法，以治疗由细胞发育缺陷引起的疾病。

早期克隆人的报道来自韩国首尔国立大学，2005年报道了创建31个克隆的人类胚胎并从中建立11个干细胞系（但此报道后来被宣布为造假）[36]。同年，在英国纽卡斯尔，艾莉森·默多克（Alison Murdoch）和她的团队从人类体细胞中克隆了一个胚胎[37]。

这些实验的目的不是生殖克隆，而是用于治疗和研究。在英国，自2001年以来，治疗性克隆一直是合法的。目前允许对14天以内的人类胚胎进行研究，并已帮助科学家研究早期胚胎。能够克隆人类胚胎将有助于其他几个问题的研究，如DNA损伤和修复，以及遗传印记（genetic imprinting）。

根据美国媒体2002年11月27日报道，在意大利罗马举行的一个新闻发布会上，素有“克隆狂人”之称的意大利著名生物学家塞维里诺·安蒂诺里宣称：人类历史上第一个克隆婴儿将于两个月后诞生；而邪教组织雷尔教派成员、法国女科学家布瓦瑟利耶则在2002年12月27日宣布世界首个克隆婴儿——名叫“夏娃”的克隆女婴已经于26日降临人世。目前，克隆女婴的真实性尚无有关的科学证据[38]。

目前，各国反对克隆人的主要理由大致体现在以下5个方面[38]：①技术问题。克隆人技术不可靠，成功率低。②身份问题。他们与被克隆者之间的关系无法纳入现有的伦理体系，是兄弟姐妹还是父子或母女关系，在伦理学上难以确定。③进化问题。无性繁殖本是低等动物的繁殖方式，把它用于高等动物，是违背自然规律的。④生存性问题。基因组相同的克隆人，无法随着自然演变而进化，对人类的生存及进化都是不利的。⑤社会问题。克隆人可能因自己的特殊身份而产生心理缺陷，形成新的社会问题。

1. 道德考虑

核移植和克隆技术在人类中的潜在应用引起了一些伦理和道德方面的关注。尽管很明显该技术在生物学和医学上具有巨大的潜力，但许多人认为有必要制定适当的立法来禁止其使用，特别是在人类生殖中。试管婴儿在实施体外受精的过程中，为了确保成功，通常会产生多个受精卵，发育成初级胚胎，然后将其中的数个植入子宫中继续发育。由于不可能将所有的初级胚胎都植入子宫，剩余的则被遗弃或者用于实验。那么这产生了一个问题：为了产生生命，必须伤害其他生命，这在道德上是不允许的[39]。

2. “扮演上帝”

反对这项技术的人坚信科学家不能扮演上帝。科学家们支持该技术的论点包括：①自从动植物被驯化以来，人类就利用选择性育种来指导进化过程。②诸如抗生素的使用、疫苗接种和复杂的外科手术等医学进步都已用于延长预期寿命，而该技术只是该领域科学发展的延伸。③从技术上讲，胚胎分裂和克隆的过程并不是“不自然的”，因为它在同卵双胞胎的发育中一直存在。

3. 生命商品化

许多人担心克隆人类可能只是为了提供器官和组织进行移植。在道德上，创造另一个人作为达到目的的手段是不可接受的。

4. 克隆人的法律地位

除了担心会破坏个人权利以外，还必须解决有关克隆人的合法权利和社会地位的问题。

5. 克隆生命的健康状况和生活质量

多莉的衰老迹象，导致人们担心克隆人可能易患与年龄有关的疾病，如帕金森病、阿尔茨海默病、糖尿病、高血压、心脏病和几种类型的癌症。尚不确定该技术是否可以在不损害人类健康的前提下应用。

6. 改变人类的本质和多样性

在一些科幻电影和书籍中，这是一个经常出现的话题，许多人担心克隆会被用来改变人类的本质和多样性。

三、克隆技术政策

（一）动物克隆

1. 欧盟

2012 年 3 月，欧洲委员会进行了一项调查，该调查涉及将动物克隆的食品投放市场，克隆牛、猪、绵羊、山羊和马等动物用于农业目的。进行这项调查的原因是绝大多数欧盟公民（80%以上）对克隆技术用于食品生产表示了负面看法。在调查中，向与欧盟有肉、奶制品贸易的 15 个国家 / 地区发送了问卷，结果表明，在美国、加拿大、阿根廷、巴西和澳大利亚进行了食品生产克隆。

欧洲委员会于 2008 年要求欧洲伦理学小组就克隆动物用于食品的伦理学问题发表意见。该小组的结论是由于所涉及的动物遭受痛苦，无法找到克隆动物的道德依据。2013 年 12 月 18 日，欧洲委员会通过了两项建议：一项是关于克隆和饲养用于农业目的的动物；另一项是将克隆动物的食物投放市场。主要内容包括欧盟不会出于农业目的进行克隆，并且不会进口此类克隆。但是，为了研究、生产药品及保护稀有品种，不应该禁止克隆。

在欧盟，根据新食品法规（EUR–Lex–31997R0258，1997），来自克隆动物的食品销售必须获得上市前批准。欧洲食品安全局（EFSA）在 2008 年对来自克隆动物的食品进行了科学风险评估，并得出结论：与常规繁殖的牲畜相比，来自克隆动物的牛奶、肉或其后代的食品安全性没有迹象表明存在差异[40]。但是，迄今为止，还没有欧洲或其他地区的食品经营者申请授权销售来自克隆动物的食品[41]。

2015 年 9 月 8 日，欧洲议会以 529 票对 120 票的投票结果通过了关于禁止克隆所有农场动物及其后代的禁令。该决定基于消费者研究的结果，表明："大多数欧盟公民强烈反对食用动物克隆或其后代的食物，并且大多数人也不赞成将克隆用于农业目的。"

2. 美国

在美国，动物克隆法规由 FDA 管理（http://www. fda.gov/cvm/cloning.htm or http://www.fda.gov/AnimalVeterinary/SafetyHealth/AnimalCloning/default.htm）。2001 年，FDA 在其网站向所有利益相关者提出了一项要求，要求自愿避免将来自克隆动物或它们后代的食物引入人或动物的食物供应中。FDA 还向美国科学院国家研究委员会（NAS/NRC）提出请求，研究包括克隆在内的动物生物技术的危害，该报告于 2002 年 9 月发布[42]。

对所有有关牛奶和肉类成分的数据评估并未显示出克隆动物与有性繁殖的牛、猪和山羊之间有任何显著差异，促使 FDA 得出结论，来自克隆动物的食品可以安全食用。FDA 在 2008 年 1 月发布了风险评估的最终版本。但是，为了确保市场的平稳过渡，美国农业部要求生产者将来自克隆动物的食品从一般粮食供应中排除。同时，该行业已经开发了一种肉类的供应链管理系统，该系统涉及识别和可追溯性[43]。

3. 其他国家

在加拿大，与美国相似，来自克隆动物及其后代的食物和饲料被定义为新型食物，需要进行上市前安全性评估。另外，克隆动物及其后代产生的产品和副产品也被视为新物质，此类物质的生产和进口都需要获得环境部长的批准。另外，明确禁止用于研究目的的动物进入食物链或释放到环境中。

在阿根廷，克隆与其他辅助生殖技术没有区别。2002 年，一家名为 Biosidus 的公司成功完成了动物克隆，该公司能够生产表达药物的转基因奶牛。阿根廷可提供商业克隆服务，用于基因工程动物生产药品，但尚未批准将其用于食品。

在巴西，克隆研究始于 20 世纪 90 年代后期，主要针对牛，已克隆的动物通过育种组织进行注册。

在澳大利亚，克隆是由公立和私立研究机构进行的，但仅限于少数设施。

（二）人类克隆

1. 国际组织

（1）联合国人类克隆宣言[44]

法国和德国在 2001 年 8 月提出了一项国际禁止人类克隆的建议，以防止那些希望克隆人的人员寻找尚未禁止生殖克隆的国家。联合国法律委员会的梵蒂冈观察员希望该公约也应包括禁止治疗性克隆，这一立场得到了美国的支持。他们的论点是，早期人类胚胎也是人，因此有权不受伤害。英国、比利时、中国、新加坡和瑞典等国家已经允许治疗性克隆，因此不希望这种做法被禁止。

2003 年 3 月 2 日，第 58 届联合国大会本应按计划审议《禁止生殖性克隆人国际公约》，但在会上，美国、西班牙等国家的代表认为治疗性克隆必然会滑向生殖性克隆，主张一概禁止。由于严重分歧，联大法律委员会建议推迟两年表决。2005 年 2 月 18 日，第 59 届联合国大会时，由于各国代表对是否同意治疗性克隆仍有严重分歧，大会只得放弃了对具有法律约束力的公约的表决，转而寻求一种不具有法律约束力的《联合国关于人的克隆的宣言》。美国、德国、荷兰、巴西等国家代表投了赞成票，比利时、中国、英国、瑞典、日本和新加坡等赞成治疗性克隆的国家代表投了反对票[6]。

（2）联合国教科文组织人类基因组与人权宣言

联合国教育，科学及文化组织（United Nations Educational, Scientific and Cultural Organization，UNESCO）于 1993 年建立了由国际生物伦理委员会（International Bioethics Committee，IBC）牵头的生物伦理计划。该委员会设有政府间生物伦

理委员会，由 36 个成员方的代表及另外 36 位外部专家组成。该计划发起的非约束性国际协议之一是 1997 年联合国教科文组织大会一致通过，1998 年联合国大会批准的《人类基因组与人权宣言》（*Universal Declaration on the Human Genome and Human Rights*）。该宣言呼吁会员国采取具体行动，禁止违反人类尊严的行为，如人类生殖性克隆[45]。

（3）欧洲理事会人权与生物医学公约

欧洲理事会（Council of Europe）在其法律事务领域内设有一个由生物伦理学指导委员会指导的生物伦理学部门。理事会的《人权与生物医学公约》于 1997 年草拟，1999 年生效，在第 18 条中明确禁止为研究目的而创建人类胚胎。这是第一个具有法律约束力的国际文本，旨在通过一系列原则禁止滥用生物和医学进步，维护人类尊严。

（4）国际人类基因组组织关于克隆的声明

1999 年 3 月，国际人类基因组组织伦理委员会发布了《关于克隆的声明》，其指出人类克隆可分为生殖性克隆、研究性克隆和治疗性克隆 3 类。研究性克隆是指克隆胚胎供研究使用；生殖性克隆是采用克隆技术产生一个独立生存的新个体；治疗性克隆则是指把患者体细胞的细胞核转移到去核卵母细胞中形成重组胚，把重组胚在体外培养成囊胚，然后从囊胚内分离出胚胎干细胞，使之定向分化为所需的特定细胞类型[46]。

（5）欧洲联盟基本权利宪章

《欧洲联盟基本权利宪章》由欧洲议会、理事会于 2000 年 12 月 7 日签署，其中有《欧洲保护人权与基本自由公约》所保障的基本权利和自由，其中第三条包括禁止人类生殖性克隆的规定[47]。

2. 国家立法

尽管没有哪个国家允许生殖性克隆，但只有约 30 个国家明确禁止人类生殖性克隆[48]。立法禁止生殖性克隆有 3 个方面：①禁止创建克隆胚胎；②禁止将克隆胚胎植入子宫；③禁止任何人为地创造与另一个人、胚胎或胎儿在基因上相同的人。

（1）英国

在英国，由人类受精和胚胎学管理局（HFEA）监督人类生殖生物技术，该机构成立于 1991 年。英国《人类受精与胚胎法案》（*Human Fertilisation and*

Embryology Act）在 1990 年发布，是全球第一部涉及人类胚胎的监管法案。《人类受精和胚胎法案》对“以生殖为目的在人类胚胎或配子中使用基因编辑技术”明令禁止。

《2001 年人类生殖克隆法》（*Human Reproductive Cloning Act 2001*）明确禁止生殖性克隆。在多莉于 1997 年诞生之后，人类遗传学咨询委员会及个人和组织参与的讨论中，HFEA 主席露丝·戴希提出了允许的理由，如开发治疗线粒体疾病的方法。2001 年，对 1990 年制定的《人类受精与胚胎法案》进行了修订，从而允许进行治疗性克隆。纽卡斯尔大学的研究人员获得了该法规的第一份许可，以使他们能够研究阿尔茨海默病、帕金森病和糖尿病的治疗方法。2008 年进行重新修订，修订版再次放宽了胚胎研究范围，允许物种间核转移实验，允许人类和动物“细胞融合”以创新“混合胚胎”的实验。

（2）美国

当前没有联邦法律完全禁止克隆人。根据《公共卫生服务法》（*Public Health Service Act*）和《联邦食品、药品和化妆品法》（*Federal Food, Drug, and Cosmetic Act*），使用克隆技术克隆人的临床研究必须遵守美国食品药品管理局（FDA）的规定。美国众议院分别于 1998 年、2001 年（Human Cloning Prohibition Act of 2001–HR 2505）、2003 年（Human Cloning Prohibition Act of 2003–HR 234）和 2007 年（Human Cloning Prohibition Act of 2007–HR 2560）投票拟通过禁止克隆人的决议，但由于参议院分裂而未能通过。

自 1997 年以来，美国科学促进会（American Association for the Advancement of Science，AAAS）与公众和各个专业团体进行了有关人类克隆各个方面的讨论。2013 年发布的有关人类克隆的最新声明赞成对生殖性克隆的法律禁止，因为这种行为具有健康方面的严重风险，但由于该技术在治疗中具有巨大潜力，因此支持干细胞研究，包括治疗性克隆。

1997 年，国家生物伦理咨询委员会应美国总统比尔·克林顿的要求，准备编写一份关于克隆人的科学、宗教、法律和道德考虑的报告。然而，该委员会于 2000 年 10 月解散，由总统生物伦理委员会取代。委员会于 2002 年 7 月发布了研究报告[34]。

2011 年，一项对 50 个州的调查发现，8 个州（亚利桑那州、阿肯色州、印第安纳州、密歇根州、北达科他州、俄克拉荷马州、南达科他州和弗吉尼亚州）

禁止出于任何目的克隆；9个州（加利福尼亚州、康涅狄格州、伊利诺伊州、爱荷华州、马里兰州、马萨诸塞州、密苏里州、蒙大拿州和新泽西州）明确允许“克隆并销毁”研究，这意味着该法律禁止植入克隆的胚胎（生殖性克隆），但允许销毁克隆胚胎进行研究。亚利桑那州、印第安纳州、路易斯安那州和密歇根州明确禁止出于任何目的为人类克隆提供国家资助，而在其他5个州（加利福尼亚州、伊利诺伊州、密苏里州、马里兰州和纽约州）可以使用剩余的胚胎利用国家基金来进行胚胎干细胞研究。

（3）加拿大

2004年3月，通过了《关于辅助人类生殖和相关研究的法令》（*Assisted Human Reproduction Act*）。该法第5条禁止建立人类克隆及移植到人类、非人类生命形式或人工装置中。该法还禁止为了辅助生殖程序以外的目的创建体外胚胎，并禁止从源自胚胎或胎儿的细胞培养人。但是，该立法允许进行胚胎干细胞研究。

（4）澳大利亚

2001年生效的《2000年基因技术法》（*Gene Technology Act 2000*）禁止克隆人类。2002年通过了《2002年禁止人类克隆法》（*Prohibition of Human Cloning Act 2002*）和《2002年涉及人类胚胎的研究法》（*Research Involving Human Embryos Act 2002*）。

（5）印度

在印度，没有专门的法律禁止克隆人。印度医学研究理事会于2000年发布了有关人体生物医学研究伦理指南的咨询文件。该文件指出，由于尚未确立克隆人的安全性、成功性、实用性和伦理上的可接受性，因此，有关克隆人的研究被禁止。

（6）中国

近年来，我国国务院有关部委针对生命科学和医学领域已连续发布了若干相关的政策法规和管理办法，如《人类辅助生殖管理办法》（卫生部，2001）、《人类精子库管理办法》（卫生部，2001）、《人类胚胎干细胞研究伦理指导原则》（科技部、卫生部，2003）、《人体器官移植条例》（国务院，2006）、《涉及人的生物医学研究伦理审查办法（试行）》（卫生部，2007）、《医疗技术临床应用管理办法》（卫生部，2009）等。

2003 年 12 月，科技部、卫生部发布了《人胚胎干细胞研究伦理指导原则》，明确规定禁止生殖性克隆人研究，允许开展胚胎干细胞和治疗性克隆研究，但要遵循规范。人类胚胎实验使用的胚胎，利用体外受精、体细胞核移植、单性复制技术或遗传修饰获得的囊胚，其体外培养期限自受精或核移植开始不得超过 14 天。

参考文献

[1] 滕艳，杨晓．基因打靶技术：开启遗传学新纪元 [J]. 遗传，2007, 29(11): 1291–1298.

[2] 袁婺洲．基因工程 [M]. 北京：化学工业出版社，2010.

[3] 赵志强，郑小林，张思杰，等．细胞融合技术 [J]. 生物学通报，2005,40(10):40–41.

[4] Nambisan P. An introduction to ethical, safety and intellectual rights issues in biotechnology[M]. Elsevier, 2017.

[5] Briggs R, King T J. Transplantation of living nuclei from blastula cells into enucleated frogs' eggs[J]. Proc Natl Acad Sci USA, 1952 ,38(5):455–463.

[6] 丘祥兴．小小鼠和多利羊的神话——干细胞和克隆伦理 [M]. 上海：上海科技教育出版社，2012.

[7] Willadsen S M. Nuclear transplantation in sheep embryos[J]. Nature, 1986,320(6057):63–65.

[8] Campbell K H, McWhir J, Ritchie W A, et al. Sheep cloned by nuclear transfer from a cultured cell line[J]. Nature, 1996,380(6569):64–66.

[9] Wilmut I, Schnieke A E, McWhir J, et al. Viable offspring derived from fetal and adult mammalian cells[J]. Nature, 1997,385(6619):810–813.

[10] Schnieke A E, Kind A J, Ritchie W A, et al. Human factor IX transgenic sheep produced by transfer of nuclei from transfected fetal fibroblasts[J]. Science, 1997 ,278(5346):2130–2133.

[11] 宋思扬．生物技术概论 [M].4 版．北京：科学出版社，2014.

[12] Rodriguez–Osorio N, Urrego R, Cibelli JB, et al. Reprogramming mammalian somatic cells[J]. Theriogenology, 2012 ,78(9):1869–1886.

[13] Meng L, Ely J J, Stouffer R L, et al. Rhesus monkeys produced by nuclear transfer[J]. Biol Reprod, 1997, 57(2):454–459.

[14] Byrne J A, Pedersen D A, Clepper L L, et al. Producing primate embryonic stem cells by

somatic cell nuclear transfer[J]. Nature, 2007 ,450(7169):497–502.

[15] Tachibana M, Amato P, Sparman M, et al. Human embryonic stem cells derived by somatic cell nuclear transfer[J]. Cell, 2013,153(6):1228–1238.

[16] Chung Y G, Matoba S, Liu Y, et al. Histone demethylase expression enhances human somatic cell nuclear transfer efficiency and promotes derivation of pluripotent stem cells[J]. Cell Stem Cell, 2015,17(6):758–766.

[17] Liu Z, Cai Y, Wang Y,et al. Cloning of macaque monkeys by somatic cell nuclear transfer[J]. Cell, 2018,172(4):881–887.

[18] Liu Z, Cai Y, Wang Y, et al. Cloning of macaque monkeys by somatic cell nuclear transfer[J]. Cell, 2018, 174(1):245.

[19] Niu Y, Shen B, Cui Y, et al. Generation of gene–modified cynomolgus monkey via Cas9/RNA–mediated gene targeting in one–cell embryos[J]. Cell, 2014,156(4):836–843.

[20] Liu Z, Li X, Zhang J T, et al. Autism–like behaviours and germline transmission in transgenic monkeys overexpressing MeCP2[J]. Nature, 2016,530(7588):98–102.

[21] Yao X, Liu Z, Wang X, et al. Generation of knock–in cynomolgus monkey via CRISPR/Cas9 editing[J]. Cell Res, 2018 ,28(3):379–382.

[22] Chen Y, He Z X, Liu A, et al. Embryonic stem cells generated by nuclear transfer of human somatic nuclei into rabbit oocytes[J]. Cell Res, 2003,13(4):251–263.

[23] Wu J, Platero–Luengo A, Sakurai M, et al. Interspecies chimerism with mammalian pluripotent stem cells[J]. Cell, 2017 ,168(3):473–486.

[24] Hamzelou J .Exclusive: world’s first baby born with new “3 parent” technique [EB/OL]. (2016–09–27)[2021–06–10]. https://www.newscientist.com/article/2107219–exclusive–worlds–first–baby–born–with–new–3–parent–technique/.

[25] Mitalipov S, Wolf D P. Clinical and ethical implications of mitochondrial gene transfer[J]. Trends Endocrinol Metab, 2014 ,25(1):5–7.

[26] Nuffield Council on Bioethics. Novel techniques for the prevention of mitochondrial DNA disorders: an ethical reviews[M]. London: Nuffield Council on Bioethics,2012.

[27] Ibrahim A H, Rahman NNA, Saifuddeen S M, et al. Tri–parent baby technology and preservation of lineage: an analysis from the perspective of maqasid al–shari’ah based islamic bioethics[J]. Sci Eng Ethics, 2019,25(1):129–142.

[28] Human Fertilisation and Embryology Authority. Statement on mitochondrial donation. Human Fertilisation and Embryology Authority[EB/OL]. [2021-06-10]. http://www.hfea.gov.uk/9606.html.

[29] Zhang J, Liu H, Luo S, et al. First live birth using human oocytes reconstituted by spindle nuclear transfer for mitochondrial DNA mutation causing Leigh Syndrome[J]. Fertility and Sterility, 2016，106(3)：e375-e376.

[30] Zhang J, Liu H, Luo S, et al. Live birth derived from oocyte spindle transfer to prevent mitochondrial disease[J]. Reprod Biomed Online, 2017 ,34(4):361-368.

[31] National Academies of Sciences, Engineering, and Medicine. Mitochondrial replacement techniques: ethical, social, and policy considerations[M]. Washington, D.C.: The National Academies Press,2016.

[32] 乔治・丘奇 , 等 . 再创世纪 [M]. 周东 , 译 . 北京：电子工业出版社 , 2017.

[33] Rudenko L, Matheson J C, Sundlof S F. Animal cloning and the FDA—the risk assessment paradigm under public scrutiny[J]. Nat Biotechnol, 2007 ,25(1):39-43.

[34] The President' s Council on Bioethics. Human cloning and human dignity: an ethical inquiry[EB/OL].[2021-06-10]. https://bioethicsarchive.georgetown.edu/pcbe/reports/cloningreport/index.html.

[35] The Human Genetics Advisory Commission & The Human Fertilization and Embryology Authority. Cloning issues in reproduction, science and medicine [R].London: The Commission, 1998 .

[36] Hwang W S, Roh S I, Lee B C, et al. Patient-specific embryonic stem cells derived from human SCNT blastocysts[J]. Science, 2005,308(5729):1777-1783.

[37] Stojkovic M, Stojkovic P, Leary C, et al. Derivation of a human blastocyst after heterologous nuclear transfer to donated oocytes[J]. Reprod Biomed Online, 2005 ,11(2):226-231.

[38] 马越，廖俊杰 . 现代生物技术概论 [M]. 北京：中国轻工业出版社，2011.

[39] 李本富，李曦 . 医学伦理学十五讲 [M]. 北京：北京大学出版社， 2007.

[40] European Food Safety Authority. Food safety, animal health and welfare and environmental impact of animal derived from cloning by Somatic Cell Nucleus Transfer(SCNT)and their offspring and products obtained from those animals[J].The EFSA Journal,2008,767:1-49.

[41] European Food Safety Authority.Animal cloning: EFSA reiterates safety of derived food

products but underscores animal health & welfare issues[EB/OL].(2012-07-05)[2021-06-10]. http://www.efsa.europa.eu/en/press/news/120705.

[42] National Research Council. Animal biotechnology: science-based concerns[M]. Washington, D.C.: The National Academies Press, 2002.

[43] Rudenko L . Animal biotechnology in the United States: the regulation of animal clones and genetically engineered animals, challenges for agricultural research[M]. Paris: OECD Publishing, 2011.

[44] Walters L R .The United Nations and human cloning: a debate on hold[J]. The Hastings Center Report, 2004, 34(1):5-6.

[45] UNESCO. Universal declaration on the human genome and human rights [J].Nurs Ethics, 2001,8(3):259-271.

[46] 乔中东，王莲芸 . 克隆技术引发的伦理之争 [J]. 生命科学 ,2012,24(11):1302-1307.

[47] European Union. Charter of fundamental rights of the European Union(2000/C 364/ 01)[EB/OL].(2000-12-18)[2021-06-09]. https://www.europarl.europa.eu/charter/pdf/text_en.pdf.

[48] UNESCO. National legislation concerning human reproductive and therapeutic cloning[EB/OL].(2004-07-01)[2021-06-10]. http://unesdoc.unesco.org/images/0013/001342/134277e.pdf.

第八章　干细胞研究

一、干细胞技术发展与应用

干细胞是指在生命的生长发育中起“主干”“起源”作用的原始细胞，这种原始细胞广泛存在于生物界中。干细胞的特点是具有多向分化的潜能，能在合适的因子调节下，分化为不同类型的细胞[1]。干细胞存在于所有多细胞生物中，具有3个特征：①可以无限分裂，是除癌细胞之外永生的唯一细胞；②具有自我更新的能力，这意味着可以永远复制自己的自身副本；③能够改变或分化为构成身体的所有不同细胞类型[2]。

习惯上对干细胞有两种分类方法：一种按干细胞的来源分类；另一种按干细胞的功能分类。按来源分有2类干细胞：①胚胎干细胞；②成体干细胞。按功能分为3类干细胞：①全能干细胞。只存在于胚胎发育早期，受精卵（合子），具有全能性，合子经4次卵裂，所得的有着16个细胞的卵裂团形似桑葚，故称桑葚胚，此时的每个细胞都有全能性。②多能干细胞。合子在发育的第5天，即经过6～7次卵裂，会形成由100个左右小细胞构成的中空小球，被称为胚泡。胚泡内部的细胞已经失去发育的全能性，但能产生包括生殖细胞在内的200多种类型的细胞和器官，称为多能干细胞。③专能干细胞。胚泡继续发育，只具备分化成专门功能的细胞的能力，故称专能干细胞[1]。

干细胞研究的最新进展使人们对驱动细胞分化的生化过程有了更好的了解。反过来，这也使我们对癌症、糖尿病和阿尔茨海默病等多种疾病的理解增加，并有可能为疾病控制和治疗开辟新的途径。然而，干细胞研究受到伦理的困扰，主要围绕细胞来源展开，以至于在一些国家，政府资金用于人类干细胞研究被禁止。

（一）干细胞来源

1. 胚胎干细胞

胚胎干（embryonic stem，ES）细胞具有成为任何类型的成年细胞的独特能力。源自受精卵的最初的细胞是“全能的”，因为它们具有分化为新生物的先天能力。ES 细胞源自全能细胞，是“多能”细胞，可以分化为体内几乎所有类型的细胞。换句话说，这些细胞可以获得任何成年细胞，如肌肉、肝脏或骨骼细胞的专门功能和特性。因此，它们在医学中可用于组织置换和修复，在细胞生物学中具有广泛的用途，可用于理解分化过程和疾病进展。ES 细胞系最早于 1981 年在小鼠中建立[3]，并于 1998 年在人类中建立[4]。

2. 核移植—胚胎干细胞

一种创建 ES 细胞系的技术是体细胞核移植（SCNT）。它涉及从成体细胞中分离核，并使用微操作技术将其注入去核的卵细胞中，5 ~ 7 天后可从胚胎中获得干细胞。在医学上的几种潜在用途包括使用干细胞产生与患者匹配的新器官，如肝脏或心脏，通过移植替代患病器官，以及治疗诸如脊髓损伤等。鉴于移植器官严重短缺、组织排斥率高及移植患者需要免疫抑制药物，患者特异性治疗性克隆可能会简化器官移植。这是因为从特定患者的干细胞生长而来的器官将具有与患者在遗传上相同的细胞，从而消除了免疫抑制剂的使用，并防止了组织排斥。

3. 胎儿干细胞

胎儿干细胞是 1998 年由约翰・吉尔哈特（John Gearhart）和他的团队在约翰・霍普金斯大学医学院首次分离和培养的[5]。这些被称为原始生殖细胞的细胞是卵和精子的前体，从通过流产获得的 5 ~ 9 周胎儿的性腺和肠系膜中分离出来。发现从中分离出的胚胎生殖（embryonic germ，EG）细胞是多能的，但其增殖能力有限。

4. 脐血干细胞或新生儿干细胞

骨髓中存在形成红细胞、白细胞和血小板所必需的造血干细胞。骨髓移植已在临床实践中用于治疗多种疾病，如白血病、淋巴瘤，以及某些血液和免疫疾病，如地中海贫血。造血干细胞也可以从脐带血（umbilical cord blood，UCB）中收获和培养，并用作骨髓移植的替代方法。与 ES 不同，UCB 干细胞不产生任何伦理问题，因为它们是在分娩后从丢弃的脐带中收获的。UCB 细胞可以保存在冷冻箱中，以备将来用于移植。自从 1993 年在纽约建立第一家 UCB 银行以来，已经在多个国家建立了规模庞大的 UCB 银行。

5. 成体干细胞

成体干细胞存在于多种组织和器官中，如骨髓、大脑、脊髓、肝脏、皮肤、消化道上皮、角膜、视网膜、牙龈和牙齿。这些细胞的主要作用是通过补充死亡或受损的细胞来维持组织器官。事实证明，分离这些细胞具有挑战性，因为它们的数量很少（低至 10 000 个中存在 1 个），难以识别，并且位置难以预测。成体干细胞已被用于治疗血液疾病和皮肤修复，但由于该细胞仅是单能性的，因此在治疗中的应用受到了限制。

2002 年 1 月，美国明尼苏达大学的 Catherine Verfaillie 从人的骨髓中分离出了具有分化能力的成体干细胞[6]。这些多能的成体干细胞可能产生肌肉、软骨、骨骼、肝脏，以及不同类型的神经元和脑细胞。小鼠研究还表明，成体干细胞具有可塑性。在小鼠中，发现神经干细胞在移植后分化为骨骼肌、心脏、肺、血液和皮肤细胞。这些报告提出了从成体中分离多能干细胞并规避 ES 细胞有关的伦理难题的希望。

6. 诱导的多能干细胞

这些干细胞是成体细胞，被重新编程以使其表现得像 ES 细胞一样。除了能够分裂和自我复制外，诱导多能干细胞（iPSCs）也是多能的，因为它们可以被诱导形成其他类型的细胞。iPSC 的创建首先于 2006 年在小鼠中报道[7]，1 年后在人类中报道[8-9]。这些报道为科学界开创了获得自体干细胞的可能性。这些多能干细胞可用于组织器官修复，而没有组织排斥的缺点或目前与异源供体移植相关的免疫抑制需求。而且，由于它不涉及破坏胚胎，因此该技术的道德问题较少。

2006 年，日本京都大学的 Takahashi 等首次发现外源导入特定的转录因子能够使已分化的细胞重编程回归到胚胎细胞状态，获得了具有强大的自我更新能力和分化潜能的多能干细胞，命名为“诱导多能干细胞”（induced pluripotent stem cells，iPSCs）。这一研究受到了整个生命科学领域的广泛关注。2006 年 8 月 25 日，该研究发表于《细胞》上，立刻掀起了 iPS 细胞研究的热潮[7, 10]。日本东京大学的山中伸弥（Shinya Yamanaka）凭借其在诱导多能干细胞研究方面的开拓性工作，与约翰·戈登（John Gordon）一起获得了2012年诺贝尔生理学或医学奖。

（二）干细胞的作用

1. 理解细胞分化

胚胎中的细胞在其细胞核中具有基因表达程序，该程序指导所有后续细胞类型的发育。今天的科学家们试图破译决定细胞分化的基因调节，以了解从现有细胞分化出新细胞类型的过程。围绕确定关键基因或关键成分的工作进行了努力，一旦知道了赋予细胞类型的成分，便有可能切换发育途径，从而改变所得细胞类型。因此，对该初始基因表达程序的调控途径的理解可以为理解所有细胞类型提供一个模型，进而为我们提供潜在了解所有疾病的背景。它还将有助于预防和治疗先天缺陷。

2. 研究疾病进展

对于帕金森病和阿尔茨海默病等几种疾病，很难在初始阶段诊断出来，并且只有在受影响的细胞发生了不可逆的变化后，该疾病的症状才会出现。干细胞研究的预期成果之一是如果可以克隆出患病患者的细胞，则有可能跟踪基因表达中发生的变化，并追踪从始至终在患病细胞中发生的生化和生理变化。这可能会改变早期发现、改善诊断及预防和控制多种遗传病的治疗策略。

通过组织采样研究遗传性疾病通常是不可能的，因为它会进一步损害患者的健康，尤其是影响大脑或心脏的疾病。研究人员希望通过克隆患有肌萎缩性侧索硬化症的人的细胞来创建ES细胞系，使从这些患者中产生培养的运动神经元成为可能，并有助于调查疾病的病因并测试新疗法。2012年，牛津大学发起了一项为期5年的国际项目StemBANCC（http://stembancc.org/），该项目与35个学术机构合作，使用干细胞进行药物发现。该项目旨在从500人中建立一个包含1500个iPS细胞系的库，这些库具有遗传、蛋白质和代谢特征，研究人员可以利用该库研究疾病、开发新疗法及测试新药的有效性和安全性。

3. 再生医学

干细胞可用于替代器官中受损或死亡的细胞，这一过程称为治疗性再生（therapeutic regeneration）。这项技术临床应用的首次展示是在2012年，当时Cedars-Sinai医学中心和约翰·霍普金斯大学的研究人员报告说，心脏病发作后从患者体内提取干细胞，然后将其在培养皿中培养，并将其返回到患者心脏中[11]。该治疗减少了疤痕并促使心脏组织再生。另一个例子是FDA批准的黄斑变性临床试验，发现在18例患者中，超过一半的患者用ES细胞进行治疗可改善视力[12]。

从人类干细胞中再生组织和器官可用于研究不存在动物模型的人类疾病。一个例子是人类胃部疾病，如由幽门螺杆菌的慢性感染引起的溃疡和癌症。由于该细菌对动物几乎没有影响，因此研究该疾病一直很困难。2014年，辛辛那提儿童医院医学中心多能干细胞研究中心的詹姆斯·威尔斯（James Wells）领导的科学家们在体外培养豌豆大小的微型胃，这种微型胃感染幽门螺杆菌，其特点与普通人类相似[13]。

4. 组织工程

通过在生物相容性支架上生长干细胞以形成3-D结构，可以使诸如耳朵、鼻子、泪道之类的身体部位不断生长，以进行外科手术，替换受损或已缺失的器官。世界上第一个组织工程器官移植是在2008年，是组织工程培养的气管[14]。以这种方式生长的其他器官包括膀胱和尿道，对于心脏也进行了大量研究[15]。

5. 器官移植

通过从患者自身细胞中产生替代器官，可以避免器官移植的困难，包括器官短缺和排斥风险。2011年，杰米·戴维斯（Jamie Davies）和苏格兰爱丁堡大学的同事在实验室中（使用羊水和动物胎儿细胞）长出半厘米（相当于未出生婴儿的肾脏）大小的肾脏，希望以后可用于肾脏移植。日本东京大学干细胞生物学与再生医学中心的研究人员发现，可以将大鼠干细胞引入小鼠体内以产生嵌合体，可从中获得大鼠器官进行移植。如果获得监管机构批准，研究人员计划在猪中生长人体器官，如胰腺，以供移植到糖尿病患者身上[16]。荷兰马斯特里赫特大学的马克·波斯特2013年证实，可以通过细胞在体外生长肉，并压成肉饼制作汉堡，这是一个快速发展并产生新风险的领域。

6. 治疗癌症的最新生物医学实践

癌症干细胞理论认为，存在肿瘤持续所必需的干细胞。如果该理论成立，那么抗癌治疗药物的开发将需要采用全新的方法。这意味着代替目前使用的针对癌细胞的疗法，新疗法将针对癌症干细胞[17]。在接下来的10年中，这可能对癌症治疗产生非常积极的影响。

7. 确定药物靶标和潜在治疗药物

可以在克隆培养的细胞和组织上测试潜在有用的新型药物的安全性和有效性，而无须在动物中进行测试，或将人类暴露于实验性的药物中。其他应用包括研究病原体与特定细胞类型相互作用的方式，以及使用病毒进行细胞转化和基因治疗的可能性。2013 年，由横滨市立大学医学院的 Takanori Takebe 领导的一组科学家报告了由 3 种不同类型干细胞的混合物在体外形成肝芽的过程：肝干细胞（分化为肝细胞），内皮干细胞（形成血管）和间充质干细胞（形成结缔组织）[18]。干细胞自组织成功能器官，然后移植到小鼠中并继续生长，形成约 4 毫米宽的肝芽[19]。该技术可能有助于再生医学。由于肝芽具有功能性，因此它们可用于测试，如代谢药物和毒性分析，从而减少了临床前试验中动物实验的需要。

在动物模型中测试药物治疗神经系统疾病（如阿尔茨海默病、帕金森病和亨廷顿病）之所以无效，部分原因是动物与人类的疾病特征不同。约翰·霍普金斯大学的 Hartung 等通过使 iPSC 成长为脑细胞来创造“小脑”[20]。该技术可能会代替大量的动物来测试药物。

8. 毒性测试

许多疾病的动物模型不能准确反映人类疾病，并且由于新陈代谢的差异，动物的毒理学研究通常无法完全预测人类的毒性。干细胞的使用将减少对动物和人类实验的需要，因为人类细胞和组织可用于毒性测试。

二、干细胞研究的伦理与安全问题

与干细胞研究相关的主要伦理挑战是细胞来源。尽管在使用成体干细胞方面已经取得了一些进展，但几乎所有当前的程序都涉及使用从 5 ~ 7 天的胚胎中分离的 ES 细胞及源自流产胎儿的 EG 细胞。目前，用于研究的人类胚胎干细胞（human embryonic stem cell，hESC）有 4 种主要来源：

①体外受精（IVF）的多余胚胎；

②在实验室中通过捐赠的卵子和精子产生的胚胎；

③通过 SCNT 创建的胚胎（治疗性克隆研究胚胎）；

④流产胎儿（EG 细胞）。

有关人类胚胎干细胞（hESC）生物伦理学的几个问题涉及宗教和文化观念，以及生命本身的定义方式。进行干细胞研究有很多有益的理由。然而，对于一些人来说，必须“杀死”胚胎是反对人类干细胞研究的主要原因。

（一）胚胎的道德状况

生物伦理学家提出的第一个问题是用于获取 ES 细胞的胚胎的道德问题。根据犹太宗教，不在体内的胚胎（如体外胚胎）根本没有任何地位，而穆斯林认为只有在胚胎 40 天后，胚胎才具有道德地位。根据天主教信仰，生命从受孕之时开始，所以胚胎也是有灵魂的人。因此，对于一个信奉天主教的教徒来说，为了分离干细胞而杀死胚胎类似于杀人。外推有关堕胎、安乐死和生命权的宗教和道德观念使问题变得更加复杂。

科学家认为，在培养皿中受精产生的胚胎只是一团细胞，除非植入子宫，否则不可能繁殖出人类。而且，即使这些细胞是遗传上的人类，它们也不会表现出任何人的特征，它们没有自我意识，因此没有独立的道德地位。

在伦理上，使用人胚胎干细胞被认为是可以接受的，但是它们的由来是不可接受的，因为它涉及杀死人类胚胎。2001 年，美国总统布什否决了将联邦资金用于人类胚胎干细胞研究。

（二）影响妇女

干细胞研究的第 2 个主要反对意见是对卵或卵母细胞的需求。捐卵过程不舒服，并且存在一定的医疗风险。妇女必须接受激素治疗以刺激排卵。一小部分捐献者会出现卵巢过度刺激综合征，在极少数情况下会导致肾衰竭。《联合国人类克隆宣言》也强调了这一点，并呼吁会员国采取措施，防止在生命科学应用中对妇女的损害。

科学家坚持认为，依靠妇女捐赠卵子可能是一个短期问题。正在开发的替代来源包括通过对成体细胞进行重新编程来创建人造卵，将 ES 细胞分化为可产生卵母细胞的生殖细胞，以及使用非人类卵母细胞（如兔卵）。iPSC 技术可将成体细胞重新编程为干细胞，因此不需要卵母细胞可能会绕开这一道德问题。

也有人批评基于道德问题禁止干细胞研究是不合理的。伦理学家卡特琳·德沃德（Katrien Devolder）和朱利安·萨弗勒斯库（Julian Savulescu）认为，科学家负有进行可能挽救生命的研究的道义责任，《联合国人类克隆宣言》是不合理的，应允许各国进行治疗性克隆[21]。

（三）干细胞治疗的伦理问题

尽管干细胞具有治愈许多人类疾病的潜能，但重要的是，除了从骨髓移植中获得造血细胞外，目前没有其他类型的干细胞被批准用于治疗。目前，针对多种疾病（如与年龄有关的黄斑变性和脊髓损伤）的干细胞疗法正处于临床试验开发阶段。日本 RIKEN 发育生物学中心和神户生物医学研究与创新研究所的研究人员针对一名 70 岁患有黄斑变性的女性，通过手术植入了从皮肤细胞产生的视网膜细胞[22]。尽管如此，引起媒体关注的是该技术的潜在应用催生了许多提供干细胞疗法的诊所和医疗中心，这导致了与干细胞研究相关的另一个伦理问题：未经证实的干细胞干预措施是否可以直接作为干细胞疗法用于患者。

三、干细胞相关政策

关于人胚胎干细胞研究尚无国际共识。2005 年《联合国人类克隆宣言》限于禁止一切与人类尊严背道而驰的形式的人类克隆，并将宣言的解释权交给了成员国。

在胚胎干细胞研究的国家立法和法规方面有 3 种不同的立场[23]：

①通常禁止对胚胎进行研究（有一些特定的例外），并且禁止基于研究目的制造胚胎（如波兰和意大利）；

②允许对医疗产生的多余胚胎的研究，但禁止出于研究目的创建胚胎（如法国和德国）；

③允许在严格条件下为研究目的创建胚胎（如日本和瑞典）。

①和②通常被视为禁止治疗性克隆，尽管①含糊不清，因为“特定例外”可以解释为“通过对胚胎的研究开发新疗法”；③被解释为允许治疗性克隆。

在美国，以杰伊·迪基（Jay Dickey）和罗杰·威克（Roger Wicker）名字命名的 1996 年《迪基 – 威克修正案》禁止联邦资金用于胚胎研究。该修正案禁止使用联邦资金进行人类胚胎研究并破坏或丢弃人类胚胎。2000 年 8 月，美国国立卫生研究院（NIH）发布了使用人多能干细胞进行研究的指南，该指南规定只能用以下方法进行人胚胎干细胞研究：在捐助者的同意下，私人资金支持的多余的冷冻胚胎用于生育治疗研究。2001 年，总统布什禁止使用联邦资金创建新的人胚胎干细胞系。总统奥巴马于 2009 年发布了一项行政命令，撤销了涉及人类干细胞科学研究的限制。美国国立卫生研究院于 2009 年 7 月实施了 13505 号行政命令，发布了《干细胞研究指南》。奥巴马扩大了研究人员的人胚胎干细胞资源，但他们仍然无法使用 NIH 资金创建自己的细胞系（仅允许捐赠的体外受精胚胎的细胞系）。

在 2005 年《人类胚胎干细胞研究指南》（*Guidelines for Human Embryonic Stem Cell Research*）[24] 中，为了管理与技术有关的伦理和法律问题，美国科学院主张建立胚胎干细胞研究监督委员会（Embryonic Stem Cell Research Oversight Committee，ESCRO）。

在美国，关于干细胞研究伦理的观点在很大程度上是关于堕胎辩论的延伸。尽管 1973 年美国最高法院将堕胎合法化，但反对堕胎的人却以破坏生命的同样理由表明了对干细胞研究的反对。2007 年的调查显示有 51% 的美国人认为进行干细胞研究更为重要，而 35% 的人认为不破坏胚胎更为重要。在 2004—2008 年，总统布什持续否决允许联邦资金使用体外受精剩余胚胎进行研究的尝试。直到 2009 年总统奥巴马当选时，联邦资金才可以用于从多余的体外受精胚胎中培养人类胚胎干细胞系。

在欧洲，《欧洲人权与生物医学公约》（*European Convention of Human Rights and Biomedicine*）第 18 条禁止所有以研究为目的而创建胚胎。在 2001 年，英国修改了 1990 年的《人类受精和胚胎法案》，允许出于研究目的而创建胚胎，以便更好地研究某些遗传性疾病疗法。根据该法案，人类受精和胚胎学管理局（HFEA）将监督和许可进行体外受精或其他辅助生殖技术程序，规范人类胚胎研究和生殖材料的存储，以及进行为研究创建胚胎的许可。英国被认为是欧洲干细胞研究的领导者，SCNT 的治疗性克隆已于 2004 年合法化，并且自 2008 年以来就允许动物 - 人类杂交胚胎实验。

在英国、瑞典、比利时和西班牙，治疗性克隆是合法的。德国和意大利对干细胞研究有严格的政策，其中禁止为干细胞研究创建胚胎。

在澳大利亚，《2002 年涉及人类胚胎的研究法》（*Research Involving Human*

Embryos Act，2002）和《2002 年人类克隆法》（*Human Cloning Act* 2002）禁止将 SCNT 用于生殖或治疗目的。但是，澳大利亚的法律允许在得到捐赠者同意的情况下，在国家卫生和医学研究委员会的监督下，对体外受精的多余胚胎进行研究。

在缺乏具体立法的国家中，可能会在相关指南中通过具体规定进行监管。例如，在加拿大，规范辅助生殖技术和胚胎研究的立法仍在辩论中，但是加拿大卫生研究所已经发布了指南[25]。根据该指南，涉及人胚胎干细胞的研究需要获得中央干细胞监督委员会、地方研究伦理委员会及动物伦理委员会的审查和批准。

在印度，印度医学研究理事会与生物技术部联合于 2007 年发布了《国家干细胞研究指南》[26]，并于 2013 年 12 月进行了修订。当前的指南包括 3 类实验（允许、限制和禁止），并确保由干细胞研究机构委员会（IC-SCR）和国家最高医疗干细胞研究与治疗委员会（NAC-SCRT）进行监管监督。但是，该指南仅涵盖干细胞研究，而不涵盖干细胞疗法。目前，印度法律允许的唯一干细胞疗法是造血骨髓移植。

国际干细胞研究协会（International Society for Stem Cell Research，ISSCR）工作组已经制定了在临床应用中对干细胞研究进行伦理监管的具体指南，该小组由来自 13 个国家的干细胞研究人员、临床医生、伦理学家和管理人员组成。《干细胞临床使用指南》（*The Guidelines for the Clinical Translation of Stem Cells*）于 2008 年发布，以认识到迫切需要解决未经证实的干细胞干预措施直接向患者使用的问题[27]。

一些国家政策支持在治疗性克隆和干细胞研究中使用胚胎。例如，中国的人胚胎干细胞政策较为宽松。2003 年 12 月 24 日，科技部、卫生部印发《人胚胎干细胞研究伦理指导原则》。其中第六条指出，进行人胚胎干细胞研究，必须遵守以下行为规范：利用体外受精、体细胞核移植、单性复制技术或遗传修饰获得的囊胚，其体外培养期限自受精或核移植开始不得超过 14 天。

在韩国和日本，干细胞研究的重大进展是由于研究政策比较灵活。新加坡已采取行动吸引全球干细胞科学家，并赢得了“亚洲干细胞中心”的称号。

参考文献

[1] 丘祥兴. 小小鼠和多利羊的神话——干细胞和克隆伦理[M]. 上海：上海科技教育出版社,2012.

[2] Nambisan P. An introduction to ethical, safety and intellectual rights issues in biotechnology[M]. Elsevier, 2017.

[3] Evans M J, Kaufman M H. Establishment in culture of pluripotential cells from mouse embryos[J]. Nature, 1981,292(5819):154–156.

[4] Thomson J A, Itskovitz–Eldor J, Shapiro S S,et al. Embryonic stem cell lines derived from human blastocysts[J]. Science, 1998 ,282(5391):1145–1147.

[5] Shamblott M J, Axelman J, Wang S, et al. Derivation of pluripotent stem cells from cultured human primordial germ cells[J]. Proc Natl Acad Sci USA, 1998 ,95(23):13726–13731.

[6] Jiang Y, Jahagirdar B N, Reinhardt R L,et al. Pluripotency of mesenchymal stem cells derived from adult marrow[J]. Nature, 2002,418(6893):41–49.

[7] Takahashi K, Yamanaka S. Induction of pluripotent stem cells from mouse embryonic and adult fibroblast cultures by defined factors[J]. Cell, 2006 ,126(4):663–676.

[8] Takahashi K, Tanabe K, Ohnuki M, et al. Induction of pluripotent stem cells from adult human fibroblasts by defined factors[J]. Cell, 2007,131(5):861–872.

[9] Yu J, Vodyanik M A, Smuga–Otto K,et al. Induced pluripotent stem cell lines derived from human somatic cells[J]. Science, 2007 ,318(5858):1917–1920.

[10] 秦彤, 苗向阳. iPS 细胞研究的新进展及应用[J]. 遗传,2010, 32(12): 1205–1214.

[11] Makkar R R, Smith R R, Cheng K, et al. Intracoronary cardiosphere–derived cells for heart regeneration after myocardial infarction(CADUCEUS): a prospective, randomised phase 1 trial[J]. Lancet, 2012,379(9819):895–904.

[12] Schwartz S D, Regillo C D, Lam B L, et al. Human embryonic stem cell–derived retinal pigment epithelium in patients with age–related macular degeneration and Stargardt' s macular dystrophy: follow–up of two open–label phase 1/2 studies[J]. Lancet, 2015 ,385(9967):509–516.

[13] Zastrow M.Tiny human stomachs grown in the lab[EB/OL].(2014–10–29)[2021–06–15]. http://www.nature.com/news/tiny–human–stomachs–grown–in–the–lab–1.16229.

[14] Owens B. What' s new about new synthetic organs? [EB/OL].(2011–07–08)[2021–06–15].

http://blogs.nature.com/news/2011/07/whats_new_about_new_synthetic.html.
[15] Maher B. Tissue engineering: how to build a heart[EB/OL].(2013-07-03)[2021-06-15]. http://www. nature.com/news/tissue-engineering-how-to-build-a-heart-1.13327.
[16] Ryall J. Human organs 'could be grown in animals within a year' [EB/OL].(2013-07-20)[2021-06-15]. http://www.telegraph.co.uk/news/science/science-news/10132347/Human-organs-could-be-grown-in-animalswithin-a-year.html.
[17] Blanpain C. Cancer: a disease of stem cells? [EB/OL].(2015-04-02)[2021-06-16]. http://www.eurostemcell.org/factsheet/cancer-disease-stem-cells.
[18] Takebe T, Sekine K, Enomura M, et al. Vascularized and functional human liver from an iPSC-derived organ bud transplant[J]. Nature, 2013 ,499(7459):481-484.
[19] Baker M. Miniature human liver grown in mice[EB/OL].(2013-07-03)[2021-06-16]. http://www.nature. com/news/miniature-human-liver-grown-in-mice-1.13324.
[20] Dockrill P. These lab-grown 'mini-brains' could help replace animal testing this year[EB/OL].(2016-02-16)[2021-06-16]. http://www.sciencealert.com/these-lab-created-mini-brains-could-help-replaceanimal-testing-as-soon-as-this-year?perpetual5yes&limitstart51.
[21] Savulescu J. Ethics of stem cell and cloning research[EB/OL].(2007-01-01)[2021-06-15]. http://www.bep.ox.ac.uk/ data/assets/pdf_file/0017/9008/Ethics_of_Stem_Cell_and_Cloning_Research.pdf.
[22] Gallagher J. Pioneering adult stem cell trial approved by Japan[EB/OL].(2013-07-19)[2021-06-16]. Retrieved from http://www.bbc.com/news/health-23374622.
[23] UNESCO .National legislation concerning human reproductive and therapeutic cloning[EB/OL].(2004-07-01)[2021-06-16]. http://unesdoc.unesco.org/images/0013/001342/134277e.pdf.
[24] National Research Council, Division on Earth and Life Studies, Institute of Medicine. Guidelines for human embryonic stem cell research[M]. Washington, D.C.: National Academies Press,2005.
[25] Canadian Institute for Health Research.Updated guidelines for human pluripotent stem cell research into the second edition Tri-council policy statement: ethical conduct for research involving humans(TCPS 2)[EB/OL].(2013-01-01)[2021-06-15]. http://www.pre.ethics.gc.ca/pdf/eng/consultation/Stem_Cell_Integration_Final_EN.pdf.
[26] Indian Council of Medical Research. National guidelines for stem cell research. Indian Council

of Medical Research Department of Health Research and Department of Biotechnology[EB/OL]. (2013-01-01)[2021-06-16]. https://www.ncbs.res.in/sites/default/files/policies/NGSCR%20 2013.pdf.

[27] International Society for Stem Cell Research. Guidelines for the clinical translation of stem cells[EB/OL].(2008-12-03)[2021-06-16] . https://www.tmd.ac.jp/med/bec/library/pdf/stemcellclinicalguideline.pdf.

第九章　人类基因组

一、基因组测序

1995年，美国基因组研究所（The Institute of Genome Research，TIGR）完成并公布了流感嗜血杆菌（*Haemophilus influenzae*）的全基因组序列，这是世界上第一个测序完成的细菌[1]。人类基因组计划（The Human Genome Project，HGP）使用第一代Sanger测序技术，耗时十几年，花费超过30亿美元。以罗氏（Roche）公司454技术为代表的第二代基因测序技术仅需一周就能完成人类个体基因组测序，花费不到100万美元。近年来崭露头角的基于纳米孔的第三代基因测序技术通过检测DNA分子通过纳米孔时产生的特征阻塞电流来探测DNA序列。此项技术凭借快速、精确、低成本的优势，有望实现1000美元完成个人基因组测序的目标。

（一）技术发展

1. 桑格（Sanger）测序

第一代基因测序方法，即双脱氧链终止法，是由Fredrick Sanger等在1977年创立的，因此，也被称为“Sanger测序法”，该方法是一种基于DNA聚合酶合成反应的测序技术。测序原理为：在4个测序反应系统中加入待测的DNA模板、DNA合成酶及DNA合成反应所需的其他成分，如脱氧核苷三磷酸（dNTP）、反应引物和缓冲液等，并且将少量的4种带有放射性同位素的双脱氧核苷三磷酸（ddATP、ddCTP、ddGTP、ddTTP）按一定比例分别加入相应的反应系统中，然后进行DNA合成反应。因为ddNTP中包含的是双脱氧核糖，其3位碳原子上连接的不是羟基（—OH），而是脱氧后的氢（—H），所以当ddNTP被加入正在合成的DNA链中后，系统中后序的dNTP就不再被结合到这条DNA链上了，这条DNA链的合成就会随机终止在任何碱基处。这样，经过几十个循环的合成反应后，就形成了一组DNA片段，这些片段之间的长度差为一个核苷酸，并且3’端碱基以带有放射性同位素标记的A、C、G、T作为结束。测序合成终止后，将合成的产物进行聚丙烯酰胺凝胶电泳，电泳结果经过放射自显影处理后，根据电泳所得到的DNA片段大小来确定反应产物带有的末端双脱氧核苷酸类型，从而得到待测的DNA序列。Sanger测序法在出现之后的大约30年间，因其操作简便、测序读长长、数据准确性高，一直是应用最为广泛的DNA测序方法，甚至至今仍是验证新一代测序结果的金标准[2-3]。人类基因组计划的顺利实施，是全世界科学家利用第一代测序技术所取得的辉煌成就[2]。弗雷德里克·桑格获得了两次诺贝尔化学奖，1958年因“在蛋白质结构，特别是胰岛素结构方面的工作”，1980年因“在核酸碱基序列测定方面的贡献”。

2. 鸟枪测序

鸟枪测序是一种分析大片段基因组DNA序列的策略，是将大片段DNA随机切成许多1 ~ 1.5 kb的小片段，分别对其测序，然后借助序列重叠区域拼接成全段序列（图9-1，彩图见书末）。

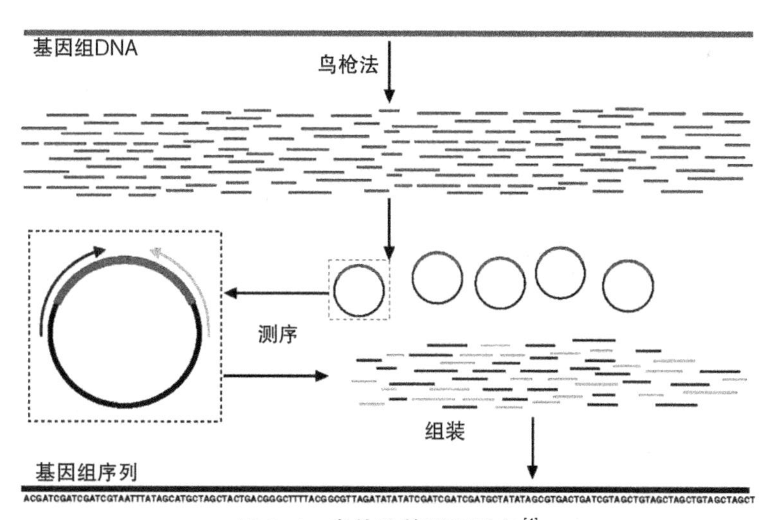

图9-1　鸟枪法基因组测序[4]

3. 454 测序

2005 年，美国 454 公司推出了第一款二代测序仪。该测序平台利用了焦磷酸测序原理和边合成边测序技术，得到的序列平均长度为 400 ~ 500 bp，454 平台得出的序列读长较长，有利于基因组数据的拼接。但在新一代测序平台中，454 的测序通量相对较小，很快被 Illumina 等后续出现的测序平台超越。美国贝勒医学院人类基因组中心利用 454 测序技术完成了 DNA 双螺旋结构发现者之一詹姆斯·沃森的个人基因组测序。454 测序系统按照 T、A、C、G 的固定顺序依次将测序所需的 dNTP 加入载体，每次只加一种，在 DNA 合成酶的催化作用下发生 DNA 合成反应，如果在某个测序单元内发生与测序模板碱基配对的合成反应，该反应就会释放一个焦磷酸。焦磷酸在 ATP 磷酸化酶的作用下与相应底物合成 ATP，ATP 在荧光素酶的作用下释放能量，氧化荧光素放出荧光。荧光信号被 454 系统配置的高灵敏度的照相机捕获，这样就得到了该反应循环中被合成的核苷酸信息 [2, 5]。

4. Illumina 测序

Illumina 测序平台是继 454 测序平台之后第二个出现在高通量测序市场上的测序平台，也是目前应用最为广泛的新一代基因组测序平台，它使用边合成边测序技术实现了大规模平行测序。其突出的特点是测序通量高，从而极大地降低了测序成本。4 种带有不同荧光标记的特殊核苷酸（A、C、G、T）与 DNA 合成酶同时加到各个泳道中。在 DNA 合成酶的催化作用下，从测序引物结合部位开始合成与测序模板互补的新 DNA 链。同时，用于测序反应的特殊核苷酸在 3’端的羟基位置被化学集团屏蔽，导致每次 DNA 链合成都只能加入一个核苷酸。第一个测序循环的图像记录完毕后，核苷酸 3’端的屏蔽集团通过酶切方法被切掉，3’端的羟基被活化，从而可以进入下一个循环的合成测序 [2]。

5. 纳米孔测序

1996 年，Kasianowicz 等提出可以利用纳米孔作为生物感应器用于 DNA 和 RNA 测序。Oxford Nanopore 公司于 2014 年推出了几款基于纳米孔测序技术的测序仪。纳米孔的直径（约 2.6 nm）只能容纳一个核苷酸通过，在核苷酸通过时，纳米孔被核苷酸阻断，通过的电流强度随之变弱。由于 4 种核苷酸碱基的空间构象不同，它们在通过纳米孔时被减弱的电流强度变化程度也就有所不同。这样，由多个核苷酸组成的长链 DNA 或者 RNA 在电场的作用下由负极向正极方向移动并通过纳米孔时，检测通过纳米孔的电流强度变化，即可判断通过纳米孔的核苷酸种类，这样就实现了实时测序。纳米孔测序的DNA模板无须像二代测序技术那样进行扩增即可测序，因而具有读长长、实时、单分子等特点，并且可以极大地降低测序成本[2, 6]。

（二）主要测序计划

1. 人类基因组计划

人类基因组计划（HGP）于1990年启动，由美国能源部（DOE）和美国国立卫生研究院（NIH）牵头。共有18个国家在项目的不同时间和阶段参与。最重要的贡献来自英国的桑格中心和德国、法国和日本的研究中心。该计划的主要目的是确定人类基因组约30亿个碱基对的序列。该计划与阿波罗登月计划、曼哈顿原子弹计划一起，被称为自然科学史上的“三大计划”[7]。

该研究产生的DNA序列图谱提供了对人类生物学和其他复杂现象的全面理解。参考基因组不代表任何人，它是由来自不同种族的5名匿名捐助者（2名男性和3名女性）产生的，其中包括2名高加索人，1名西班牙裔，1名非洲裔和1名亚洲裔。从序列中获得的数据是通用的，适用于所有人类。恰逢沃森和克里克发现DNA模型50周年之际，国际人类基因组测序联盟（International Human Genome Sequencing Consortium）于2003年宣布完成HGP，研究结果发表在《科学》[8]和《自然》上[9]。

人类参考基因组于2003年通过第一代技术测序完成，估计费用为30亿美元[10–11]。仅仅5年之后，生物技术公司Illumina，Inc.就提供了个人基因组测序服务（http://www.everygenome.com/），该服务承诺在90天之内以19 500美元的价格为客户提供其基因组序列。人类基因组序列测序成本和时间不断减少[12–13]。到今天，一个100 Gb数据量的人类基因组只需要1000美元左右[14]。

2006年，哈佛医学院的遗传学家乔治·丘奇（George Church）创立了个人基因组学项目，该项目关注“如何利用个人基因组来改善对人类健康和疾病的理解”[15]。该项目的长期目标是对约10万人的基因组进行测序。2007年，利用改进的DNA测序技术，新兴公司开始提供直接面向客户的个人基因组学服务。例如，美国加利福尼亚州的23andMe和Navigenics等公司在个人基因组中识别与疾病有关的SNP，并将此信息出售给客户[16]。此类公司的盈利能力无法保证，一家位于冰岛的个人基因组公司 DeCode Genetics 于 2009 年申请破产保护。

2.DNA 百科全书

2003 年 9 月，美国国立人类基因组研究所（National Human Genome Research Institute，NHGRI）启动了“DNA 百科全书”（Encyclopedia of DNA Elements，ENCODE）计划，以鉴定人类基因组的所有功能组分。由于目前基因组研究中的重点——蛋白编码区仅占人类基因组中 DNA 的 1.5%，全面了解基因组转录水平的调控成为系统生物学的核心发展方向之一。“DNA 百科全书”计划是继人类基因组计划后最大的国际合作计划之一，由美国国立人类基因组研究所、Wellcome Trust 和欧洲生物信息研究所（European Bioinformatics Institute，EBI）组织，包括全世界 11 个国家、80 家科研机构的研究人员[17]。

3. 人类基因组单体型图谱（HapMap）计划

人类基因组单体型图谱（HapMap）计划是继基因组测序计划后的又一项多国参与的重大国际合作项目,其目的是在通过测序了解遗传基本信息的基础上，进一步确立世界上主要族群基因组的遗传变异图谱。这一计划的主要内容是对亚、非、欧裔全基因组中 DNA 序列上的多态位点进行测定和分析，由此构建出每条染色体的“单体型图”， 为疾病易感性、药物敏感性、遗传多态性等研究提供最基本的信息与工具[18]。

4. 千人基因组计划

由中国、英国和美国的科学家组成的“国际协作组”2008 年 1 月 22 日在深圳、伦敦和华盛顿同时宣布：国际“千人基因组计划”正式启动。这一宏伟计划将测定世界各地的至少 1000 名人类个体的全基因组 DNA 序列，绘制迄今为止最详尽、最有医学应用价值的人类基因组遗传多态性图谱。这一国际合作计划的主要发起者和承担者包括英国的 Sanger 研究所、中国的深圳华大基因研究院，以及美国国立卫生研究院（NIH）下属的美国国立人类基因组研究所。

“千人基因组计划”将测序的人群包括：尼日利亚伊巴丹区域的 Yoruba 人、居住于东京的日本人、居住于北京的中国人、美国犹他州的北欧和西欧人后裔、肯尼亚 Webuye 的 Luhya 人和 Kinyawa 的 Maasai 人、意大利的 Toscani 居民、居住于休斯敦的印第安人、居住于丹佛的中国人、居住于洛杉矶的墨西哥人后裔、居住于美国西南部的非洲人后裔[19]。

二、人类基因组信息应用

"基因组"（genome）是生物体的整个 DNA，包括其基因。尽管简单的单细胞生物的基因组要比高等的真核生物小，但 DNA 的数量却与生物的形态复杂程度或可能的基因数目不成比例。在大多数真核生物中，基因组中的大部分 DNA 序列都没有已知的功能。转录为 RNA 的 DNA 中大约有 75%不会编码蛋白质，但会编码短或长的非编码 RNA，如内源性小干扰 RNA 等，它们在体内具有重要功能[20]。

"组学"用于分析各种"组"中生物信息元素之间的相互作用。"基因组学"（genomics）一词由美国杰克逊实验室的 T. H. Roderick 提出，被认为是一门新兴学科，"源于分子和细胞生物学与经典遗传学的结合，并由计算科学推动而成"[21]。基因组学包括：

①功能基因组学——了解基因的结构及其在 mRNA 和蛋白质合成方面的功能。

②结构基因组学——研究染色体上基因和序列的空间排列。

③比较基因组学——在基因和蛋白质的基础上理解不同物种之间的进化关系。

④表观基因组学（表观遗传学）——研究 DNA 甲基化模式等对基因功能的影响。

⑤药物基因组学——使用基于序列的信息来设计药物和疫苗，以及实现个性化医疗。

人类基因组由 22 条常染色体、一条 X 染色体和一条 Y 染色体组成，约 32 亿个碱基。其中仅约 1.5% 是外显子，外显子是编码蛋白质、tRNA、 rRNA 的基因区域，人们估计编码蛋白质的基因约有 20 500 个。人类的不同个体之间，基因组的 99.9% 都是相同的，仅 0.1% 不同，而这造成了不同的人有不同的模样、不同的性格、不同的兴趣爱好，甚至对同一种类的流感病毒敏感性不同[22]。

（一）系统发育分析

序列信息已被用于构建系统发育树，用于理解进化的序列信息的一个典型示例是试图追踪人类（智人）进化史。人类基因组中 37% 的基因来自细菌，

28% 来自真核生物，16% 来自动物，15% 来自脊椎动物，只有 6% 为全新的基因，并在人类进化为灵长类动物之后才出现[23]。尽管早就知道人类与类人猿（各种猩猩）的亲缘关系密切，但其密切程度直到 20 世纪后半叶才由分子生物学研究资料揭示出来[24]。首先，在多种蛋白质中，人与黑猩猩有相同的氨基酸序列。人与黑猩猩的血红蛋白 α 和 β 链的氨基酸序列完全相同，大猩猩在这两条氨基酸链中仅各有 1 个氨基酸不同[24]。

20 世纪 60 年代，古生物学家将腊玛古猿视为最早的人科成员，其距今 1400 万年。1967 年，美国分子生物学家威尔逊与萨利奇通过比较各种灵长类血红蛋白的氨基酸差异，推算出人类与亚洲猿的关系较远，与非洲猿的关系最近，二者分离的时间约在 500 万年前[24]。越来越多的化石证据表明，人类的发祥地很可能在非洲，特别是东非地区。1973 年，在埃塞俄比亚东部发现了约 320 万年前的南方古猿“露西”化石。2006 年，同样在埃塞俄比亚东部发现古猿“塞拉姆”的完整骨架化石。1994 年，埃塞俄比亚又发现了距今 440 万年的古人类骨骼化石“阿尔迪”。同时，越来越多的分子生物学证据，特别是分子人类学的研究结果，使人们越来越有理由相信人类的“非洲起源说”[24]。

智人是人科中唯一生存至今的物种，包括现代人种的各个不同种族。智人分为早期智人和晚期智人[24]。1856 年，德国尼安德特河谷发现早期智人化石，为尼安德特人，生存时代为 4 万 ~ 20 万年前。晚期智人化石遍布亚、非、欧三大洲，也出现在美洲和大洋洲，其分布范围比早期智人更广泛[24]。按照人种划分的标准，通常将现代人划分为 4 个种族，即蒙古人种、欧罗巴人种、黑人或尼格罗人种、澳大利亚人种。

长期以来，科学家对现代人的起源主要有两种观点：单一地区起源说和多地区起源说。单一地区起源说认为，现代人起源于非洲的早期智人，并随着他们迁移到世界各地定居而形成了现今世界各地的现代人。1987 年，美国人类遗传学家卡恩等提出了单一地区起源，即夏娃学说。卡恩等根据 147 名不同族裔妇女的胎盘细胞线粒体 DNA 序列构建了系统树。结果显示，该系统树有一共同祖先，来源于 20 万年前生活在非洲的一个妇女，她是全人类的母系祖先。目前，凭借先进的遗传学和分子生物学研究手段，单一地区起源说明显处于上风[24]。

2016 年 10 月，*Cell* 发表的两篇论文揭示了欧洲人后裔与非洲人后裔具有不同的免疫反应水平，以及为什么非洲人后裔更容易发生自身免疫性疾病[25-26]。

研究人员认为，现代人首次离开非洲是在6万～10万年前，到达欧洲的这些人需要适应欧洲大陆的不同病原体，其与在欧洲的古尼安德特人结合，获得了不同的免疫反应水平，以帮助他们更好地应对一些新的感染性疾病。一些学者认为，对于一些疾病，如肺结核，较低的免疫反应更有利于生存，现代欧洲人可能获得了尼安德特人的一些特征而能够更好地应对一些感染性疾病。过度的免疫反应造成非洲裔美国女性患自身免疫性狼疮类疾病的概率是美国白人的3倍。

（二）遗传检测和诊断

基因诊断（gene disagnosis）是指利用分子生物学技术直接检测人体内DNA或RNA的结构或水平变化，从而对疾病做出诊断的方法。基因诊断的适应证范围已经覆盖了遗传性疾病、感染性疾病及肿瘤等疾病。基因诊断一种是产前基因诊断，也就是对还未出生的胎儿进行诊断；另一种是对出生之后的人进行诊断，即常规基因诊断[27]。

自20世纪50年代以来，羊水穿刺术已被医生用于诊断未出生胎儿的染色体畸变，如唐氏综合征。已经开发了上千种基因测试，大致可分为3类：

①分子遗传学测试（或基因检测）；

②染色体遗传测试；

③生化遗传测试，研究蛋白质的数量或活性水平。

基因检测的优点是：

①为疾病状况提供准确的诊断并就治疗做出合理的决定。基因检测可以帮助确定疾病状况的原因并选择适当的治疗方案，已经发现这在治疗某些癌症中特别有效。

②做出终止妊娠的选择。在已知存在会导致人类疾病的染色体异常的情况下，羊膜穿刺术有助于做出有关终止医学妊娠的决定。

③做出生活方式的选择。已知几种遗传性疾病与年龄有关，并且该疾病通常仅在患者的生殖年龄之后才表现出来。基因检测可以帮助做出有关生殖选择的决定。

由于测试显示的信息相当敏感，因此，基因测试总是与遗传咨询相结合，以帮助患者了解测试结果将如何影响他们并指导他们做出明智的选择。但是，这个领域陷入了道德难题。

目前，临床上胎儿先天性缺陷或遗传性疾病的诊断主要通过侵入性手段进行，如绒毛取样、羊膜腔或脐静脉穿刺，但这些侵入性产前诊断技术都有造成妊娠妇女流产的风险。因此，近年来非侵入性产前诊断技术的研究备受关注。大量研究表明，胎儿细胞和胎儿游离DNA存在于母体外周血中，从而使利用母体外周血获取胎儿遗传物质进行非侵入性产前诊断成为可能。然而，胎儿细胞在母体外周血中含量极少，因此，如何富集如此微量的胎儿细胞是非侵入性产前诊断技术面临的瓶颈。目前的富集技术比较复杂，且成本较高，仍不能广泛应用于临床[28]。

常规基因诊断遇到的第一个伦理问题与个人隐私相关。这种诊断有可能会引发新的社会歧视，因此也构成了反对基因诊断的重要理由之一。常规基因诊断面临的另一个伦理问题是：它给患者带来了额外的精神压力。产前基因诊断技术常常与选择性流产联系在一起。因此，反对的观点认为，产前基因诊断是一种“杀人”工具，至少，它促使了原本可以存在的、即使具有缺陷的婴儿的死亡，因此是不道德的。争论的焦点有两个：第一，生命始于何时；第二，生命的存在，哪怕是有缺陷的、短暂的存在，究竟是否比不存在好。[27]

（三）精准医疗

继人类基因组计划之后，2015年1月底，美国总统奥巴马在国情咨文中宣布了一个生命科学领域的新项目——精准医疗计划（Precision Medicine Initiative），该计划致力于治愈癌症和糖尿病等疾病，目的是让所有人的健康相关个性化信息成为临床诊断和治疗的依据[29-30]。

个性化医疗领域的主要技术是基因分型，或确定个体间的遗传差异。一种方法涉及鉴定单核苷酸多态性（SNP），它们是构成人类基因组的DNA核苷酸序列中的取代、缺失或插入。这些微妙的变化将每个人与物种的其他成员区分开来，可能会影响个体对疾病的易感性及其对感染和药物的反应[31]。

个人基因分型有两种方法。在第一种方法中，从个体细胞提取DNA，纯化并暴露于“DNA芯片”，该芯片附着了数十万个具有与已知SNP序列互补的单链DNA片段。通过杂交过程，个体DNA的片段与芯片上的互补序列结合，从而可以确定存在哪些SNP[32-33]。随着研究继续识别更多的SNP，更复杂的DNA芯片将可供购买。当前芯片的主要缺点是昂贵且不易重复使用。个人基因分型的第二种方法涉及使用自动DNA测序仪确定个体基因组的全部或部分。虽然这种技术更耗时且成本更高，但它的优势在于可以识别多个序列和罕见的SNP。使用个体的完整或部分基因组序列，生物信息学方法可以将已知的SNP与疾病风险相关联。

全基因组测序方法的主要缺点是费用问题。然而，由于技术的进步，全基因组测序的成本正在迅速下降。几种下一代DNA测序仪正在开发中。另一个重要因素是准确性。对于临床遗传学应用，DNA序列必须以每10 000 ~ 100 000个DNA单位只有一个错误的准确度进行解码[34]。未来，基因组测序可能开始成为医疗实践的常规部分[35]。

不管用于确定个人基因型的方法如何，信息的利用取决于支持SNP与某些疾病易感性之间的流行病学相关性的公共和私人数据库的可用性[36-37]。目前，人类遗传资源的有限数据限制了个人基因组学在诊断和预防方面的有用性。然而，随着全基因组测序的价格下降，流行病学数据的数量将呈指数增长[38]。

个人基因组学的一个主要好处是它可以用于预防医学，以评估个体患某些疾病的风险，并允许早期发现和干预，如改变生活方式，降低疾病发展的概率[39]。结合家族史的个人基因组学提供了更准确和完整的疾病风险预测方法。个人遗传信息还可以帮助医生选择最有效的药物来治疗患者。个人基因组学技术产生的信息也可以成为预测个体药物不良反应的有力工具[40-43]。

由于目前人类基因组学数据有限，因此，必须获得更多关于特定基因与疾病之间关系的信息。一个名为1000 Genomes Project的国际研究联盟计划对全世界1000多人的基因组进行测序，以创建一个详细的、可公开获得的人类遗传变异图谱，研究其与健康和疾病的相关性[44]。另一个资源是SNPedia，一个开源数据库，利用科学出版物的信息来绘制遗传变异的影响[45]。SNPedia数据库可以免费访问，可以比较和分析个人基因组序列。随着更多的SNP被确定，将有可能确定个体对多种疾病和药物反应模式的差异。

全基因组关联研究（genome-wide association study，GWAS）是对多个个体在全基因组范围内的遗传变异多态性进行检测，以获得基因型，进而将基因型与可观测的性状，即表型，进行群体水平的统计学分析，筛选出最有可能影响该性状的遗传变异（图 9-2，彩图见书末）。GWAS 的研究思路最早于 1996 年由 Risch 等提出，目的是将人类复杂疾病的研究从基因转向全基因组水平，以期用更大规模的检测得到与疾病相关的每一个基因。多年来，在人类疾病相关研究中，关于年龄相关性黄斑变性、冠心病、皮肤病、2 型糖尿病、癌症、精神分裂症、阿尔茨海默病等的 GWAS 成果相继被报道[46]。

药物基因组学研究患者对药物反应的差异性。药物基因组学信息可用于：①预测疾病的易感性或药物反应；②设计新药物。利用人类遗传数据来支持药物靶点和适应证的选择，可以增加药物临床成功的机会[48]。2005 年，NHGRI 发起了“癌症基因组图谱”项目（http://cancergenome.nih.gov/），以绘制与癌症相关的基因变化图。因为同一类型的癌症可能有多种原因，所以通过将特定的基因组变化与特定的结局联系起来，可能进行更有效、更个性化的治疗。

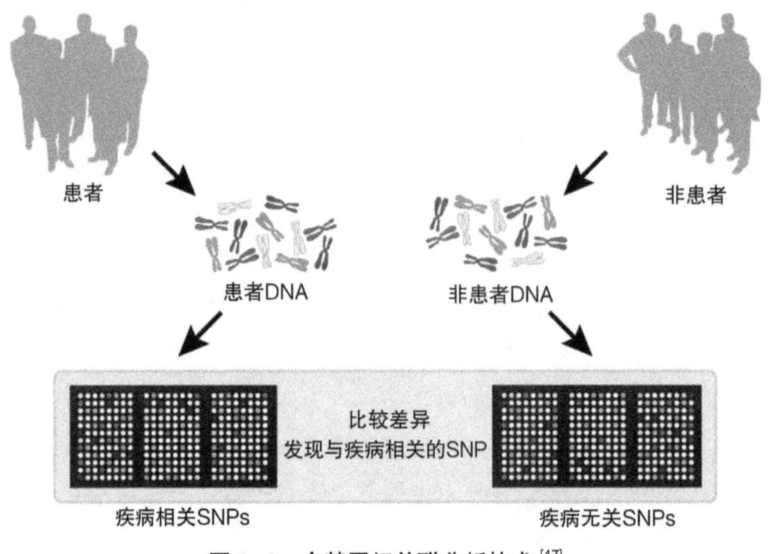

图 9-2　全基因组关联分析技术[47]

（四）法医学

事实证明，现代技术（如聚合酶链反应和 DNA 测序）比组织和指纹分析的能力更强大。分析方法包括短串联重复序列、单核苷酸多态性、线粒体DNA和染色体分析。在20世纪80年代末和20世纪90年代初，美国各州开始通过法律，要求被定罪的某些罪犯提供DNA样本。

（五）基因治疗

许多疾病是由于单个基因的突变导致其无法发挥功能所致。使用基因组学和重组DNA技术，鉴定缺陷基因并用正常基因替代，称为“基因疗法”，可以永久治愈受影响的患者。

（六）基因组编辑

基因组编辑技术涉及对细胞中遗传信息进行更改。该技术旨在通过消除有害突变来治疗人类疾病。尽管该技术可以帮助治愈多种形式的疾病，如镰状细胞性贫血和血友病，但该技术用于非治疗性改良的可能性引起了伦理和法律方面的关注[49]。

三、生物安全与伦理问题

人类基因组计划（HGP）的一个重要目标是研究具有遗传基础的疾病，以改善诊断、预防和治疗策略。已知亨廷顿病（Huntington’s Disease）、帕金森病（Parkinson’s Disease）、杜氏肌营养不良症（Duchenne’s Muscular Dystrophy）、囊性纤维化、多发性硬化症等疾病是可遗传的。

遗传疾病可能是由许多不同原因引起的。它们可能是由于单个基因的突变所致（如镰状细胞贫血是由于红细胞中血红蛋白中的单个氨基酸取代引起的）；或改变染色体数目或结构的染色体畸变（如唐氏综合征是由多余的染色体引起的）；或由于多个基因的突变（如结肠癌）。这些疾病可以通过对血液或其他组织的检测来确定。可能出于多种原因进行基因检测：

①用于在出现疾病症状时进行诊断；

②在疾病症状显现之前进行预防或开始早期治疗；

③筛选植入前的胚胎；

④在未出生的婴儿中发现遗传病；

⑤确定最适合患者的药物剂量；

⑥确定一个人是否具有某种疾病的遗传基因。

基因检测的结果可能有助于确定可用的治疗方案。遗传测试在研究、筛查和治疗特定人群的遗传疾病方面非常有用，但也可能带来一些问题。

（1）遗传歧视

利用遗传信息做出有关雇用 / 解雇、晋升机会、拒绝保险或更改保险条款的决定，就构成了遗传歧视。遗传歧视的一个例子是在 20 世纪 70 年代对非裔美国儿童和年轻人进行镰状细胞贫血筛查。在美国，有 30% ~ 40% 的非裔美国人检测出阳性。1969 年，4 名非裔美国新兵在剧烈运动中意外死亡，死亡原因可能是镰状细胞贫血。这导致黑人被排除在体育界和航空业，以及某些行业的“高风险”工作之外。直到 1978 年情况才发生变化，因为发现其他种族群体和美国白人也具有该特征。在美国，医疗保险通常由雇主提供。随着医疗保健成本的上升，雇主自然会雇用健康风险较小的人。1989 年，由美国国会技术办公室委托进行的一项调查显示，至少有 5 家财富 500 强公司对员工进行了基因筛查。

（2）滥用的可能性

虽然还没有人试图将个人基因组学用于敌对目的，但理论上存在该可能性。例如，有可能利用药物基因组学用于鉴定和开发可能对遗传易感人群中的一部分人造成重大伤害的药物。2010 年 2 月，一个国际团队宣布，他们已经对南非大主教德斯蒙德·图图（Desmond Tutu）和来自纳米比亚的土著丛林居民的基因组进行了测序，作为使研究人员和制药公司将个性化医疗的好处带给发展中国家居民的一部分。该分析确定了以前未发现的 130 万种遗传变异，有可能为生活在南部非洲的人们量身定制药物治疗方法。例如，某些治疗艾滋病的药物在非洲人中的效果不如欧洲人。但该研究的批评者表示，该信息可能被用来制造药物以谋取利润，甚至可以设计出能够针对特定种族群体的生物武器[50]。

2002 年启动的“国际人类基因组单体型图谱计划”致力于确定人群的遗传相似性和差异性，该项目所产生的信息可能被用来发展针对特定人群的生物剂。如果大量的人类遗传信息可以公开获得，系统数据挖掘可能会确定种族群体之间的遗传相似性和差异。可以想象，这些信息可用于开发可选择性伤害特定人群的生物或化学剂[51]。两个人的基因组序列 99.9% 是相同的，但是 0.1%

的差异可以表现出种族差异。目前，一些分析集中于单基因多态性（SNP），在过去的几年中，几百万的SNP已经被确定。

最近，追踪不同种族（非裔美国人、亚洲人、西班牙裔和欧洲人）的相关性和祖先的努力已经分析了大量基因组数据。这些研究已证实存在数千个种族群体中频率为10% ~ 12%的特定等位基因[52-54]。具有更高频率的特定等位基因的情况不太常见，但确实发生。例如，在美洲原住民中发现一个特定等位基因，支持美洲土著人来源于一个原始人群的假说[55]。这项研究检查了来自21个美洲原住民地区和西白令海峡地区，以及全世界其他54个地区的1249个人。发现一些特定等位基因在美洲原住民和西白令海峡地区的比例超过35%，但在所有其他地区都没有。虽然特定等位基因不会提供用于攻击特定种族群体的所有成员的遗传目标，但有可能专门针对该群体的一部分群体。发展和使用种族武器的狂热分子可能不会被其他群体中1%或更低频率的目标等位基因的存在而引起潜在附带损害所阻止。因此，发展种族武器的理论可能性值得关注。但与此同时，鉴于开发此类武器所需的技术难度，目前风险依然很小[51]。即使一个寻求扩散的国家或恐怖主义团体设法进入一个庞大的人类基因数据库，并确定了一种可能对一部分人群造成伤害的药物，开发一种遗传特异性的武器并发展适当的递送系统仍然是极其困难的。此外，遗传上特异的人口不一定会集中在一个可以选择性定位的单一地理区域，这种技术障碍也不容易克服。

迄今为止，科学界和政策界很少关注个人基因组学可能被滥用以造成人身伤害的可能性。政府政策制定者一直关注其他问题：保护隐私权，以及雇主和健康保险公司可能滥用个人基因组信息歧视具有某些疾病遗传倾向的个人。此外，科学界还警告说，由于遗传风险预测中的不准确和误报，可能对客户造成伤害[56]。个人基因组的指数增长并没有被美国军方忽略[57]，美国国防部对其军事应用非常感兴趣，但意识到缺乏将基因型和表型关联的足够数据。

我国华大基因的研究人员与丹麦哥本哈根大学及加州大学伯克利分校的研究人员合作在Cell上发表中国人基因组学大数据研究成果的文章[58]，该研究的发表也引起了人们对人体基因组数据安全的广泛关注。

四、监管措施

联合国教育，科学及文化组织（UNESCO）生物伦理项目是1993年创建的。该项目的目的是确定一个共同的道德标准框架，各国可将其用于制定自己的生物伦理政策。在该方案下提出了《人类基因组和人权宣言》（*UNIVERSAL Declaration on the Human Genome and Human Rights*）。它禁止遗传歧视，并保护遗传信息的保密性。它于1997年11月11日在联合国教科文组织大会上获得一致通过，并于次年获得联合国大会的认可。

联合国教育，科学及文化组织的《人类遗传数据宣言》（*International Declaration on Human Genetic Data*）于2003年通过。该宣言认为“人类遗传数据由于其敏感性质而具有特殊地位，因为它们可以预测有关个人的遗传易感性；可能会对整个家庭产生重大影响，包括后代，延伸到几代人，有时甚至会影响整个群体”。教科文组织大会于2005年10月通过了《世界生物伦理与人权宣言》（*UNIVERSAL Declaration on Bioethics and Human Rights*），以处理由医学、生命科学和相关技术引起的伦理问题。

《在生物学和医学应用方面保护人权和人的尊严公约：人权与生物医学公约》（*Council of Europe Convention on Human Rights and Biomedicine*）是欧洲理事会于1997年4月4日在奥地利签署的全球第一个管制人类基因工程研发的国际公约。这是在欧洲建立涵盖生物学和医学领域的具有法律约束力的文书的首次尝试。它以《欧洲人权公约》为基础，为防止滥用新技术在生物学和医学上建立更加精确的国际标准。

在基因科技领域，采取单独立法模式的国家有德国、奥地利、澳大利亚、瑞典等。德国于1990年制定了世界上第一部《基因科技法》，奥地利于1994年制定了《基因技术法》，澳大利亚于2000年制定了《基因技术法》，瑞典于1994年制定了《基因技术法》和《基因技术活动条例》。

美国没有制定单独的基因科技法，最主要的相关规范是《公共卫生法》与《联邦食品、药品及化妆品法》。

个人基因组学的时代已经到来，个性化的药物治疗有望成为医学发展的下一步。尽管个人基因组学的潜在益处是明确的，但目前的主要风险是个人遗传数据可产生遗传歧视。美国和德国都已通过立法来解决这一问题。

20 世纪 90 年代中期，在 DNA 测序技术进步明显，能够快速、廉价地对整个人类基因组进行测序时，美国国会开始制定立法，保护公民免受雇主、保险公司基于基因的健康歧视。由此产生的法律，即《遗传信息非歧视法案》(*Genetics Information Non discrimination Act*，*GINA*）在 2008 年通过。根据该法律，不允许保险人和雇主要求进行基因检测。保险公司不能使用基因测试的结果来减少保险范围或改变价格，也不能做出不利的雇用决定。披露有关申请人、雇员或成员的遗传信息也是非法的。该法律自 2009 年 11 月 21 日起生效。GINA 禁止保险公司和其他服务提供商利用遗传信息来拒绝承保，还阻止雇主从第三方购买有关当前或未来雇员的遗传信息。

德国《人类基因检查法》（*Human Genetic Examination Act*）于 2010 年 2 月 1 日生效，法案要求只有经过充分知情同意的医生才能进行基因检测，并对违法行为进行处罚。德国法律还限制对胎儿的基因检测，并阻止保险公司和雇主要求或使用遗传信息。

在英国，上议院基因组医学报告没有建议立法禁止遗传歧视，但建议直接面向消费者的基因检测公司采用统一的行为准则来评估此类服务的医疗效用及客户的遗传咨询需求[51]。

参考文献

[1] Loman N J, Pallen M J. Twenty years of bacterial genome sequencing[J]. Nat Rev Microbiol, 2015,13(12):787-794.

[2] 陈浩峰 . 新一代基因组测序技术 [M]. 北京：科学出版社 ,2016.

[3] Sanger F, Nicklen S, Coulson A R. DNA sequencing with chain-terminating inhibitors[J]. Proc Natl Acad Sci USA, 1977 ,74(12):5463-5467.

[4] A brief Introduction to genomics research[EB/OL].[2021-06-16]. https://wiki.cebitec.uni-bielefeld.de/brf-software/index.php/GenDBWiki/IntroductionToGenomics.

[5] Wheeler D A, Srinivasan M, Egholm M, et al. The complete genome of an individual by massively parallel DNA sequencing[J]. Nature, 2008 ,452(7189):872-876.

[6] Branton D, Deamer D W, Marziali A, et al. The potential and challenges of nanopore sequencing[J]. Nat Biotechnol, 2008 ,26(10):1146-1153.

[7] 杨焕明 . 科学与科普——从人类基因组计划谈起 [J]. 科普研究 , 2017(3)：5-7.

[8] Collins F S, Morgan M, Patrinos A. The Human Genome Project: lessons from large-scale biology[J]. Science, 2003,300(5617):286-290.

[9] Collins F S, Green E D, Guttmacher A E, et al. A vision for the future of genomics research[J]. Nature, 2003,422(6934):835-847.

[10] International Human Genome Sequencing Consortium. Finishing the euchromatic sequence of the human genome[J]. Nature, 2004,431(7011):931-945.

[11] Metzker M L. Sequencing technologies:the next generation[J]. Nat Rev Genet, 2010 ,11(1):31-46.

[12] Rogers Y H, Venter J C. Genomics: massively parallel sequencing[J]. Nature, 2005, 437(7057):326-327.

[13] Shendure J, Ji H. Next-generation DNA sequencing[J]. Nat Biotechnol, 2008 ,26(10):1135-1145.

[14] Goodwin S, McPherson J D, McCombie W R. Coming of age: ten years of next-generation sequencing technologies[J]. Nat Rev Genet, 2016 ,17(6):333-351.

[15] The Personal Genomics Project[EB/OL].[2021-06-15]. http://www.personalgenomes.org.

[16] Hayden C, Erika. Personal genomes go mainstream[J].Nature, 2007,7166: 11.

[17] 姚丽敏 , 郭学武 . “DNA 元件百科全书”计划概述 [J]. 今日科苑 , 2008(22):271.

[18] 曾长青 . 人类基因组单体型图计划及其“中国卷”[J]. 世界科技研究与发展 , 2003, 25(6):24-27.

[19] 中英美科学家宣布启动国际千人基因组计划 [EB/OL]. (2008-01-23)[2021-06-16]. http://news.cctv.com/china/20080123/100039.shtml.

[20] Nambisan P. An introduction to ethical, safety and intellectual property rights issues in biotechnology[M]. Elsevier, 2017.

[21] McKusick V A, Ruddle F H. A new discipline, a new name, a new journal[J]. Genomics. 1987,1(1): 1-2.

[22] 高崇明 . 生命科学导论 [M]. 3 版 . 北京：高等教育出版社，2013.

[23] 道恩 · 菲尔德 , 等 . 基因组革命——基因技术如何改变人类的未来 [M]. 刘雁 , 译 . 北京：机械工业出版社 ,2017.

[24] 沈银柱，黄占景 . 进化生物学 [M].3 版 . 北京：高等教育出版社 ,2012.

[25] Quach H, Rotival M, Pothlichet J, et al. Genetic adaptation and neandertal admixture shaped

the immune system of human populations[J]. Cell, 2016 ,167(3):643-656.

[26] Nédélec Y, Sanz J, Baharian G, et al. Genetic ancestry and natural selection drive population differences in immune responses to pathogens[J]. Cell, 2016 ,167(3):657-669.

[27] 李本富，李曦 . 医学伦理学十五讲 [M]. 北京：北京大学出版社 , 2007.

[28] 于君 . 非侵入性产前诊断——母体血中胎儿 DNA 检测 [J] . 国际生殖健康 / 计划生育杂志 ,2012,31(4): 308-311.

[29] 陈枢青 . 精准医疗 [M]. 天津：天津科学技术出版社 ,2016.

[30] Collins F S, Varmus H. A new initiative on precision medicine[J]. N Engl J Med, 2015,372(9):793-795.

[31] Hehir-Kwa J Y, Egmont-Petersen M, Janssen I M, et al. Genome-wide copy number profiling on high-density bacterial artificial chromosomes, single-nucleotide polymorphisms, and oligonucleotide microarrays: a platform comparison based on statistical power analysis[J]. DNA Res, 2007,14(1):1-11.

[32] Yue P, Moult J. Identification and analysis of deleterious human SNPs[J]. J Mol Biol, 2006, 356(5):1263-1274.

[33] Väli U, Brandström M, Johansson M,et al. Insertion-deletion polymorphisms(indels)as genetic markers in natural populations[J]. BMC Genet, 2008,9:8.

[34] Wade N. Cost of decoding a genome is lowered[N]. New York Times, 2009-08-11.

[35] NIH promises funds for cheaper DNA sequencing[J]. Nature News, 2008, 454(7208):1041.

[36] Wheeler D L, Barrett T, Benson D A,et al. Database resources of the national center for biotechnology information[J]. Nucleic Acids Res, 2007,35:D5-12.

[37] Hamosh A, Scott A F, Amberger J S, et al. Online mendelian inheritance in man(OMIM), a knowledge base of human genes and genetic disorders[J].Nucleic Acids Research,2002,30(1):52-55.

[38] Wade N. A decade later, genetic map yields few new cures[N].New York Times, 2010-06-12(A1).

[39] Khoury M J, McBride C M, Schully S D, et al. The Scientific Foundation for personal genomics: recommendations from a National Institutes of Health-Centers for Disease Control and Prevention multidisciplinary workshop[J]. Genet Med, 2009,11(8):559-567.

[40] Ng P C, Zhao Q, Levy S, et al. Individual genomes instead of race for personalized medicine[J].

Clin Pharmacol Ther, 2008 ,84(3):306–309.

[41] Ge D, Fellay J, Thompson A J, et al. Genetic variation in IL28B predicts hepatitis C treatment–induced viral clearance[J]. Nature, 2009 ,461(7262):399–401.

[42] Gardiner S J, Begg E J. Pharmacogenetics, drug–metabolizing enzymes, and clinical practice[J]. Pharmacol Rev, 2006,58(3):521–590.

[43] Lazarou J, Pomeranz B H, Corey P N. Incidence of adverse drug reactions in hospitalized patients: a meta–analysis of prospective studies[J]. JAMA, 1998 ,279(15):1200–1205.

[44] The 1000 Genomes Project[EB/OL].[2021–05–01]. http://www.1000genomes.org.

[45] SNPedia [EB/OL]. (2017–07–19)[2021–06–16]. http://www.snpedia.com/index.php/SNPedia.

[46] 周家蓬，裴智勇，陈禹保，等 . 基于高通量测序的全基因组关联研究策略 [J]. 遗传，2014, 36(11): 1099–1111.

[47] https://www.mpg.de/10680/Modern_psychiatry.

[48] Nelson M R, Tipney H, Painter J L, et al. The support of human genetic evidence for approved drug indications[J]. Nat Genet, 2015 ,47(8):856–860.

[49] Lanphier E, Urnov F, Haecker S E, et al. Don't edit the human germ line[J]. Nature, 2015, 519(7544):410–411.

[50] Rob S. Genomes for Tutu, Bushman Decoded; Researchers hope to customize health care in developing world[N].Washington Post, 2010–02–18(A4).

[51] Tucker J B. Innovation，dual use，and security: managing the risks of emerging biological and chemical technologies[M]. Massachusetts:The MIT Press，2012.

[52] Miller R D, Phillips M S, Jo I, et al. High–density single–nucleotide polymorphism maps of the human genome[J]. Genomics, 2005,86(2):117–126.

[53] Guthery S L, Salisbury B A, Pungliya M S, et al. The structure of common genetic variation in United States populations[J]. Am J Hum Genet, 2007 ,81(6):1221–1231.

[54] Xing J, Watkins W S, Witherspoon D J, et al. Fine–scaled human genetic structure revealed by SNP microarrays[J]. Genome Res, 2009 ,19(5):815–825.

[55] Schroeder K B, Jakobsson M, Crawford M H, et al. Haplotypic background of a private allele at high frequency in the Americas[J]. Mol Biol Evol, 2009 ,26(5):995–1016.

[56] Ng P C, Murray S S, Levy S, et al. An agenda for personalized medicine[J]. Nature, 2009, 461(7265):724–726.

[57] JASON. The $100 Genome: implications for the DoD [EB/OL]. (2010–12–01) [2014–05–02]. http://www.fas.org/irp/agency/dod/jason/hundred.pdf.

[58] Liu S, Huang S, Chen F, et al. Genomic analyses from non–invasive prenatal testing reveal genetic associations, patterns of viral infections, and chinese population history[J]. Cell, 2018,175(2):347–359.

第十章　基因编辑

一、基因编辑技术发展

基因组编辑是一种功能强大的新工具，可对生物体的完整遗传信息进行精确的添加、删除和更改。近 10 年来，归巢核酸酶、锌指核酸酶（Zinc finger nucleases，ZFN）、TALE 核酸酶和 Cas9 核酸酶的出现，实现了更高效和精确的基因编辑，大幅提高了非同源末端修复和同源重组的效率，为物种改造带来了新机遇[1]。双链断裂也可以在 DNA 复制过程中或通过辐射或化学损伤自然发生，并且细胞已发展出通过重新连接末端来修复它们的机制，这是一种称为非同源末端接合（nonhomologous end joining，NHEJ）的过程。但是，这种重新连接通常并不完美，并且在修复过程中可能会引入少量插入和删除。这样的插入和缺失会破坏 DNA 序列，并经常使被切割的基因失活。通过 NHEJ 进行的靶向切割和不准确的修复提供了一种使基因或基因调控元件失活的手段。同源重组的修复机制是：当发生双链断裂时，有外源的同源碱基序列参与修复原来断裂的序列，利用同源重组修复（homologouse repair，HR）可以达到基因的敲入及修复目的。当外源同源序列本身具有缺陷时，就同样可以达到基因敲除的目的。

最初在酵母中发现的归巢核酸酶产生特定位点的 DNA 双链断裂[2-4]。归巢内切酶在哺乳动物细胞基因编辑中可以发挥作用。但由于天然存在的归巢核酸酶位点极为有限，归巢核酸酶设计难度大，技术要求高[1]。在随后的 20 年中，开发了可靶向特定位点的几种其他类型的核酸酶，并将其用于目标 DNA 切割[5]。已经广泛开发用于编辑基因和基因组的靶向核酸酶的类型有锌指核酸酶（ZFN）和转录激活因子样效应核酸酶（transcription activator-like effector nucleases，

TALEN）。两者都依赖结合特定的相对短的 DNA 序列的蛋白质。ZFN 已开发用于基因编辑，并且正在临床试验中，例如，试图在 AIDS 患者中赋予对 HIV 病毒的抗性[6]。近些年，CRISPRR/Cas9 系统使基因组的编辑相对于以前的策略更加精确、高效和灵活[7]。

（一）锌指核酸酶

锌指蛋白（Zinc finger protein，ZFP）是一类具有手指状结构域的转录因子，对基因调控起重要作用。一个锌指模块能够识别一个 DNA 3 碱基序列，因为 DNA 一共只用到 4 种碱基分子，理论上存在的 3 碱基序列有 64 种。因此，找到 64 种不同的锌指，分别对应一种独一无二的 DNA 3 碱基序列，就可能通过排列组合不同数目的锌手指实现对任意基因组 DNA 序列的精确定位。1996 年，Kim 和 Cha 等将锌指结构与限制性内切酶 Fok I 串联结合，得到锌指核糖核酸酶（ZFN）。Fok I 来自海床黄杆菌，是一种只在二聚体状态时才有酶切活性的限制性内切酶。当一对 ZFN 分别识别对应的靶序列并与之结合时，会激活 Fok I 核酸内切酶，发挥剪切作用，导致核酸双链断裂，利用同源重组修复可以达到基因的敲入及修复目的[1]。

（二）TALENs

TALE（transcription activator-like effector）是转录激活因子样效应蛋白，是在黄单胞菌属中发现的一种菌体蛋白。TALENs（TALE nucleases）中文名为转录激活因子样效应物核酸酶。1992 年研究发现，一些病原微生物将 TALE 蛋白传送到植物细胞中，通过对细胞基因转录进行调控，使得病原微生物在植物体中易于生存。TALEN 每一重复单元大多由 33 ~ 35 个氨基酸组成，其中第 12 位和第 13 位氨基酸共同负责识别 1 个碱基。TALEN 的剪切效应已在植物、酵母、斑马鱼、小鼠、大鼠及人类细胞等物种中得到证实[1]。根据 TALE 的特点可以快速方便地设计人工的 TALE 序列，并与 Fok Ⅰ核酸酶结构域结合在一起，产生以 TALE 为基础的核酸酶（TALEN）。TALE 比锌指更简单，更易于工程设计。最近报道了 TALENs 在治疗急性淋巴细胞白血病中的应用[8]。

（三）CRISPR

CRISPR 的全称为规律成簇间隔短回文重复序列（clustered regulatory interspaced short palindromic repeats，CRISPR），是在细菌纲和古细菌纲中发现的，几乎所有的古细菌和 40% 的细菌都具有该序列。Cas 是一种核酸酶，CRISPR/Cas 所构建的特殊防御系统能够有效抵抗病毒及外界各种基因元件对其造成的干扰，同时其具有免疫记忆功能，当再次受到这些基因元件侵染时，细菌将通过 CRISPR/Cas 免疫系统识别并抵抗噬菌体和质粒的二次侵染（图 10-1，彩图见书末）。理论上，通过设计不同的 RNA，可以引导 Cas 核酸酶对任何一个 DNA 位点进行改造，这为基因治疗和物种改造创造了极大的便利[1]。

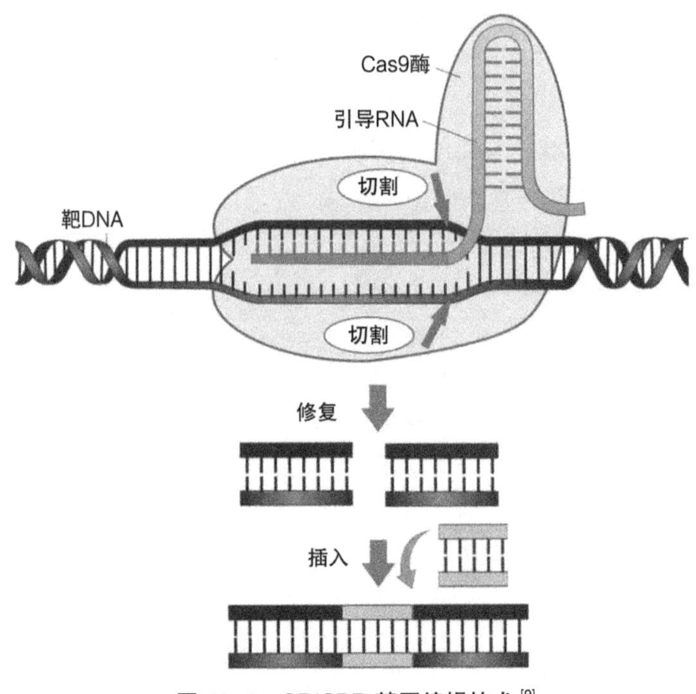

图 10-1　CRISPR 基因编辑技术[9]

2005 年，西班牙科学家莫西卡从海量 CRISPR 序列中发现规律，第一次提出细菌免疫的可能性。美国加利福尼亚大学伯克利分校的生物学家珍妮弗·杜德纳（Jennifer A. Doudna）也偶然听说了 CRISPR。2011 年，杜德纳找到了突破口，在波多黎各美国微生物学会组织的会议上开始与任教于瑞典于默奥大学的法国人艾曼纽·卡朋特（Emmanuelle Charpentier）合作，最终在2014年完美阐释了CRISPR/ cas9系统的工作原理[10]。

我们可以把cas9蛋白想象成有两个卡槽的接线板，卡槽内能够同时插入一条CRISPR RNA和一条病毒基因组DNA。当插入的CRISPR RNA和病毒基因组DNA序列一一配对时，cas9蛋白就会发生变形，准确卡住病毒DNA，毫不犹豫地挥起剪刀[10]。

在2013年年初的短短数周内，3个实验室相继证明，人工设计的CRISPR序列与cas9蛋白结合，确实可以高效编辑人类基因组。这3个研究组包括杜德纳自己，也包括哈佛大学医学院的乔治·丘奇和麻省理工学院的张锋[10]。杜德纳和卡朋特由于在CRISPR基因编辑技术方面的贡献，获得2020年诺贝尔化学奖。

Cas9（CRISPR associated protein 9）是一种核酸酶，相对于早期方法，CRISPRR/Cas9系统更简单，并且效率很高[11-12]，CRISPRR/Cas9使用RNA序列而不是蛋白质片段来识别DNA中的特定序列[13]。由于可以很容易地合成任何所需序列的RNA，因此，CRISPRR/Cas9核酸酶可以靶向基因组中的任何序列。这种简便的设计及CRISPRR/Cas9的出色特异性和效率彻底改变了基因组编辑，并对基础研究及生物技术、农业、昆虫控制和基因治疗等应用的发展产生重大影响[13-17]。锌手指识别DNA的效率是1 ∶ 30，TALE蛋白为1 ∶ 102，而CRISPR识别的效率是1 ∶ 1。基因编辑时的脱靶效应，现有的实验表明锌指核酸酶最高，CRISPR/Cas次之，TALENs最低[10]。

不同种类的细菌使用不同的CRISPR系统，尽管目前CRISPRR/Cas9系统由于其简便性而被广泛使用，但替代系统正在开发中，将在方法学上提供更大的灵活性[18-19]。这些方法已被全世界的科学家迅速采用，并极大地加速了基础研究，包括改变实验室中的细胞以研究特定基因的功能，使用干细胞或实验动物开发用于创建人类疾病研究的模型，创建改良的动植物改善食品生产，并开发人类疾病治疗手段。基因组编辑已迅速成为生物研究实验室和生物技术公司的重要技术，并且已经进入临床试验[20-22]。

未来需要解决的问题包括由CRISPR引导的核酸酶介导的DNA切割的特异性和效率。虽然指导RNA识别的大约20个碱基的序列提供了很大的特异性，但核酸酶也会在意想不到的位置切割，特别是如果引导 RNA 结合的 DNA 序列与预期靶点略有不同的话。一些早期的实验表明，脱靶事件的发生率可能很高，但是随着方法的改进，脱靶的频率逐渐降低。Cas9 切割的特异性已取得进展[23]，并且已经开发了监测脱靶频率的方法。cas9 蛋白本身是一个体型比较庞大的蛋白，由 1000 多个氨基酸构成，cas9 的整体大小要比锌指核酸酶系统还大，这会对利用病毒载体运输基因编辑系统构成一定程度的挑战[10]。

RNA 引导的基因组编辑系统的快速发展为操纵基因表达和功能研究提供了新途径。最近报道了在包括人类多能干细胞在内的许多细胞类型及小鼠中以多种方式敲低或敲除基因[24]。

二、基因编辑的应用

（一）基础研究应用

1. 认识人类细胞和组织的基础研究[7]

旨在发现更多有关基因组编辑机制和功能的基础生物医学研究，为推进人类医学提供了重大机遇。在实验室中对人类细胞、组织、胚胎和配子进行的基因组编辑研究可帮助了解更多有关人类基因功能、基因组重排、DNA 修复机制、胚胎早期发育、基因与疾病之间的关系等。

2. 了解哺乳动物的繁殖与发育的实验室研究

生殖细胞是能够形成新个体并使其遗传物质传给下一代的细胞。它们包括形成卵子和精子的前体细胞，以及卵子和精子细胞本身。当受精产生胚胎时，该胚胎的最早阶段，称为受精卵和胚泡，分裂并形成未来个体的所有细胞，包括体细胞和新的生殖细胞。随着胚胎的继续发育，其细胞分化为特定的细胞类型，这些细胞的功能变得越来越受限制。在繁殖和发育过程中，直接在配子、卵或精子前体细胞，或非常早期的胚胎中进行的遗传变化将影响到整个生物体的未来细胞，因此可被后代遗传。

3. 生殖细胞基因组编辑

就像体细胞一样，小鼠中有可能对受精卵、早期胚胎细胞、多能胚胎干细胞或精原细胞中的基因进行遗传修饰。在小鼠中，所有这些细胞类型都可以通过基因组编辑进行实验操作。当将最终的胚胎转移回子宫以完成妊娠时，就有可能建立携带遗传改变的小鼠品系。这些方法为探索基因组中所有基因的功能并开发人类疾病的啮齿动物模型提供了前所未有的机会。

4. 对人类发育的理解

CRISPRR/Cas9 指导的特定靶途径的激活或失活可用于了解发育中的基因调控。随着 CRISPRR/Cas9 效率的不断提高，可以利用基因组编辑敲除受精卵中的基因。目前，许多国家都允许在受精后的 14 天内进行人类胚胎培养。正在开发允许人类胚胎在培养物中发育的改良的培养系统。这些改进的培养系统结合使用基因组编辑技术有望使人们更好地理解人类早期发育的基本过程。

（二）体细胞基因编辑

对体细胞进行遗传改变的想法被称为基因治疗（gene therapy），在过去的几十年中，在基因治疗疾病的临床应用方面已经取得了重大进展[25-26]。但截至 2016 年年底，仅批准了两种基因疗法[27]。传统基因治疗的"缺啥补啥"的思路有时不能完全解决问题，于是人们的目光开始转向对人类遗传物质进行更为精细的手术操作。与传统基因治疗的思路不同，基因编辑的逻辑在于通过某种外科手术式的精确操作，精确修复出现遗传变异的基因，从根本上阻止遗传疾病的产生。在临床试验中已经使用人类基因组在体细胞中进行编辑以治疗遗传性疾病。对体细胞的改变所产生的影响仅限于受治疗的个体，不会由子孙后代继承。

基因组编辑可用于治愈疾病的明确例子是使用同源重组将导致镰状细胞疾病的基因变回编码野生型 β 血红蛋白的序列[28-29]，或纠正严重的联合免疫缺陷[30]。镰状细胞贫血是一种单基因遗传病。在人体基因组中，有几个负责编码和制造血红蛋白的基因（包括 HBA 和 HBB）。这些基因对人体的正常机能非常重要——因为血红蛋白是血液中的红细胞携带和运输氧气的重要载体。在镰状细胞贫血患者体内，HBA 基因的 DNA 序列发生了一个特定碱基分子的变异：第 20 位的碱基发生了变化，从 A 变成了 T，从而导致 HBA 蛋白第 7 位的氨基酸从谷氨酸变成了缬氨酸。但镰状细胞贫血也具有一定优势，仅仅携带一个 HBS 基因突变的个体不仅不会患镰状细胞贫血，反而能够获得对疟疾的抵抗力[10]。在 T 细胞免疫疗法中，基因组编辑的一项有希望的应用是单个或多重破坏基因，这些基因可能拮抗、抵消或抑制T细胞的抗肿瘤作用[31]。这些策略可以强有力地增强当前基于细胞的免疫治疗策略，可能克服当前限制大多数实体瘤疗效的障碍。

（三）生殖细胞基因编辑

对于已知有可能将严重遗传病带给孩子的父母，可遗传基因组编辑可能提供使孩子不受该疾病影响的潜在方式，这是许多此类父母的共同愿望[32-33]。很多遗传性疾病是由单个基因的突变引起的。虽然这些遗传性疾病中的许多都是罕见的，但它们共同影响着相当一部分人。此类遗传疾病给家庭造成的情感、经济和其他负担可能是巨大的。基因组编辑技术的最新进展使得将这些技术应用于人类生殖细胞成为可能。基因组编辑技术的进步推动了基因组编辑效率和准确性的提高，同时也降低了脱靶事件的风险。但是，由于生殖细胞基因组编辑是可遗传的，因此其影响可能是多代的，潜在的利益和潜在的危害都可以成倍增加。此外，种系遗传改变引起了人们对这种人工干预形式的适当性的激烈辩论。关于线粒体替代的争论也在进行，通过使用供体的健康线粒体可以避免线粒体DNA携带的遗传疾病。墨西哥[34]和乌克兰[35]已使用线粒体替代技术，英国也已授权。美国科学院最近的一项研究提出建议，只要接受严格的标准和监督，就应允许线粒体置换在美国进行临床试验[36]。

1. 预防遗传性疾病

关于是否应使用种系基因组编辑来防止遗传性疾病发生的意见不一。其他选择包括领养婴儿或使用捐赠的胚胎、卵子或精子，或者可以使用胚胎植入前遗传学诊断（preimplantation genetic diagnosis，PGD）来识别受影响的胚胎，以便父母可以选择仅植入没有诊断出突变的那些胚胎。但是，这种选择并非没有潜在的风险和成本，而且还涉及丢弃受影响的胚胎。通过使用胎儿的产前遗传诊断，然后对受影响的胎儿进行选择性流产，也可以避免将遗传突变传递给下一代。但是与PGD一样，一些人认为，不管预期的未来孩子的健康状况如何，终止正在进行的怀孕是不可接受的。

在这些情况下，可遗传的种系基因组编辑的使用提供了一种潜在的途径，这种编辑形式可以在配子（卵、精子）、配子前体或早期胚胎中进行。

在大多数情况下，PGD 可用于识别未受影响的胚胎进行植入。但是，在某些情况下，所有或大多数胚胎都会受到影响，从而使 PGD 变得困难或不可能。例如，像亨廷顿舞蹈病这样的主要晚发遗传病可以以足够高的频率发生。在这种情况下，所有胚胎都将携带引起疾病的显性等位基因，这些等位基因将导致儿童患病，PGD 在这种情况下没有用。也有一些疾病的例子，这些疾病是由特定基因中的两个不同突变或多个基因的特定等位基因的突变组合引起的，这使 PGD 变得更加困难。

随着我们通过常规和体细胞基因组编辑疗法来治疗患有严重遗传病的儿童和成人的能力得到提高，可能越来越需要解决父母对将一些疾病传给孩子的担忧。此类情况可能会大大增加携带者和受影响个体对使用基因组编辑技术的兴趣，以避免将有害基因传给其子女和子孙后代。

2. 治疗影响多种组织的疾病

一些遗传性疾病会影响特定的细胞类型或组织。这些疾病可以通过体细胞基因组编辑来治疗。但是，体细胞基因组编辑不太适合治疗影响多个组织的遗传疾病，如囊性纤维化会影响多种上皮组织（肺、肠和其他器官的组织）。杜氏肌营养不良症（Duchenne muscular dystrophy，DMD）是一种与 X 染色体连锁的疾病，会影响每 3600 例男性出生儿中的 1 例。症状在出生后的前几年开始出现，并逐渐恶化，平均预期寿命约为 25 岁。DMD 是由基因组中最大的基因之一肌营养不良蛋白（dystrophin）突变引起的，肌营养不良蛋白含有多个重复的相似区段。肌营养不良蛋白基因的大小及其重复序列都使其易于突变，从而使这种遗传疾病相对普遍。体细胞基因组编辑方法已经被开发，以消除肌营养不良蛋白基因的有害改变。这种体细胞基因组编辑方法将改善病情，但不能纠正所有组织的症状。目前，体细胞编辑方法应用较多。但是，生殖细胞基因组编辑方法和干细胞生物学的发展可能会改变这种情况。

三、生物安全与伦理问题

如果我们发现自己携带了容易得癌症的基因突变、容易得糖尿病的基因突变、容易近视的基因突变，我们趁还没有得病之前把这些基因一改了之，岂不是一劳永逸、高枕无忧？[10]这些看似简单的想法存在潜在的生物安全和伦理问题。

最早呼吁详细研究基因组编辑技术影响的是那些从事开发这些工具并促进其临床应用的科学界成员。2015 年，包括 CRISPRR/Cas9 开发人员在内的一组研究人员和伦理学家在加利福尼亚州纳帕举行会议，要求研究团体探索人类基因组编辑性质并就其可接受的用途提供指导[37]。同年，一些期刊和媒体上出现了许多文章和评论，呼吁人们注意 CRISPRR/Cas9 和类似遗传工具将构成的科学和道德挑战[38–40]。

专业机构、国际组织和美国科学院都发表了有关适当应用的声明，尤其是关于创造可遗传性基因修饰的可能性的声明。其中包括英国医学科学院、欧洲科学和新技术伦理小组、欧洲理事会、国际干细胞研究学会等[41–42]。

个人层面的担忧。与其他类型的医学干预措施一样，患者是否可以使用基因组编辑在很大程度上取决于了解治疗的安全性和有效性，以及评估预期的益处相对于不良反应的风险是否合理。基于基因组编辑的处理旨在对 DNA 的特定部分进行可控的修饰，同时避免更改其他不需要改变的部分，如脱靶事件。

社会层面的关注。基因组编辑的使用还具有重要的社会意义，这取决于其应用。不可遗传且仅限于单个患者的基因组编辑的使用可能与传统药物的使用没有太大不同。相比之下，做出可能被子孙后代所继承的改变可能存在问题。对于旨在增强人类能力的基因组编辑，社会层面的关注尤为突出。

2015 年 5 月，中山大学生命科学学院在《蛋白质与细胞》上发表了利用 CRISRP/Cas9 技术修改人类胚胎（无法存活的）基因的研究成果[43]。该文章激起了国际社会对人类胚胎遗传改造这一敏感话题的再度激烈讨论。讨论的焦点在于该技术能否用于人类胚胎遗传学研究。

编辑人类胚胎基因成为 2015 年 12 月初在华盛顿召开的人类基因编辑国际峰会的主要议题。该峰会最终达成的意见是：在基因编辑技术的安全性、有效性和社会认可度没有得到有效解决的前提下，不能将基因编辑的生殖细胞用于临床，允许基因编辑技术在法律和伦理监督下对生殖细胞进行基础和临床前研究。2016 年 2 月 1 日，英国人类授精和胚胎学管理局批准弗朗西斯·克里克研究所的一个研究团队使用基因编辑技术进行人类胚胎发育基础研究，以解释流产和不孕的原因，该研究团队负责人称他们会在第 14 天销毁胚胎。

2018年，南方医科大学贺建奎“基因编辑婴儿”事件引起了极大关注[44]。超过100位中国生物医学研究人员在网上发表了措辞强烈的声明，对这种做法进行谴责。位于华盛顿州西雅图市Altius生物医学科学研究所的Urnov对于编辑胚胎基因组以防止感染HIV的决定存有疑问。他曾使用基因组编辑工具靶向CCR5基因，但他的研究对象是HIV患者。他说，有“安全有效的方法”可以保护人免受艾滋病毒的感染，而无须编辑胚胎的基因。南加州大学研究艾滋病毒的宝拉·坎农（Paula Cannon）也质疑针对胚胎中CCR5基因的编辑，她说，某些艾滋病毒株甚至不使用这种蛋白质进入细胞，而是使用另一种蛋白质CXCR4。Cannon说，即使是自然CCR5阴性的人也不能完全抵抗HIV。

（一）人类基因编辑研究及其临床应用的总体原则

基因组编辑对于加深对生物学的理解，以及预防、改善或消除许多人类疾病具有广阔的前景。伴随着这一希望，还需要采用负责任且符合伦理的研究和临床应用[7]。以下一般原则是必要基础。

①促进福祉：促进福祉的原则支持为受影响的人们提供利益和防止伤害，这在生物伦理学中通常被称为受益和非恶意原则。

从遵守该原则出发的责任包括：追求人类基因组编辑的应用，以促进个体健康和福祉，如治疗或预防疾病，同时最大限度降低风险；确保在人类基因组编辑的任何应用中合理平衡风险和收益。

②透明：透明性原则要求开放性和以利益相关者可以理解的方式共享信息。

从遵守该原则出发的责任包括承诺在可能的最大范围内及时披露信息，以及在与人类基因组编辑有关的决策过程中的公众参与。

③适当关怀：对参加研究或接受临床治疗的患者给予适当关怀的原则。

遵循这一原则的责任包括在适当的监督下谨慎地逐步进行，并应根据未来的发展进行重新评估。

④负责任的科学：负责任的科学是遵守国际和专业规范。

遵守该原则包括高质量的实验设计和分析，对方案和所得数据进行适当的审查和评估，保持透明度及纠正错误。

⑤尊重人：尊重人的原则要求承认所有人的人格尊严，并尊重个人的决定，所有人都具有同等的道德价值。

遵循该原则的责任包括：致力于所有人的平等价值；尊重个人决策。

⑥公平：公平原则要求对相同的案例进行相同的对待。

遵守该原则的责任包括：公平分配研究的负担和收益；广泛而公平地获得人类基因组编辑临床应用产生的收益。

⑦跨国合作：跨国合作的原则支持对研究和治理合作的承诺，同时尊重不同的文化背景。

遵守该原则的责任包括：尊重不同的国家政策；尽可能协调监管标准和程序；在科学界和负责的监管机构之间进行跨国合作和数据共享。

（二）种系基因编辑

1. 科学技术问题

实际上，将基因组编辑应用于受精卵和早期胚胎尚需克服相当大的技术难题。

（1）嵌合体

如果基因组编辑是在受精卵或早期胚胎中进行的，产生的早期胚胎中的某些细胞将有很大可能并没有获得所需的编辑。这种情况称为“嵌合体”，它对受精卵或胚胎的种系基因组编辑应用提出了重大挑战，因为单个细胞可能无法反映出胚胎其他细胞的基因型。

此外，由于所得子代中的种系也可能是嵌合的，因此可能无法解决后代的问题。总体而言，目前嵌合问题将严重阻碍基因组编辑在受精卵或早期胚胎中的临床应用，尽管最近的进展表明，这种障碍最终可能会克服[45]。

编辑胚胎基因组并不是实现可遗传基因组修饰的唯一潜在方法。在受精之前直接修饰配子（卵和精子）或其前体基因组的方法可以克服嵌合问题，并可能允许在体外受精之前预先选择合适的靶向配子。配子基因组编辑有许多潜在途径，其中一些已在小鼠中使用。例如，可以从睾丸中分离出精原干细胞，在培养基中进行基因编辑，然后再植入睾丸中。又如，通过诱导多能干细胞生成精子或卵母细胞进行基因组编辑，并在体外或体内将其用于产生精子或卵子。此类技术在小鼠和其他哺乳动物，包括非人类灵长类动物中正在取得重大进展[46–48]。

（2）对人类基因库的影响

一些人提出质疑，以遗传方式编辑种系以消除引起疾病的变异基因是否会显著改变人类的基因库。如果可以批准，人类种系编辑以治疗疾病的病例数将非常小，并且在可预见的将来对基因库产生重大影响的可能性很小。也有人建议，任何可遗传的种系编辑都应限于在人类群体中自然发生的变化。在任何当前设想的治疗应用中，都是将致病突变改变为已知的现有非致病序列，因此，出于治疗目的，任何此类种系基因组编辑改变对人类基因库的预期影响都很小。

（3）选择合适的基因靶标的能力

最后，当前有关人类基因、基因组、遗传变异及基因与环境之间相互作用的知识是否足以使种系基因组编辑安全进行。虽然目前的知识对于某些基因来说足够了，但在许多情况下还有所不足。例如，APOE4 基因与阿尔茨海默病风险增加具有相关性。一种理论认为，它可能在其他方面具有优势，APOE4 基因可能不是种系基因组编辑的良好候选，因为它可能赋予一定的保护作用，以防止丙型肝炎感染对肝脏的损害[49-50]。

随着将基因组序列与健康、环境和生活方式等联系起来的大规模基因组项目的开展，基因组与健康、环境之间相互作用的知识将不断提高，如英国的100 000 基因组计划和美国的精准医疗计划（Precision Medicine Initiative）。随着对基因组了解的进步和基因组编辑技术的提高，将来需要对遗传性种系进行编辑以改善人类健康和福祉，这将是需要认真考虑的问题。每个潜在的靶基因都需要从科学和伦理的角度进行仔细评估，只有被充分了解的基因才适合进行种系基因组编辑。

2. 平衡个人利益和社会影响

关于遗传性种系编辑的辩论的挑战之一是不仅要权衡对个人的风险，还要权衡社会和文化层面可能的影响。这是一项复杂的伦理分析，个人利益和风险更加直接和具体，而对文化影响的担忧更加复杂。此外，因为新技术导致的任何文化变化都需要时间来证明。

可遗传的种系基因组编辑可能带来的好处最直接地体现在个人身上：想要有一个未受遗传影响的孩子的准父母。事实表明，人们对遗传关系的渴望使许多准父母会选择冒险生孩子[51-53]。如果对一个易于理解的基因进行编辑，那么种系基因组编辑可能会提供比胚胎植入前基因筛查更有效或更可接受的选择。这将给父母带来好处，并使孩子健康成长。

与种系基因组编辑可能带来的好处相对应的是各种潜在风险。在目前状态下，基因组编辑技术仍面临技术挑战，在将其应用于人类种系基因组编辑之前，需要克服这些挑战。一个担忧是人为干预可能会带来意想不到的后果。在种系基因组编辑的情况下，这种关注有两个不同的组成部分。首先是在编辑过程中产生脱靶效应的可能性。即使没有脱靶效应，预期的基因组编辑本身也可能产生意想不到的后果，如某些所谓的“增强”。在种系编辑中，由于改变可能影响后代，所以这种担忧被放大了。

与常规临床试验不同，种系基因组编辑试验可能需要对后代进行长期的前瞻性随访研究。这项后续行动将需要对受干预影响的未来儿童进行研究[41]。尽管研究后代面临着特殊的挑战，但其他生殖技术的经验表明，可以进行足够数量的随访以得出许多可能的长期影响的结论[54]。

一些人认为，种系编辑的依据可以超越单纯的父母意愿。一些人在获得种系基因组编辑方面看到了公共卫生收益，因为它可能会在某种程度上降低许多疾病的流行，如泰伊－萨克斯病（Tay-Sachs）和亨廷顿病（Huntington's disease）。一些人员认为，通过使人类对疾病更具有抵抗力，更道德和更聪明，改善人类物种是有意义的[55]。有些人，如哲学家约翰·哈里斯（John Harris）说，在某些情况下，道德上有义务从基因上增强自己[56]。

3. 文化争议

反对种系基因组编辑的社会文化争议是支持“自然”基因组。尽管人们对农业和医学的干预措施已被广泛接受，但有些人认为，人类基因组不应被有意操纵。因此，人们的关注点转移到这样一种观点上，即应该以谦卑的态度对待人类基因组，并且人类应该认识到智慧和科学的局限性，甚至认为人类干预比自然过程更危险或更不可预测。在某种程度上，他们接受这样一个论点，即与人类干预相比，自然和进化的作用力是更好的基因组改变的来源。即使在宗教中，不同信仰的信徒也会有不同程度的关注[57]。

（1）人的尊严与对人种改良的恐惧

国际公约通常援引尊严的概念[58]。“尊严”被引用为“提供了防止滥用新兴生物技术的最终理论依据”。即使仅限于预防严重疾病或缺陷，使用可遗传的种系基因组编辑的前景也引发了人们的担忧。

（2）经济和社会公平

种系基因组编辑技术不太可能在不久的将来得到广泛使用。在这个框架中，社会分配大量资源来开发一项技术，当这种资源可以用来通过已经存在的技术减轻数百万穷人的痛苦时，该技术也只会使相对少数的富人受益[59]。一个反驳的观点是，即使治疗罕见疾病通常从富人开始，但最终它们将为穷人所用。

种系基因组编辑会将文化确定的不平等变成生物学上的不平等。这种现象已经以更好的营养和使用疫苗的持久影响的形式存在于世界上处于有利地位的人群中[60]。

（三）增强功能

体细胞基因和细胞疗法在道德上被广泛接受。实际上，将具有不同遗传组成的细胞引入患者体内的骨髓移植已经使用了数十年，并且利用基因疗法来治疗患有严重复合免疫缺陷的儿童[61]。除了安全性、有效性和知情同意的问题外，对于那些普遍赞成现代医学的人来说，对于体细胞基因疗法的合法性没有任何问题。基因组编辑在体细胞基因疗法中用于治疗和预防疾病的作用越来越大。

但是，最近的进展增加了基因编辑也可以用于除以上讨论的基因治疗和其他医学干预之外目的的可能性，因此提出了一个新的问题，即应规范或禁止进行增强（enhancement）。增强通常被理解为无论是对于整个人类还是特定个体，改变“正常”的变化。

（1）体细胞基因编辑和增强

长期以来，人类增强的治理和道德规范一直受到关注。近些年，美国总统生物伦理学研究委员会的重点是与使用影响神经功能的药物有关的人类增强作用[62]。法国国家伦理与生命科学国家咨询委员会和新加坡国家生物伦理委员会在 2013 年均制定了专门针对神经增强[63]和神经科学研究[64]的报告。在美国，与其他基因疗法一样，基因组编辑的增强应用的治理也将落到 FDA、重组 DNA 咨询委员会（RAC）、机构生物安全委员会（IBC）和机构审查委员会（IRB），以及立法机构的手中。RAC 可以为讨论体细胞增强提供平台。IRB 和 FDA 研究增强可能对个人、科学和社会带来的利益是否合理，以及对公共健康和环境安全的影响。但是，对文化或社会道德的关注虽然很重要，但通常不在 IRB 的权限范围内。因此，如果方案具有为个人带来巨大利益的潜力，而这些个人愿意承担更大的风险，则监管机构和 IRB 可以同意。但是，如果监管机构和 IRB 做出决定认为，无论是对个人还是对科学而言，增强都没有真正的好处，那么即使最小的风险也是不合理的。随着人类基因组编辑技术的进步，有充分的理由相信对个人的健康和安全风险将会降低。因此，随着技术的改进，其应用都可以从严重疾病扩展到不太严重的疾病，再到预防，从长远来看，可以增强。例如，一种基因组编辑的针对肌营养不良症的细胞疗法可能使那些希望拥有更强壮的健康肌肉的人产生兴趣。

（2）种系基因组编辑和增强

种系基因组编辑提供了可影响多个世代的遗传变化的前景。在围绕增强的讨论背景下，这种前景可能会加深一些与非疾病治疗、预防应用有关的不安。“人种改良学”（eugenics）一词最早于 19 世纪末使用，它定义了改善人类物种的目标。总体思路是制订计划，鼓励血统“好”的人生更多的孩子，血统“不好”的人少生或不生孩子，以改善人类物种。在英国，人种改良主义者认为“好”的特质是在上层阶级中发现的。他们推断贵族的优良品质是可遗传的，因此穷人应该只生育较少的孩子。在美国，最初的人种改良目标之一是阻止具有“不良”特质的种族移民到美国。为了实现这一目标，1924 年的《移民管制法》限制了东欧和南欧的移民。

到 20 世纪 20 年代，各国越来越多地关注与种族和阶级无关的个人素质，试图找出那些具有所谓遗传特征（如“笨拙”和“犯罪倾向”）的人，并劝阻他们生育。这些人种改良计划不一定是自愿的，许多重罪犯和妇女被强行绝育。在纳粹德国，人种改良的逻辑被推到了极致，在那里，那些被认为具有遗传局限性的人被杀死。

穆勒（Muller）和朱利安·赫胥黎（Julian Huxley）等思想家创造了一种“改良”优生学，试图阻止遗传病患者的生育，并鼓励具有“优等”基因的人进行更多的生育。鼓励人们为了物种的利益而自愿改变其生殖方式。这些思想家认为人类要抓住其自身进化的控制权，并以各种方式改善物种，如使人类变得更加聪明等。

（3）结论和建议

美国科学院报告[7]认为，在除治疗或预防疾病或缺陷以外的其他适应证的任何基因组编辑干预措施满足启动临床试验的风险标准之前，必须有重大的科学进展。该结论适用于体细胞和遗传性种系干预。公众对于使用基因组编辑“增强”人类特征和能力感到极大的不适。因此，需要就除治疗或预防缺陷以外目的进行基因组编辑的社会利益和风险进行公开讨论。建议：①监管机构目前不应授权将体细胞或种系基因组编辑的临床试验用于除治疗或预防疾病以外的目的。②政府机构应鼓励对除治疗或预防疾病之外目的的人类体细胞基因组编辑的治理进行公开讨论。

（四）两用性问题

2016 年 2 月 9 日，美国国家情报总监詹姆斯·克拉珀（James Clapper）在美国情报界年度全球威胁评估报告中，将“基因编辑”列入“大规模杀伤和扩散性武器”威胁清单中。理由是该技术使用简便，成本低下，普通人只要稍微接受一些生物技能培训就可以使用该技术，该技术的误用可能会对国家安全带来威胁[65]。

四、监管政策

（一）基础研究中的道德和监管问题

在美国，在实验室对体细胞进行的基础科学研究将受到针对实验室工作人员和环境安全性的监管，包括由机构生物安全委员会对涉及重组 DNA 的工作进行的审查。胚胎研究更具争议性。在美国少数州，使用胚胎进行研究是非法的，虽然在大多数州都被允许，但使胚胎处于危险之中的研究通常不会得到美国卫生与公众服务部（HHS）的资助。州和联邦法律的这种结合的作用是使胚胎研究在美国大部分地区合法，但通常不符合 HHS 资助的条件。

美国科学院关于胚胎干细胞研究的建议被广泛采用[66-67]。最近，国际干细胞研究学会通过了指导方针，要求将干细胞研究监督委员会更名为人类胚胎研究监督审查委员会[68]。

（二）体细胞基因编辑

基因疗法解决人类疾病的潜力多年来已经被证明，并且在其应用方面已经取得了很大进展[26]。基因组编辑是基因治疗的一方面。截至 2012 年 6 月，已在 31 个国家 / 地区批准、启动或完成了 1800 多次基因疗法试验[69]。到 2016 年年，该数字已增长到 2400 多次，主要在美洲和欧洲进行，并且研究数量总体上每年都在增长。所有试验中有一半以上与美国研究者或机构有关[70]。

在欧盟，欧洲药品管理局（EMA）负责评估和监督人药和兽药，以保护公众和动物健康。2007 年，EMA 建立了高级治疗委员会，评估基因和细胞药物的质量、安全性和功效。另外，每个欧盟国家都采用了《欧盟临床试验指令》[71]，它要求成员国采用符合国际公认的临床实践标准，以符合伦理和科学上有效的设计、实施和试验。

未经美国食品药品管理局（FDA）批准的研究性新药（IND），无法在美国进行体细胞基因组编辑的临床测试，并且该临床方案需要 IRB 的批准和持续审查。FDA 已发布了与基因组编辑试验相关的有影响力的（尽管不具约束力）基因治疗试验指南[72]。此外，美国国立卫生研究院重组 DNA 咨询委员会（RAC）的审查为 FDA 和 IRB 的审议提供了依据。此类决策要求在利益与风险之间，在保护美国公众与鼓励可能改善健康结果的创新之间寻求适当的平衡。

美国和欧洲的监管机构已发布了几份指导性文件，以说明基因治疗产品风险的一些考虑因素，以最大限度降低参与临床试验的人员的潜在风险[73-74]。

在干细胞再生医学领域，不规范治疗的问题尤其突出[75-76]。部分原因是过去对再生医学的前景有些过分乐观，以及存在不受监管的司法管辖区，部分原因是至少在美国对监管机构的某些抵制。在美国，联邦法院已确认 FDA 对操纵细胞的使用具有管辖权，但仍然存在一些不确定性。编辑过的细胞，尤其是从患者身上取出然后又返回给该患者的细胞，可能会产生对于这是一种受管制产品还是仅仅是一种医学实践的疑问，并且从一开始就需要弄清所属的监管机构。总体而言，监管机构需要法律授权，才能发挥其法律权力来防止使用未经监管审查和批准的人类基因组编辑疗法[77]。

总的来说，公众普遍支持将基因疗法用于疾病的治疗和预防。人类体细胞基因编辑在治疗或预防多种疾病，以及在提高目前正在使用或临床试验中的现有基因治疗技术的安全性、有效性和效率方面具有广阔的前景。已经为基因治疗制定的道德规范和监管制度可以应用于这些技术。与体细胞基因编辑临床试验相关的监管评估将与其他医学疗法相关的监管评估相似，包括将风险降至最低。监管还需要包括防止未经授权或过早地应用基因组编辑，监管机构将需要不断更新其对所应用技术的特定方面的了解。

针对体细胞基因编辑，美国科学院报告[7]建议：

①用于检查和评估治疗或预防疾病或缺陷的体细胞基因疗法的现有监管机制，同样应用于评估使用基因组编辑的体细胞基因疗法。

②目前，监管机构应仅授权用于与疾病或缺陷的治疗或预防有关的适应证的临床试验或批准细胞疗法。

③监管机构应结合预期用途的风险和收益评估拟议的人体细胞基因编辑应用程序的安全性和有效性，并认识到脱靶事件可能受平台技术、细胞类型、靶基因位置和其他因素影响。

④在考虑是否授权治疗或预防疾病以外适应证的体细胞基因组编辑临床试验之前，应进行透明的公共政策讨论。

（三）种系基因编辑

在美国，可遗传基因编辑将受到州和联邦法律法规的复杂影响。由于胚胎研究的法律不同，研究的合法性，甚至可能是临床应用都因州而异。由于目前有关人类胚胎研究的立法限制，联邦政府可能无法为这项研究提供资金。如果可遗传的种系基因编辑进入临床研究，美国食品药品管理局（FDA）将拥有监管权。审查将包括由美国国立卫生研究院（NIH）重组 DNA 咨询委员会（RAC）、地方机构审查委员会（IRB）、机构生物安全委员会（IBC）和 FDA 审查，然后才能做出是否允许临床试验的决定。如果种系基因组编辑在研究试验中成功并获准上市，那么在批准后也将存在监管机制。

由于种系基因组编辑将涉及其他辅助生殖技术的使用，因此，对其使用的监管可能涉及适用于 IVF 和 PGD 的相同法规。其中一些法规侧重于供体材料的安全性、透明度和报告要求，或者侧重于用于 PGD 的实验室的质量控制。可遗传的种系编辑将与 IVF 和 PGD 结合进行，因此可能涉及适用于那些技术的法规。

NIH 主任弗朗西斯·柯林斯（Francis Collins）表示，NIH“不会资助任何在人类胚胎中使用基因编辑技术的活动”。他指出：“多年来，从许多不同的角度讨论了为临床目的改变人类生殖细胞系的概念，并且几乎普遍认为这是不应该跨越的红线。”[78]

几十年来，遗传基因工程一直是公共和学术讨论的主题。具有法律效力的重要依据包括《欧洲人权与生物医学公约》，该公约仅允许将基因工程用于预防、诊断或治疗目的，并且仅在其目的不是改变人的后代的遗传构成的情况下，从而禁止种系基因组编辑。由美国、英国和中国的科学和医学研究院召集的2015年12月基因编辑国际峰会的组织者呼吁暂停任何可遗传种系基因编辑。

国际干细胞研究学会（International Society for Stem Cell Research， ISSCR）在发布其2016年再生医学研究专业指南时，包括以下内容：“任何以生殖为目的的试图改变人类基因组的尝试还为时过早，应予以禁止。”

2015年，一个跨国专家小组——Hinxton 小组发表了一份声明，探讨了种系基因组编辑可能被接受的可能性[42]。根据该声明，“在向人类生殖应用迈进之前，必须解决许多关键的科学挑战和问题”。该声明继续列出了许多与安全性和有效性有关的技术问题。

法国国家科学院认为，尽管现在尚不能接受遗传性种系基因组编辑，但“应进行这项研究，包括对种系细胞和人类胚胎的研究，只要它在科学和医学上是合理的”[79]。

这些陈述都认识到与可遗传种系基因组编辑相关的安全性问题尚未得到解决，目前不应该尝试应用这种形式的基因组编辑。他们都指出，科学正在迅速发展，他们避免呼吁永久禁止。

美国科学院报告[7]认为，在任何种系干预措施达到批准临床试验的风险收益标准之前，需要进行更多的研究。但是，随着卵子和精子细胞基因组编辑面临的技术障碍的克服，防止遗传性疾病发生的基因编辑可能成为现实。可遗传的种系基因组编辑试验必须谨慎进行，但是谨慎并不意味着必须禁止它们。如果克服了技术挑战，并根据风险考虑到了潜在的利益是合理的，那么就可以开展临床试验，但仅限于以下情况：

①缺乏合理的替换选择；

②预防严重疾病或缺陷；

③限制编辑已被令人信服地证明会引起或很可能引起相关疾病；

④将问题基因转换为人群中普遍存在的；

⑤获得有关风险和潜在健康益处的可靠的临床前和临床数据；

⑥在试验过程中，对研究参与者的健康和安全的影响进行了持续、严格的评估；

⑦长期、多代随访的综合计划；

⑧尊重患者隐私；

⑨在公众的持续参与下，继续对健康和社会的利益与风险进行评估；

⑩可靠的监督机制，除了预防严重疾病外，防止扩展使用范围。

可遗传的种系基因组编辑引起人们对该技术的过早使用或未经证实的使用的担忧，即可能会出现“监管避风港”[80]。结果可能是“追逐底线”，这将鼓励寻求医疗旅游收入的国家放宽标准，就像干细胞疗法和线粒体替代技术一样[80-81]。如果技术许可权在较宽松的司法管辖区中存在，那么医疗旅游现象将无法完全控制[82-83]。因此，重要的是要强调全面监管的必要性。

参考文献

[1] 李凯，沈钧康，卢光明 . 基因编辑 [M]. 北京：人民卫生出版社，2016.

[2] Choulika A, Perrin A, Dujon B, et al. Induction of homologous recombination in mammalian chromosomes by using the I-SceI system of Saccharomyces cerevisiae[J]. Mol Cell Biol, 1995,15(4):1968-1973.

[3] Rouet P, Smih F, Jasin M. Expression of a site-specific endonuclease stimulates homologous recombination in mammalian cells[J]. Proc Natl Acad Sci U S A, 1994,91(13):6064-6068.

[4] Rouet P, Smih F, Jasin M. Introduction of double-strand breaks into the genome of mouse cells by expression of a rare-cutting endonuclease[J]. Mol Cell Biol, 1994 ,14(12):8096-8106.

[5] Carroll D. Genome engineering with targetable nucleases[J]. Annu Rev Biochem, 2014,83:409-439.

[6] Tebas P, Stein D, Tang WW, et al. Gene editing of CCR5 in autologous CD4 T cells of persons infected with HIV[J]. N Engl J Med, 2014 ,370(10):901-910.

[7] National Academies of Sciences, Engineering, and Medicine. Human genome editing: science,

ethics, and governance[M]. Washington, D.C.: The National Academies Press, 2017.

[8] Poirot L, Philip B, Schiffer-Mannioui C,et al. Multiplex genome-edited T-cell manufacturing platform for "off-the-shelf" adoptive T-cell immunotherapies[J]. Cancer Res, 2015, 75(18):3853-3864.

[9] Fernández C R. CRISPR-Cas9: the gene editing tool changing the world[EB/OL].(2020-07-09)[2021-06-16].https://labiotech.eu/features/crispr-cas9-review-gene-editing-tool/.

[10] 王立铭．上帝的手术刀——基因编辑简史 [M]. 杭州：浙江人民出版社 ,2017.

[11] Barrangou R, Dudley E G. CRISPR-based typing and next-generation tracking technologies[J]. Annu Rev Food Sci Technol, 2016,7:395-411.

[12] Doudna J A, Charpentier E. The new frontier of genome engineering with CRISPR-Cas9[J]. Science, 2014, 346(6213):1258096.

[13] Jinek M, Chylinski K, Fonfara I, et al. A programmable dual-RNA-guided DNA endonuclease in adaptive bacterial immunity[J]. Science, 2012,337(6096):816-821.

[14] Cho S W, Kim S, Kim J M, et al. Targeted genome engineering in human cells with the Cas9 RNA-guided endonuclease[J]. Nat Biotechnol, 2013 ,31(3):230-232.

[15] Cong L, Ran F A, Cox D,et al. Multiplex genome engineering using CRISPR/Cas systems[J]. Science, 2013 ,339(6121):819-823.

[16] Jinek M, East A, Cheng A, et al. RNA-programmed genome editing in human cells[J]. Elife, 2013,2:e00471.

[17] Mali P, Yang L, Esvelt K M, et al. RNA-guided human genome engineering via Cas9[J]. Science, 2013,339(6121):823-826.

[18] Wright A V, Nuñez J K, Doudna J A. Biology and applications of CRISPR systems: harnessing nature' s toolbox for genome engineering[J]. Cell, 2016 ,164(1-2):29-44.

[19] Zetsche B, Gootenberg J S, Abudayyeh O O, et al. Cpf1 is a single RNA-guided endonuclease of a class 2 CRISPR-Cas system[J]. Cell, 2015,163(3):759-771.

[20] Cyranoski D. Chinese scientists to pioneer first human CRISPR trial[J]. Nature, 2016,535(7613):476-477.

[21] Reardon S. First CRISPR clinical trial gets green light from U.S. panel[J]. Nature News, 2016, doi：10.1038/nature.2016.20137.

[22] Urnov F D, Rebar E J, Holmes M C, et al. Genome editing with engineered zinc finger

nucleases[J]. Nat Rev Genet, 2010,11(9):636–646.

[23] Slaymaker I M, Gao L, Zetsche B, et al. Rationally engineered Cas9 nucleases with improved specificity[J]. Science, 2016,351(6268):84–88.

[24] Bertero A, Pawlowski M, Ortmann D, et al. Optimized inducible shRNA and CRISPR/Cas9 platforms for in vitro studies of human development using hPSCs[J]. Development, 2016,143(23):4405–4418.

[25] Cox D B, Platt R J, Zhang F. Therapeutic genome editing: prospects and challenges[J]. Nat Med, 2015,21(2):121–131.

[26] Naldini L. Gene therapy returns to centre stage[J]. Nature, 2015 ,526(7573):351–360.

[27] Reeves R. Second gene therapy wins approval in Europe[EB/OL].(2016–06–06)[2021–06–16] . https://www.bionews.org.uk/page_95549.

[28] Dever D P, Bak R O, Reinisch A,et al. CRISPR/Cas9 β –globin gene targeting in human haematopoietic stem cells[J]. Nature, 2016,539(7629):384–389.

[29] DeWitt M A, Magis W, Bray N L, et al. Selection–free genome editing of the sickle mutation in human adult hematopoietic stem/progenitor cells[J]. Sci Transl Med, 2016 ,8(360):360ra134.

[30] Booth C, Gaspar H B, Thrasher A J. Treating immunodeficiency through HSC gene therapy[J]. Trends Mol Med, 2016 ,22(4):317–327.

[31] Qasim W, Zhan H, Samarasinghe S, et al. Molecular remission of infant B–ALL after infusion of universal TALEN gene–edited CAR T cells[J]. Sci Transl Med, 2017 ,9(374):eaaj2013.

[32] Chan J L, Johnson L N C, Sammel M D,et al. Reproductive decision–making in women with BRCA1/2 mutations[J]. J Genet Couns, 2017， 26(3):594–603.

[33] Quinn G P, Vadaparampil S T, Tollin S, et al. BRCA carriers’ thoughts on risk management in relation to preimplantation genetic diagnosis and childbearing: when too many choices are just as difficult as none[J]. Fertil Steril, 2010 ,94(6):2473–2475.

[34] Hamzelou J.Exclusive: World’s first baby born with new “3 parent” technique[EB/OL]. (2016–09–27)[2021–06–16]. https://www.newscientist.com/article/2107219–exclusive–worlds–first–baby–bornwith–new–3–parent–technique.

[35] Coghlan A. Exclusive: “3–parent” baby method already used for infertility [EB/OL].(2016–10–10)[2021–06–16].https://www.newscientist.com/article/2108549–exclusive–3–parent–baby–method–already–used–for–infertility/.

[36] National Academies of Sciences, Engineering, and Medicine. Mitochondrial replacement techniques: ethical, social, and policy considerations[M]. Washington, D.C.: The National Academies Press,2016.

[37] Baltimore D, Berg P, Botchan M, et al. Biotechnology. A prudent path forward for genomic engineering and germline gene modification[J]. Science, 2015,348(6230):36–38.

[38] Bosley K S, Botchan M, Bredenoord A L, et al. CRISPR germline engineering—the community speaks[J]. Nat Biotechnol, 2015 ,33(5):478–486.

[39] Lanphier E, Urnov F, Haecker S E, et al. Don't edit the human germ line[J]. Nature, 2015, 519(7544):410–411.

[40] Specter M. The gene hackers [EB/OL].(2015–11–16)[2021–06–16].https://www.cs.lafayette.edu/~pfaffmaj/courses/f15/cm160/docs/AnnalsOfScience_nov16.pdf.

[41] Friedmann T, Jonlin E C, King N M P, et al. ASGCT and JSGT joint position statement on human genomic editing[J]. Molecular Therapy, 2015, 23(8):1282.

[42] Hinxton Group. Statement on genome editing technologies and human germline genetic modification [EB/OL]. (2016–07–21) [2021–05–01]. http://www.hinxtongroup.org/hinxton2015_statement.pdf.

[43] Liang P, Xu Y, Zhang X, et al. CRISPR/Cas9–mediated gene editing in human tripronuclear zygotes[J]. Protein Cell, 2015 ,6(5):363–372.

[44] David C, Heidi L. Genome–edited baby claim provokes international outcry[J]. Nature, 2018,563(7733):607–608.

[45] Hashimoto M, Yamashita Y, Takemoto T. Electroporation of Cas9 protein/sgRNA into early pronuclear zygotes generates non–mosaic mutants in the mouse[J]. Dev Biol, 2016 ,418(1):1–9.

[46] Hermann B P, Sukhwani M, Winkler F, et al. Spermatogonial stem cell transplantation into rhesus testes regenerates spermatogenesis producing functional sperm[J]. Cell Stem Cell, 2012, 11(5):715–726.

[47] Hikabe O, Hamazaki N, Nagamatsu G,et al. Reconstitution in vitro of the entire cycle of the mouse female germ line[J]. Nature,2016 ,539(7628):299–303.

[48] Zhou Q, Wang M, Yuan Y, et al. Complete meiosis from embryonic stem cell–derived germ cells in vitro[J]. Cell Stem Cell, 2016,18(3):330–340.

[49] Kuhlmann I, Minihane A M, Huebbe P, et al. Apolipoprotein E genotype and hepatitis C, HIV

and herpes simplex disease risk: a literature review[J]. Lipids Health Dis, 2010,28：9.

[50] Wozniak M A, Itzhaki R F, Faragher E B, et al. Apolipoprotein E–epsilon 4 protects against severe liver disease caused by hepatitis C virus[J]. Hepatology, 2002,36(2):456–463.

[51] Decruyenaere M, Evers–Kiebooms G, Boogaerts A, et al. The complexity of reproductive decision–making in asymptomatic carriers of the Huntington mutation[J]. Eur J Hum Genet, 2007,15(4):453–462.

[52] Dudding T, Wilcken B, Burgess B, et al. Reproductive decisions after neonatal screening identifies cystic fibrosis[J]. Arch Dis Child Fetal Neonatal Ed, 2000 ,82(2):F124–127.

[53] Krukenberg R C, Koller D L, Weaver D D, et al. Two decades of Huntington disease testing: patient’s demographics and reproductive choices[J]. J Genet Couns, 2013,22(5):643–653.

[54] Lu YH, Wang N, Jin F. Long–term follow–up of children conceived through assisted reproductive technology[J]. J Zhejiang Univ Sci B, 2013 ,14(5):359–371.

[55] Hughes J. Citizen cyborg: why democratic societies must respond to the redesigned human of the future[M]. Cambridge: Westview Press,2004.

[56] Harris J. Enhancing evolution: the ethical case for making people better. Princeton[M]. NJ: Princeton University Press,2007.

[57] Evans J H. Contested reproduction: genetic technologies, religion, and public debate[M]. Chicago: University of Chicago Press,2010.

[58] Hennette–Vauchez S. A human dignitas? Remnants of the ancient legal concept in contemporary dignity jurisprudence[J]. International Journal of Constitutional Law,2011,9(1):32–57.

[59] Cahill L S. Germline genetics, human nature, and social ethics[M]. Cambridge, MA: MIT Press,2008.

[60] Center for Genetics and Society. Extreme genetic engineering and the human future: reclaiming emerging biotechnologies for the common good[EB/OL].(2015–01–01)[2017–01–06] .http://www.geneticsandsociety.org/downloads/Human_Future_Exec_Sum.pdf.

[61] De Ravin S S, Wu X, Moir S, et al. Lentiviral hematopoietic stem cell gene therapy for X–linked severe combined immunodeficiency[J]. Sci Transl Med, 2016,8(335):335ra57.

[62] Bioethics Commission. Gray matters: topics at the intersection of neuroscience, ethics, and society(Vol. 2)[R]. Washington, D.C.: Presidential Commission for the Study of Bioethical Issues,2015.

[63] NCECHLS(National Consultative Ethics Committee for Health and Life Sciences). Opinion no. 122: The use of biomedical techniques for "neuroenhancement" in healthy individuals: ethical issues[EB/OL].(2013-01-01)[2017-01-05]. http://www.ccne-ethique.fr/sites/default/files/publications/ccne.avis_ndeg122eng.pdf.

[64] Bioethics Advisory Committee. Singapore. Ethical, legal and social issues in neuroscience research: a consultation paper[EB/OL].(2013-01-01)[2016-11-04].http://www.bioethicssingapore. org/index/publications/consultation-papers.html.

[65] Regalado A.Top U.S. intelligence official calls gene editing a WMD threat[EB/OL].(2016-02-09)[2021-06-20]. https://www.technologyreview.com/2016/02/09/71575/top-us-intelligence-official-calls-gene-editing-a-wmd-threat/.

[66] Institute of Medicine and National Research Council.Guidelines for human embryonic stem cell research[M]. Washington, D.C.: The National Academies Press,2005.

[67] Institute of Medicine and National Research Council. Final Report of the national academies' human embryonic stem cell research advisory committee and 2010 amendments to the national academies' guidelines for human embryonic stem cell research[M]. Washington, D.C.: The National Academies Press,2010.

[68] ISSCR. Updated guidelines for stem cell research and clinical translation[EB/OL].(2016-05-12)[2021-06-20]. https://www.isscr.org/news-publicationsss/isscr-news-articles/article-listing/2016/05/12/isscr-releases-updated-guidelines-for-stem-cell-research-and-clinical-translation.

[69] IOM. Oversight and review of clinical gene transfer protocols: Assessing the role of the Recombinant DNA Advisory Committee[M]. Washington, D.C.: The National Academies Press,2014.

[70] Ginn S L, Alexander I E, Edelstein M L, et al. Gene therapy clinical trials worldwide to 2012 – an update[J]. J Gene Med, 2013 ,15(2):65-77.

[71] Kong W M.The regulation of gene therapy research in competent adult patients, today and tomorrow: Implications of EU directive 2001/20/EC[J]. Medical Law Review, 2004(2):2.

[72] FDA. Guidance for industry: gene therapy clinical trials—observing subjects for delayed adverse events[EB/OL].(2006-11-01)[2021-06-20].http://www.sefap.it/farmacovigilanza_news_200612/fda%20terapia%20genica%2012-06.pdf.

[73] European Medicines Agency. Guideline on non-clinical testing for inadvertent germline transmission of gene transfer vectors[EB/OL].(2006-11-06)[2017-02-02]. http://www.ema.europa.eu/docs/en_GB/document_library/Scientific_guideline/2009/10/WC500003982.pdf.

[74] FDA. Guidance for industry: preclinical assessment of investigational cellular and gene therapy products[EB/OL].(2013-11-01)[2021-06-20]. https://wenku.baidu.com/view/309348087fd5360cba1adba9.html.

[75] Enserink M. Swedish academy seeks to stem "crisis of confidence" in wake of Macchiarini scandal[EB/OL].(2016-02-01)[2017-01-05]. http://www.sciencemag.org/news/2016/02/swedishacademy-seeks-stem-crisis-confidence-wake-macchiarini-scandal .

[76] Turner L, Knoepfler P. Selling stem cells in the USA: assessing the direct-to-consumer industry[J]. Cell Stem Cell, 2016,19(2):154-157.

[77] Charo R A. The legal and regulatory context for human gene editing[J]. Issues in Science and Technology, 2016, 32(3):39.

[78] NIH. Statement on NIH funding of research using gene-editing technologies in human embryos[EB/OL].(2018-04-28)[2021-06-16]. https://www.nih.gov/about-nih/who-we-are/nih-director/statements/statement-nih-fundingresearch-using-gene-editing-technologies-human-embryos.

[79] Académie Nationale de Médecine.Genetic editing of human germline cells and embryos[EB/OL].(2017-01-04)[2021-06-16]. http://www.academie-medecine.fr/wp-content/uploads/2016/05/report-genome-editing-ANM-2.pdf(accessed January 4, 2017).

[80] Charo R A. On the road(to a cure?):stem-cell tourism and lessons for gene editing[J]. N Engl J Med, 2016,374(10):901-903.

[81] Zhang J, Liu H, Luo S, et al. First live birth using human oocytes reconstituted by spindle nuclear transfer for mitochondrial DNA mutation causing leigh syndrome[J]. Fertility and Sterility,2016, 106(3):e375-e376.

[82] Cohen I G. Patients and passports: medical tourism, law, and ethics [M]. New York: Oxford University Press, 2015.

[83] Lyon J. Sanctioned UK trial of mitochondrial transfer nears[J]. JAMA, 2017 ,317(5):462-464.

第十一章　基因驱动

一、基因驱动技术发展

“基因驱动”（gene drive）是指特定基因有偏向性地遗传给下一代的一种自然现象。传统的遗传规则于 1866 年由格里戈尔·孟德尔（Gregor Mendel）首次描述，该规则认为后代平均有 50% 的机会从其父母一方继承基因。通过基因驱动，后代有超过 50% 的机会从父母那里继承遗传元件，因此，特定的基因型将随着时间的流逝而增加。将基因驱动元件和某一特定功能元件（如不孕基因、抗病毒基因）整合至目标物种体内，实现特定功能性状的快速遗传是当前控制虫媒疾病、保护农业和生态环境的研究方向之一。CRISPR/Cas9 等技术的发展使基因驱动变得更为容易实现[1]。

（一）概述

自 19 世纪 80 年代以来，科学家就知道自私的遗传元件[2]。进化遗传学家奥斯汀·伯特（Austin Burt）研究位点特异性自私遗传元件，这些 DNA 会从亲代生物传给几乎所有后代[2]。但是，直到 20 世纪中叶，才出现了以自私的遗传元件作为控制种群手段的想法。1960 年，蚊子生物学家 George B. Craig 建议利用某些雄性埃及伊蚊中自然存在的“雄性因子”来控制蚊子种群。当具有这种雄性因子的雄性蚊子繁殖时，它们的大多数后代便会发育成雄性。携带这种雄性因子的雄性蚊子在环境中的释放有可能“将雌性蚊子的数量减少到有效传播疾病所需的水平以下”。

1992 年，进化遗传学家玛格丽特·基德韦尔（Margaret Kidwell）和媒介生物学家何塞·里贝罗（José Ribeiro）提出了利用可转移元件将工程基因驱动到蚊子种群中的机制[3]。Kidwell 和 Ribeiro 于 1992 年和 Burt 于 2003 年结合遗传学的知识和现代分子工具，为基因驱动研究领域提供了支持[3-4]。Burt 在 2003 年提出使用归巢核酸内切酶基因（homing endonuclease genes，HEG）来驱动遗传变化进入自然种群[4]。许多遗传学家正在研究归巢核酸内切酶用于靶向基因治疗，这是一种仍在试验的方法。Burt 扩展了这一理论，研究归巢核酸内切酶是否也可以用于蚊子种群，驱动修饰的基因[2，4]。

遗传学家和种群生物学家持续探索如何利用各种自私的遗传元件在蚊子中发展基因驱动[5-8]。CRISPR（规律成簇的间隔短回文重复）技术的出现促进了基因驱动的发展[9-11]。细菌利用 CRISPR/Cas9 作为一种免疫系统来防御外来基因序列，如病毒[12-13]。生物学家开发了一种使用 CRISPR/Cas9 的方法，就像一把剪刀，通过切割目标序列来进行遗传改变，从而可以去除现有的 DNA 或插入新的 DNA 序列。CRISPR/Cas9 系统是最新且使用最广泛的基因编辑技术，已迅速促进许多植物、线虫、苍蝇、鱼类、猴子和人类细胞等的基因组编辑取得突破[14-19]。正如生物化学家 Sam Sternberg 和 Jennifer Doudna 所描述的那样，曾经费力又费时的事情现在变得轻而易举，并且可以快速实现，因为使用 CRISPR/Cas9 系统进行基因编辑可以在许多物种中插入、删除或替换特定基因[20]。

2015 年，即首次展示 CRISPR/Cas9 作为基因编辑工具的 3 年后，由乔治·丘奇（George Church）领导的研究小组在酵母中创建了第一个基因驱动[21]。两位分子生物学家瓦伦蒂诺·甘茨（Valentino Gantz）和伊桑·比尔（Ethan Bier）于 2015 年 3 月首次发表了证明可以在昆虫、果蝇中产生基因驱动的研究[22]。到 2015 年年底，两个独立的研究小组，一个由安东尼·詹姆斯（Anthony James）领导，另一个由奥斯丁·伯特（Austin Burt）和安德里亚·克里斯蒂安（Andrea Crisanti）领导，开发了基因驱动修饰的蚊子[22-23]。

这些研究证明了如何将基因驱动用于两种关键的种群控制方法（图 11-1，彩图见书末）。

①群体抑制：遗传元件的扩散导致群体中个体数量减少；

②种群替代：遗传元件在种群中传播导致种群的基因型发生变化。

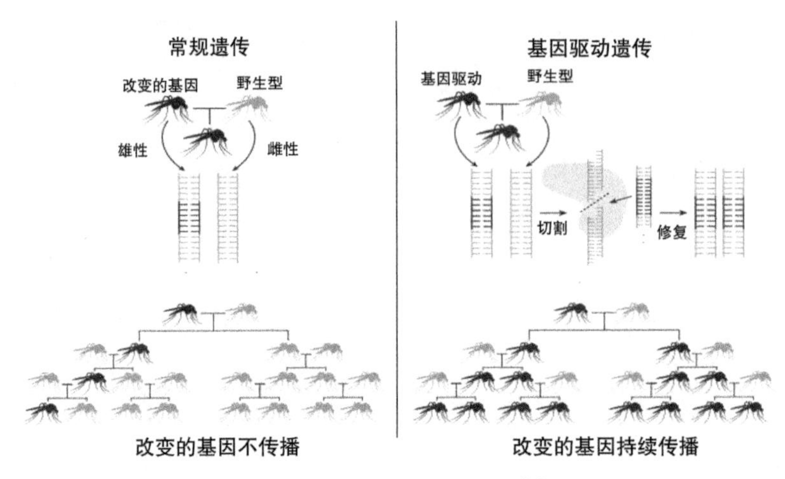

图 11–1 基因驱动技术[24]

50 多年来，生物学家、遗传学家、昆虫学家和其他科学家已探索出利用基因驱动来控制或改变自然种群的方法。科学家观察到基因驱动，即有偏性遗传的系统，在许多生物中，包括线虫、植物、啮齿类动物、昆虫和鱼，遗传元件通过有性繁殖遗传给其后代的能力得到增强[25]。此类观察结果提出了开发用于公共卫生、自然保护、农业和其他社会目的的基因驱动修饰生物的建议，如抑制传播人类疾病（如疟疾、登革热、寨卡病毒病和基孔肯雅热）的蚊子种群[26–27]。

这些工具与驱动遗传元件结合使用时，可使研究人员模仿天然存在的基因驱动机制。基因组编辑技术的最新进展使研究人员能够更容易地在果蝇和蚊子中开发基因驱动[21–23]。原则上，通过 CRISPR/Cas9 的基因驱动或其他基因驱动技术可以为全世界的害虫控制或其他目的提供抑制种群或改变种群基因型的新方法[26]。

（二）基因驱动技术手段

1. 转座因子

转座因子（TEs），也称为转座子或跳跃基因，小的 DNA 片段可通过自身切除并随机插入基因组的其他位置，从基因组的一部分移至另一部分。植物遗传学家 Barbara McClintock 于 1952 年发现了 TE。她观察到玉米中的某些 DNA 序列有时会改变它们在基因组中的位置。从那时起，科学家发现 TEs 在真核生物中无处不在，并且经常构成基因组的主要部分[28]。

P 元素转座子是果蝇（*Drosophila melanogaster*）中的 TE。长期以来，在实验室中一直使用 P 元素转座子来制造转基因的果蝇[29]。Meister 和 Grigliatti 于 1993 年首次证明，P 元素转座子可以将特定基因迅速传播到实验果蝇中[30]。类似转座子已成功应用于蚊子[31]。使用 TEs 作为基因驱动的载体有几个缺点，包括插入位置随机、相对较低的转化频率、有限的携带基因大小和整合序列的低稳定性。

2. 减数分裂驱动

减数分裂驱动是一种基因驱动机制，是指与预期的孟德尔遗传频率相比导致等位基因分离异常的遗传改变[32]。得到充分研究的减数分裂驱动因子是黑腹果蝇中的 SD 常染色体基因复合体。

3. 归巢核酸内切酶基因

归巢核酸内切酶基因（HEG）位于染色体上，它们可以识别和切割特定序列。切割序列后，使用同源重组将 HEG 复制到切割的同源染色体中。HEG 存在于真核生物、古细菌和细菌中，它们的识别序列在基因组中的频率较低[33]。

Wind-bichler 等于 2011 年描述了在蚊子基因驱动的创建中使用 HEG 的方法[8]。该方法要求能够在目标靶基因中生成 HEG 切割位点，从而限制了 HEG 用于编辑目的的用途（除非该位点在靶基因中自然存在）。

4. 基于 CRISPR/CAS9 的基因驱动

CRISPR/Cas 是一种基因工程工具，CRISPR/Cas9 系统需要靶标特异性指导 RNA（gRNA）和 CRISPR 相关蛋白（Cas9）[34]。与 ZFN 和 TALENs 相比，CRISPR/Cas 系统是一种更省力的基因编辑方法，并且通过引入相关 gRNA 可以有效地一次用于靶向多个基因[35]。

科学家已经使用 CRISPR/Cas9 系统在实验室中开发了几种生物的基因驱动，包括果蝇、蚊子和酵母菌[21-23]。CRISPR/Cas9 系统可以将特定基因插入染色体，从而在基因组中产生该基因驱动的一个拷贝。然后，插入的基因驱动元件“切割”同源染色体，从而在基因组中产生该基因驱动元件的两个副本[36]。因此，所有基因驱动修饰生物的后代都将继承该基因驱动的一个副本，从而使得 CRISPR/Cas9 系统增加了生物体传递特定基因的可能性[37]。2015 年，研究人员证明使用CRISPR/Cas9可以在酿酒酵母、果蝇和两种蚊子中开发基因驱动[21, 23, 38]。

二、基因驱动技术应用

（一）案例1：使用埃及伊蚊和白纹伊蚊控制登革热

1. 目的

在埃及伊蚊（*Aedes aegypti*）和白纹伊蚊（*Aedes albopictus*）中建立基因驱动，以控制登革热在世界范围内的传播。

2. 基本原理

登革热是一种病毒感染性疾病，是全球亚热带和热带国家疾病和死亡的主要原因之一。感染登革热的成人和儿童通常会患上流感样疾病。严重的登革热，也称为登革热出血热，会引起出血、持续呕吐、呼吸困难及其他可能导致死亡的并发症。登革热是由感染5种血清型登革热病毒引起的。埃及伊蚊（*Aedes aegypti*）是城市地区的主要传播媒介，而白纹伊蚊（*Aedes albopictus*）是农村地区的主要传播媒介。2016年4月，世界卫生组织批准了赛诺菲·巴斯德（Sanofi Pasteur）研发的在登革热流行地区使用的首个登革热疫苗Dengvaxia。

3. 目前的措施

登革热的预防完全依赖病媒控制，主要是通过杀虫剂喷洒。对杀虫剂的抗性正在挑战这种登革热媒介控制方法的功效。另一个媒介控制干预措施是对蚊媒繁殖场所的管理。

生物控制包括通过感染沃尔巴克氏菌（*Wolbachia*）蚊子的释放。沃尔巴克氏菌感染会缩短昆虫的寿命[39–41]。此外，埃及伊蚊的沃尔巴克氏菌感染赋予了对登革热和基孔肯雅病毒感染的抗性[42–44]。2011年，在澳大利亚开始使用沃尔巴克氏菌减少登革热传播的小规模试验，并进一步扩展到了越南、印度尼西亚和巴西。

4. 基因驱动解决方案

在伊蚊物种中可能创建两种类型的基因驱动：一种阻止登革热病毒的传播；另一种导致不育。研究证明，埃及伊蚊可以发展基因驱动[22, 23, 38]，这些应用将要求在登革热流行或已知登革热暴发的城市环境中释放大量基因驱动的蚊子。

（二）案例 2：使用冈比亚按蚊用于疟疾防控

1. 目的

在冈比亚按蚊中创建基因驱动，以减少人类疟疾在撒哈拉以南非洲的传播。

2. 基本原理

疟疾是一种严重的，有时甚至是致命的寄生虫感染，在全世界近 100 个国家中发生。患有疟疾的成人和儿童经常会发高烧和贫血，如果感染严重，可能会导致昏迷和死亡。在撒哈拉以南的非洲、南亚和南美的中低收入国家，疟疾对人们尤其是儿童的影响尤其严重。人疟疾是由疟原虫属的 5 种原生动物寄生虫中的任何一种引起的。冈比亚按蚊是撒哈拉以南非洲疟原虫的主要传播媒介。

3. 目前的措施

当前的疟疾控制方法主要有两种，即药物治疗和媒介控制。疟疾疫苗正在开发中并显示出希望，但是要正式广泛应用，还需要花费很多年的时间。预防以按蚊为媒介的传播包括消除繁殖场所、在房屋墙壁上喷洒杀虫剂，以及在疟疾流行地区使用经杀虫剂处理的蚊帐。但是，所有这些措施都需要有组织的行动和持续的资源可用性。此外，由于冈比亚按蚊种群中杀虫剂耐药性的扩散，控制疟疾的工作遇到挑战[45-47]。

4. 基因驱动解决方案

2015 年 11 月，研究人员证明 CRISPR/Cas9 可用于创建基因驱动，在携带疟疾的按蚊（*Anopheles stephensi*）中传播抗疟原虫基因[22]。2015 年 12 月，研究人员证明 CRISPR/Cas9 可用于创建导致雌性冈比亚按蚊不育的基因驱动[23]。

（三）案例 3：在夏威夷使用致倦库蚊抗禽类疟疾

1. 目的

在致倦库蚊中创建基因驱动，以减少禽类疟疾在夏威夷群岛鸟类中的传播。

2. 基本原理

禽疟疾是由感染鸟类的疟原虫引起的疾病。当鸟类被携带疟原虫的雌性蚊子“叮咬”时，它们就会被感染。对疟原虫没有免疫抵抗力的鸟会贫血，逐渐变弱，最终死亡。禽类疟疾在大多数大陆上都很常见，但在许多不会出现蚊子的岛屿上却没有[1]。没有自然暴露于疟原虫的鸟类极易感染禽类疟疾。气候变化有可能将蚊子的范围扩大到更高海拔地区，对这些地区的鸟类种群造成危害。

3. 目前的措施

预防禽类疟疾传播的措施一直是使用杀虫剂喷雾和幼虫管理等。但许多蚊子对目前可用的化学物质也具有抵抗力，因此难以控制。

4. 基因驱动解决方案

基因驱动的使用可以作为一种新的策略来靶向蚊媒，以控制禽类疟疾。基因驱动可以改变雌性蚊子感染疟原虫的能力，或阻止蚊子繁殖。

（四）案例 4：控制非本地鼠类以保护岛屿生物多样性

1. 目的

减少或消除非本地鼠的种群，以保护世界各地岛屿上的原生生物多样性。

2. 基本原理

入侵物种是导致岛屿上的野生动植物灭绝的主要原因。在国际自然保护联盟列入濒临灭绝物种清单的所有物种中，几乎有一半生活在岛屿上。此外，哺乳动物、爬行动物和鸟类的全部灭绝分别约有 70%、90% 和 95% 发生在岛屿上[27]。鼠类等啮齿动物的活动降低了本地物种繁殖，改变或破坏栖息地，并以其他方式对岛屿生态系统的动态产生负面影响。现在，全球约有 80% 的岛屿上有啮齿动物[27]。

3. 目前的措施

在岛屿上消灭啮齿动物的措施包括使用诱捕器、毒药和生物控制措施，如引入掠食性动物或疾病。机械措施不涉及使用可能对人类、动物和整个生态系统健康产生不利影响的化学物质。但是，放置诱捕器并收集被捕获的动物是劳动密集型的，诱捕器无法区分目标生物和非目标生物，并且诱捕器不足以完全消灭啮齿动物种群。其他研究旨在利用基因工程方法来控制啮齿动物种群，包括 RNA 干扰和促使雌性子代发育成雄性等[48]。这种基因工程方法是否有效，尚待观察[27, 49]。

4. 基因驱动解决方案

科学家正在研究一种决定性别的基因驱动，这会使家鼠产生的雄性后代比雌性多[50]。如果这种情况发生在多代身上，它将随着时间的流逝而导致群体规模的减少。分子机制利用了位于17号染色体（常染色体）上称为t-复合体的小鼠基因组中减数分裂驱动区域。在这种情况下，对雄性小鼠进行了基因工程改造，使其拥有Sry基因，该基因可促进雄性特征。XY Sry雄性可育，与野生型XX雌性交配后，XY和XX后代均具有Sry并发育成雄性小鼠，其中XX雄性不育，而XY雄性仍能够复制和传播Sry。随着时间的推移，小鼠种群将趋向于全部为雄性，由于雌性小鼠的丧失而导致种群的最终减少和被抑制[27]。

（五）案例5：控制非本土矢车菊以保护牧场和森林的生物多样性

1. 目的

在非本土的矢车菊物种中创建基因驱动，以保护美国牧场和森林中本地植物物种的生物多样性。

2. 基本原理

斑点矢车菊（*Centaurea maculosa*）原产于东欧，在19世纪被引入美国。到2000年，在全美50个州中的45个州可以发现，其存在于近700万英亩的牧场和松树林中，造成土壤侵蚀。

3. 目前的措施

已经进行了一些尝试，通过使用生物控制来减缓其传播，但没有很好的效果。除了生物控制之外，还包括火烧和化学处理等。

4. 基因驱动解决方案

矢车菊蔓延能力的基础被认为与一种叫作儿茶素的化合物的产生有关[51]，其抑制天然植物物种的发芽和生长，从而赋予其竞争优势[52]。有两种可能的基因驱动方法：第一种是通过针对特定性别的基因来设计基因驱动，从而偏向性别比例；第二种是通过靶向儿茶素的生物合成途径来改变种群。

（六）案例 6：控制苋菜提高农业产量

1. 目的

在苋菜中创建基因驱动，以减少或消除美国南部农田的杂草。

2. 基本原理

苋科植物遍及美国南部的所有农田。它已发展出对除草剂草甘膦（世界上使用最广泛的除草剂）的抗药性，而且这种抗药性在地理上已经广泛传播。

3. 目前的措施

杂草处理是一个持续的挑战。除争夺资源和干扰所需植物的管理外，有毒杂草还会对人类健康、农作物和牲畜产生不利影响。管理策略分为物理和机械方法、化学方法和生物方法。机械方法的例子包括人工清除杂草；生物方法的例子包括使用天敌（微生物、昆虫和其他动物）等。

防治杂草的主要方法是使用除草剂。草甘膦是最常用的除草剂，不幸的是，经过数十年的草甘膦使用，杂草种群中的除草剂抗性也在增加，从而降低了草甘膦对杂草控制的功效。

4. 基因驱动解决方案

苋菜可能是基因驱动技术的候选者，首先，它是一年生植物，有性繁殖且繁殖时间短；其次，苋菜是雌雄异株的，这确保了传播基因驱动所必需的异源杂交；最后，苋菜是风媒授粉的，这意味着不会损害昆虫授粉者。

从理论上讲，苋菜可以采用两种类型的基因驱动：第一种方法是针对赋予草甘膦抗性的基因，重新建立对草甘膦除草剂的敏感性；第二种方法是建立抑制驱动。尽管这种驱动的目标和内容尚不清楚，但存在一些性别特异性基因，它们是使性别比例偏向的合适目标。

（七）案例 7：斑马鱼用于基因驱动研究

1. 目的

在斑马鱼中创建基因驱动，以研究脊椎动物的基因驱动机制。

2. 基本原理

截至 2016 年 4 月，研究人员尚未开发出可在实验室进行基础研究的基因驱动修饰脊椎动物，但已在果蝇和蚊子中证明了基因驱动[21-23, 38]，并期望该技术将在未来应用于脊椎动物。鉴于脊椎动物和无脊椎动物之间的根本区别，在将基因驱动应用于脊椎动物，特别是打算释放到环境中的脊椎动物之前，需要进行基因驱动研究来解决各种基础研究问题。

3. 基因驱动解决方案

斑马鱼提供了一个出色的模型来解决脊椎动物物种中基因驱动的基础研究问题[53]。斑马鱼基因组已被完全测序[54]，价格低廉、易于维护、世代时间短，并产生大量后代。就使用动物模型进行研究而言，从监管角度来说它们也有优势。斑马鱼的收容很简单，而其他潜在的基因驱动脊椎动物模型（如小鼠）则可以更容易地逃脱实验室并在实验室外生存。此外，基因编辑已在该生物中成功使用[55-57]。

三、基因驱动的安全考虑

（一）种群间的物种扩散和基因流

基因通过种群之间的移动而传播称为基因流[58]。了解基因流的作用对于确定基因驱动在群体中的传播速度至关重要，对于评估基因驱动可能进入非目标群体的可能性也至关重要。基因流可能通过整个有机体或配子的运动发生。对于许多物种，个体的“典型”运动发生在特定的生命周期阶段。例如，在许多生物中，其是通过受精卵或种子进行的。相反，许多植物和一些海洋无脊椎动物主要通过配子扩散。最常见的例子是花粉，它可以长距离传输基因[59]。在许多情况下，尤其是在昆虫授粉媒介促进花粉移动的情况下，基因的移动可能受到很大限制[60]。配子散布可以将工程基因从靶标生物转移到野生生物中，这比通过种子在不同地点之间移动而发生的杂交更容易发生[61]。显然，了解种群间基因流动的方式对于预测在环境中释放的基因驱动的空间动态至关重要[62]。

（二）对非目标物种的潜在影响：水平基因转移

一个相关的问题是，基因驱动修饰生物的释放可能会影响与目标物种完全不同的物种的进化。水平基因转移（horizontal gene transfer，HGT），有时也称为横向基因转移，与基因流相似，但它是指基因在其他物种之间的移动。越来越多的证据表明，HGT 已深深地影响了原核生物的进化，这是由于多种机制可以使基因在不相关的细菌物种之间转移[63]。这种转移通过遗传元件（质粒或噬菌体）的感染或从环境中简单地吸收 DNA 来促进将新型 DNA 引入细菌染色体中。

HGT 的存在引起了人们的担忧，即基因驱动机制或其各个组成部分可能会扩散到非靶标物种中。尽管 HGT 在进化意义上的发生可能比某个物种内遗传变异的产生更为缓慢，但也有人认为 HGT 可以在自然种群中带来很大的改变[64-65]。

人们越来越认识到，HGT 事件发生的可能性在真核生物中可能有所不同，发生在植物中可能比在其他真核生物中更为常见[66]。此外，密切相关的植物物种通常会杂交[67]，在环境释放之前，应该评估物种之间基因驱动水平交换的可能性。

（三）去除或大量减少目标物种

释放基因驱动的修饰生物的可能目的是导致目标物种灭绝或丰度急剧下降。该结果是否产生不良的生态后果，将取决于因情况而异的因素。不同物种之间有着直接的营养联系（如物种 A 捕食物种 B）和间接的营养联系（如物种 C 与物种 D 都被物种 G 捕食）。这些联系创造了一个相当复杂的系统。这种复杂性使准确预测变得困难，因为各个情况会有所不同。

第一，去除物种或大幅降低其丰度会改变其所嵌入的群落。最著名的例子是关键肉食动物，它们是食物链顶部的食肉动物，其减少会触发食物链所有较低层次物种丰度的急剧变化[68]。第二，清除物种的影响可能取决于社区中是否存在生态等同物。第三，越来越多的证据表明，社区有一个临界点，在临界点上，社区可从一种配置迅速转变为另一种配置。

通过释放基因驱动的修饰生物而去除或减少物种的生态后果被认为是“理想的”还是“不良的”，将取决于具体情况。例如，在最直接的情况下，消除或减少新近入侵物种的丰度可能有助于濒临灭绝的种群的恢复，以及被入侵者破坏的社区恢复。当目标物种是病原体的媒介时，该病原体也可以通过可能被释放的具有生态学意义的竞争者传播[69]。例如，伊蚊可以传播登革热和基孔肯雅热，而抑制数量占优势的物种可能诱导其他物种的增加[70]。

重要的是要前瞻性地仔细考虑产生不良结果的可能性。最大的挑战是基因驱动可以快速传播，因为后果可能很快发生。其中许多观点在美国生态学会关于环境中转基因生物的报告中提出[71]。该报告特别强调基因驱动扩散的速度及有害生态后果迅速发展的可能性。

（四）进化考虑

进化生物学家提出了关于评估基因驱动的潜在生态效应的另外两个考虑，尤其是在用于去除目标物种或降低其数量时。物种之间的相互作用通常不仅是生态过程，也是进化结果[72]。在病原体宿主系统[73]和捕食者–猎物系统[74]中，这是最明显的事实，在这种系统中，一个种群的特征是由其与另一物种种群的共同进化形成的。去除一个物种，进而破坏一个共同进化的系统会产生巨大的影响。

基因驱动的分子生物学研究已经扩展到群体遗传学和生态系统动力学的研究，这两个研究领域对于确定基因驱动的有效性及其生物学和生态结果至关重要。关于基因驱动对生物体适应性、种群内部和种群之间的基因流动，以及个体的散布及诸如交配行为和世代时间等因素如何影响基因驱动的效果，存在很大的知识空白。解决有关基因驱动的知识鸿沟需要融合多个研究领域，包括分子生物学、基因组编辑、种群遗传学、进化生物学和生态学等。

（五）生物安全问题

1. 基因驱动的潜在人类伤害

基因驱动的许多可能的有害影响与环境后果有关，也可能对人类造成潜在的危害。此外，实验室事故（biosafety）或基因驱动研究可能会因故意滥用而引起的任何潜在后果（biosecurity）都可能造成人身伤害。

基因驱动修饰生物的释放有可能对公众健康造成危害。一个理论上的例子是对蚊子进行修饰，使其不能携带登革热病毒，但可能更容易感染另一种危害人类健康的现有或新型病毒。这种情况的另一个假设结果是，登革热病毒可能进化出一种新的表型。清除整个物种，如蚊子，可能会对生态系统中的其他生物产生影响，进而可能导致有害的变化，如另一种昆虫疾病媒介的数量增加。

决定是否进行基因驱动修饰生物的现场释放将需要合理的保证水平，以确保已识别和研究了可能的危害。这不仅取决于基因驱动的技术方面及预期在生物体内如何发挥作用，还取决于环境和社会问题。

2. 两用性问题

可能被故意用于恶意用途的研究被称为两用性研究[75]。基因驱动的两用性潜力与合成生物学等其他研究不同[76]。基因驱动技术不适用于细菌和病毒（因为它们仅限于有性繁殖的生物），对人类基本无效（由于人类的长世代），并且可能对作物和牲畜的作用有限。

3. 潜在的环境危害

基因驱动改变野生种群乃至整个物种的能力代表了一种新的伦理环境挑战[77-78]。基因驱动修饰生物的潜在环境释放将引发有关可能有害的环境后果的问题。在某些方面，使用基因驱动修饰生物引起环境变化与过去使用生物防治有害生物的尝试相似。对拟议释放的环境危害进行充分的评估将需要进行仔细的个案分析。

在涉及转基因生物的研究中出现的一个特殊问题是选择进行密闭田间试验的地点。一些研究针对释放蚊子的地点选择问题，这些蚊子进行了基因改造，但不涉及基因驱动的方式[79-80]。地点的选择应包括多种考虑，包括公共卫生和环境方面等。

4. 基因驱动及其引起的问题的其他分析

基因驱动技术在各种情况下，尤其是在公共卫生、农业和环境保护方面，可能具有非常重要的实实在在的益处，但存在针对人类和环境的潜在危害。例如，有人质疑工程化的基因驱动是否会对目标生物产生预期的作用[81]，尤其是疾病的传播是否可能更加恶化[82]；基因驱动是否会传播到其他生物[81]；基因驱动修饰的生物可能会对食用它们的人类产生什么影响；可能会对其他生物种群和生态系统产生什么影响[81]；以及可能具有的两用性潜力[81, 83]。从事基因驱动研究的科学家也已经认识到确保基因驱动研究安全进行的重要性[84]。

四、基因驱动技术治理

重组 DNA（rDNA）技术出现在 20 世纪 70 年代初期。这项新技术允许基因从一种生物转移到另一种生物，从而创造出“工程化”的生物，其中包含自然界中不存在的遗传组合。从一开始，rDNA 研究就引起了人们对其潜在危害的担忧。在 20 世纪 80 年代和 90 年代初期，人们对转基因生物的适当监管形式进行了激烈的辩论，导致美国和欧盟分别采用以产品为基础和以过程为基础的不同监管方式[85]。

1. 生物技术监管协调框架

在美国，基因驱动修饰生物的监管同样在《生物技术监管协调框架》之下。《协调框架》于 1986 年制定，并于 20 世纪 90 年代进行了更新，概述了一项全面的监管政策，以确保基于生物技术的产品的安全性。美国食品药品管理局（FDA）、美国农业部（USDA）和美国环境保护局（EPA）共同承担了协调框架下的转基因生物监管权。FDA 对转基因食品等进行监管，USDA 对任何潜在植物有害生物进行监管，EPA 对被视为农药的产品进行监管。2015 年 7 月，奥巴马政府发布了一项备忘录，指示“监管生物技术产品的主要机构 EPA、FDA 和 USDA 来更新协调框架，制定长期战略以确保联邦生物技术监管体系能够为生物技术的未来产品做准备，并委托专家对生物技术产品的未来前景进行外部分析”[86]。

2. 减少基因驱动潜在危害的阶段性测试

基因驱动研究的发展和构建基因驱动所需的分子技术的日益简便，已经使人们对基因驱动改造生物体在应对公共卫生、保护农业和其他挑战方面的潜在用途产生了极大的兴趣。但是，将基因驱动的修饰生物释放到环境中意味着将复杂的分子系统引入复杂的生态系统，可能产生许多影响。因此，需要实验室和现场研究的有效策略来研究每种类型的基因驱动修饰生物潜在的利弊，以及减少或减轻潜在危害的方法。

研究基因驱动修饰生物的理想途径包括 5 个步骤：研究准备（阶段 0）、基于实验室的研究（阶段 1）、基于现场的研究（阶段 2）、阶段性环境释放（阶段 3），以及释放后的监测（阶段 4）。分阶段测试使研究人员能够确定研究何时准备从一个阶段转移到下一个阶段。进行下一阶段测试的决定还可能取决于相关公众，尤其是当地社区和监管机构的批准。

分阶段测试，如世界卫生组织发布的用于测试转基因蚊子的测试，可以用于基因驱动研究。这种途径包括一系列检查点，以确定在进行下一步之前是否应该及何时将研究移至下一阶段。一个分阶段的测试框架可以指导对转基因蚊子进行逐步评估，也可以用于基因驱动修饰生物的实验室和现场研究。

3. 评估基因驱动修饰生物的风险

基因驱动可能在整个群体中传播，在环境中持续存在并对生物和生态系统造成不可逆转的影响，因此需要一种强有力的方法来评估风险。生态风险评估将有益于基因驱动研究，因为该方法可用于评估近期和长期的环境和公共卫生风险与收益的可能性。生态风险评估可以比较各种替代策略，并可以用来识别不确定性的来源。

4. 科学技术治理

自第二次世界大战后制定《纽伦堡守则》（*Nuremberg Code*）以来，科学治理的重要性已被广泛接受。第二次世界大战后，美国的科学治理包括联邦和州立法及其他政府法规、科学家和机构行为守则、科学家和制造商的专业认证和认可制度、公众参与讨论等。

基因驱动有两个主要特征使它们有别于其他类型的生物技术：其有意在群体中传播遗传特征，并且对生态系统的影响可能是不可逆的。这两个特征对基因驱动研究和相关应用的治理具有重要意义。

（1）第一阶段的治理机制（基于实验室的研究）

在学术环境中，通过机构生物安全委员会（IBC）在机构监督有关基因驱动技术的实验室实验。这些委员会是对重组 DNA 研究进行机构监督的基石，并且是美国国立卫生研究院（NIH）资助机构进行涉及基因修饰研究的主要监督机制。IBC 与研究人员合作，为涉及生物技术的实验建立适当的健康和环境安全保护措施。这些委员会评估拟议实验的风险，并根据风险类别推荐遏制机制。

对于由美国国立卫生研究院资助的研究，美国国立卫生研究院生物技术活动办公室（Office of Biotechnology Activities）将最终监督安全控制措施。机构生物安全委员会要向 NIH 生物技术活动办公室负责，并且必须执行规定的生物安全性准则，即涉及重组或合成核酸分子的 NIH 研究准则。当向本地机构生物安全委员会提出某些新的实验时，必须将其提交给生物技术活动办公室及其咨询机构重组 DNA 咨询委员会（RAC）进行审议。

（2）第二阶段（基于现场的研究）和第三阶段（阶段性环境释放）的治理机制

美国对第二阶段和第三阶段的治理和监管考虑类似。如前所述，基因驱动技术的监管权限由生物技术监管协调框架规定。但是，当前美国监管系统并未特别考虑转基因生物的故意传播或它们在环境中的潜在持久性。此外，尚不清楚现有的生物技术法规如何应用于基因驱动技术。

新的工程技术可能会导致更多的转基因植物免于 USDA 的审查，这是因为 APHIS 监管工程植物的权限取决于其“植物有害生物”权限。这种监管漏洞可能意味着越来越多的转基因植物最终可能会被种植“用于田间试验和商业生产，而无须事先对可能的环境或安全问题进行监管审查”[87]。基因驱动技术也可能产生该情况。

根据联邦食品药品和化妆品法案（Federal Food Drug and Cosmetics Act，FFDCA），FDA 可能有权管理基因驱动修饰的生物。FDA 的兽医医学中心（CVM）目前将生物体内的基因构建物视为“新动物药”，需要上市前的批准和批准后的监管。

5. 故意滥用

基因驱动研究在蚊子中取得了长足的进步。基因改造蚊子的目的是控制蚊子传播疾病，方法是抑制蚊子种群，或以感染或传播病原体（如登革热病毒或疟原虫）能力降低的蚊子代替现有的野生种群。从技术角度来看，在蚊子中使用基因驱动进行恶意攻击似乎非常困难，因此与其他导致危害的方法相比，基因驱动研究没有吸引力。然而，通过更好地理解蚊子与病原体相互作用，人们可以开发出一种比野生型蚊子更有效传播特定病原体的易感蚊子。甚至有可能发展出可以传播通常不是由病媒携带的病原体或毒素的蚊子。

昆虫作为武器具有实际和潜在用途[88]，基因驱动的可用性为恶意使用提供了新的机会。此外，由于可以将蚊子改造成更有效的载体，从而有效地提高病原体的传播能力，因此，对蚊子进行基因改造的某些方法可能会构成人们关注的两用性研究。

6. 总体考虑

科学家研究基因驱动已有 50 多年的历史。但是，2012 年功能强大的基因编辑工具 CRISPR/Cas9 的开发促进了基因驱动研究的新突破。随着基因编辑工具变得更加完善，用于基础研究、农业、公共卫生和其他目的的基因驱动修饰生物的应用可能会继续扩展。

目前没有足够的证据支持将基因驱动修饰生物释放到环境中。但是，基因驱动在基础研究和应用研究中的潜力是巨大的，并证明进行实验室研究和高度受控的现场试验是合理的。

2016 年 6 月，美国科学、工程和医学院发布了基因驱动研究调查报告。对当前基因驱动研究和应用进展进行了总结评估，并对基因驱动的合理应用提出了建议。该报告认为，目前还没有充分的证据支持基因驱动修饰生物体可以向自然界释放。然而，基因驱动在基础和应用研究方面的潜在优势是明显的，应该推进基因驱动由实验室研究向可控的田间试验进行[1]。具体建议如下。

①基因驱动研究的资助者应协调并在可行的情况下进行合作，以减少对基因驱动分子生物学知识的差距，以及对至关重要的基础和应用研究其他领域的知识差距，包括人口遗传学、进化生物学、生态系统动力学、建模、生态风险评估和公众参与。

②基因驱动研究的资助者应建立开放获取、基因驱动数据在线存储及基因驱动研究的标准操作程序，以共享知识，改进生态风险评估并指导研究设计和监测。基因驱动提出了许多道德问题，并对现有的治理模式、环境评估与公共健康风险提出了挑战。在美国和许多其他国家对生物技术（尤其是转基因生物）的治理以通过封闭进行风险管理为基础。基因驱动不能很好地适应现有的管理策略，因为它们被设计为在群体中传播。分阶段测试和生态风险评估对于解决不确定性并为基因驱动修饰生物的开发和应用提供决策依据至关重要。

③应将基因驱动的显著特征（包括有意传播和对环境影响的潜在不可逆性）用于对该技术的生态风险评估、监管和决策。

④拟议的基因驱动修饰生物的现场测试或环境释放应接受生态风险评估和结构化的决策过程。这些过程应包括从基因组水平到生态系统水平的脱靶和非脱靶效应的建模。在可能的情况下，应将诸如基因流、种群变化、营养相互作用和群落动力学等作为模型的一部分。

⑤包括研究机构、出资者和监管者在内的管理机构应制定清晰的政策和机制，以确保公众参与。应当从一开始就将这种参与的明确机制和途径纳入风险评估和决策过程。

⑥在选择进行现场测试和环境释放的地点时，研究人员和资助者应以他们的专业判断、风险评估、社区参与和对风险收益平衡的理解为指导。在地点选择中，应优先考虑那些具有科学能力和治理框架国家的地点。

2016 年 12 月，在墨西哥坎昆召开的联合国生物多样性会议（The UN Convention on Biodiversity meeting）拒绝了环保主义者提出的暂停基因驱动研究的呼吁[89]。但许多参会者认为，今后的基因驱动研究可能会受到来自环保组织等机构人士的更多阻挠。

参考文献

[1] National Academies of Sciences, Engineering, and Medicine 2016. Gene drives on the horizon: advancing science, navigating uncertainty, and aligning research with public values[M]. Washington, D.C.: The National Academies Press,2016.

[2] Burt A , Trivers R. Genes in conflict: the biology of selfish genetic elements[M]. Cambridge: The Belknap Press of Harvard University Press,2006.

[3] Kidwell M G, Ribeiro J M. Can transposable elements be used to drive disease refractoriness genes into vector populations?[J]. Parasitol Today, 1992 ,8(10):325–329.

[4] Burt A. Site-specific selfish genes as tools for the control and genetic engineering of natural populations[J]. Proc Biol Sci, 2003,270(1518):921–928.

[5] James AA. Gene drive systems in mosquitoes: rules of the road. Trends Parasitol[J]. 2005,21(2):64–67.

[6] Rasgon J L, Gould F. Transposable element insertion location bias and the dynamics of gene drive in mosquito populations[J]. Insect Mol Biol, 2005 ,14(5):493–500.

[7] Adelman Z N, Jasinskiene N, Onal S, et al. nanos gene control DNA mediates developmentally regulated transposition in the yellow fever mosquito Aedes aegypti[J]. Proc Natl Acad Sci USA, 2007,104(24):9970–9975.

[8] Windbichler N, Menichelli M, Papathanos P A, et al. A synthetic homing endonuclease-based

gene drive system in the human malaria mosquito[J]. Nature, 2011,473(7346):212–215.

[9] Jinek M, Chylinski K, Fonfara I, et al. A programmable dual–RNA–guided DNA endonuclease in adaptive bacterial immunity[J]. Science, 2012,337(6096):816–821.

[10] Mali P, Yang L, Esvelt K M, et al. RNA–guided human genome engineering via Cas9[J]. Science, 2013,339(6121):823–826.

[11] Cong L, Ran F A, Cox D,et al. Multiplex genome engineering using CRISPR/Cas systems[J]. Science, 2013 ,339(6121):819–823.

[12] Barrangou R, Fremaux C, Deveau H, et al. CRISPR provides acquired resistance against viruses in prokaryotes[J]. Science, 2007,315(5819):1709–1712.

[13] Hale C R, Zhao P, Olson S,et al. RNA–guided RNA cleavage by a CRISPR RNA–Cas protein complex[J]. Cell, 2009,139(5):945–956.

[14] Bassett A R, Tibbit C, Ponting C P, et al. Highly efficient targeted mutagenesis of Drosophila with the CRISPR/Cas9 system[J]. Cell Rep, 2013,4(1):220–228.

[15] Friedland A E, Tzur Y B, Esvelt K M, et al. Heritable genome editing in C. elegans via a CRISPR–Cas9 system[J]. Nat Methods, 2013 ,10(8):741–743.

[16] Fu Y, Foden J A, Khayter C, et al. High–frequency off–target mutagenesis induced by CRISPR–Cas nucleases in human cells[J]. Nat Biotechnol, 2013, 31(9):822–826.

[17] Jiang W, Zhou H, Bi H, et al. Demonstration of CRISPR/Cas9/sgRNA–mediated targeted gene modification in Arabidopsis, tobacco, sorghum and rice[J]. Nucleic Acids Res, 2013, 41(20):e188.

[18] Niu Y, Shen B, Cui Y,et al. Generation of gene–modified cynomolgus monkey via Cas9/RNA–mediated gene targeting in one–cell embryos[J]. Cell, 2014,156(4):836–843.

[19] Gratz S J, Harrison M M, Wildonger J, et al. Precise Genome Editing of Drosophila with CRISPR RNA–Guided Cas9[J]. Methods Mol Biol, 2015,1311:335–348.

[20] Sternberg S H, Doudna J A. Expanding the Biologist's Toolkit with CRISPR–Cas9[J]. Mol Cell, 2015, 58(4):568–574.

[21] DiCarlo J E, Chavez A, Dietz S L, et al. Safeguarding CRISPR–Cas9 gene drives in yeast[J]. Nat Biotechnol, 2015,33(12):1250–1255.

[22] Gantz V M, Bier E. Genome editing. The mutagenic chain reaction: a method for converting heterozygous to homozygous mutations[J]. Science, 2015,348(6233):442–444.

[23] Hammond A, Galizi R, Kyrou K, et al. A CRISPR-Cas9 gene drive system targeting female reproduction in the malaria mosquito vector Anopheles gambiae[J]. Nat Biotechnol, 2016,34(1):78-83.

[24] Current CRISPR gene drives are too strong for outdoor use, studies warn[EB/OL].(2015-07--02)[2016-03-17]. https://www.sciencenews.org/article/current-crispr-gene-drives-are-too-strong-outdoor-use-studies-warn.

[25] Beeman R W, Friesen K S, Denell R E. Maternal-effect selfish genes in flour beetles[J]. Science, 1992, 256(5053):89-92.

[26] Esvelt K M, Smidler A L, Catteruccia F, et al. Concerning RNA-guided gene drives for the alteration of wild populations[J]. Elife, 2014 ,3:e03401.

[27] Campbell K J, Beek J, Eason C T, et al. The next generation of rodent eradications: innovative technologies and tools to improve species specificity and increase their feasibility on islands[J]. Biological Conservation, 2015, 185:47-58.

[28] Wicker T, Sabot F, Hua-Van A, et al. A unified classification system for eukaryotic transposable elements[J]. Nat Rev Genet, 2007 ,8(12):973-982.

[29] Rubin G M, Spradling A C. Genetic transformation of Drosophila with transposable element vectors[J]. Science, 1982 ,218(4570):348-353.

[30] Meister G A, Grigliatti T A. Rapid spread of a Pelement/Adh gene construct through experimental populations of Drosophila melanogaster[J]. Genome, 1993 ,36(6):1169-1175.

[31] Fraser MJ. Insect transgenesis: current applications and future prospects[J]. Annu Rev Entomol, 2012,57:267-289.

[32] McDermott S R, Noor M A. The role of meiotic drive in hybrid male sterility[J]. Philos Trans R Soc Lond B Biol Sci, 2010 ,365(1544):1265-1272.

[33] Jasin M. Genetic manipulation of genomes with rare-cutting endonucleases[J]. Trends Genet, 1996,12(6):224-228.

[34] Bolukbasi M F, Gupta A, Oikemus S, et al. DNA-binding-domain fusions enhance the targeting range and precision of Cas9[J]. Nat Methods, 2015 ,12(12):1150-1156.

[35] Bono J M, Olesnicky E C, Matzkin L M. Connecting genotypes, phenotypes and fitness: harnessing the power of CRISPR/Cas9 genome editing[J]. Mol Ecol, 2015,24(15): 3810-3822.

[36] Sander J D, Joung J K. CRISPR-Cas systems for editing, regulating and targeting genomes[J]. Nat Biotechnol, 2014 ,32(4):347-355.

[37] Webber B L, Raghu S, Edwards O R. Opinion: is CRISPR-based gene drive a biocontrol silver bullet or global conservation threat? [J].Proc Natl Acad Sci USA, 2015 ,112(34):10565-10567.

[38] Gantz V M, Jasinskiene N, Tatarenkova O,et al. Highly efficient Cas9-mediated gene drive for population modification of the malaria vector mosquito Anopheles stephensi[J]. Proc Natl Acad Sci USA, 2015, 112(49):E6736-6743.

[39] Dobson S L, Fox C W, Jiggins F M. The effect of Wolbachia-induced cytoplasmic incompatibility on host population size in natural and manipulated systems[J]. Proc Biol Sci, 2002 ,269(1490):437-445.

[40] Ahantarig A, Chauvatcharin N, Ruang-areerate T, et al. Infection incidence and relative density of the bacteriophage WO-B in Aedes albopictus mosquitoes from fields in Thailand[J]. Curr Microbiol, 2011, 62(3):816-820.

[41] Bull J J, Turelli M. Wolbachia versus dengue: Evolutionary forecasts[J]. Evol Med Public Health, 2013, 2013(1):197-207.

[42] McMeniman C J, Lane R V, Cass B N, et al. Stable introduction of a life-shortening Wolbachia infection into the mosquito Aedes aegypti[J]. Science, 2009,323(5910):141-144.

[43] Moreira L A, Iturbe-Ormaetxe I, Jeffery J A, et al. A Wolbachia symbiont in Aedes aegypti limits infection with dengue, Chikungunya, and Plasmodium[J]. Cell, 2009 ,139(7):1268-1278.

[44] Bian G, Xu Y, Lu P, et al. The endosymbiotic bacterium Wolbachia induces resistance to dengue virus in Aedes aegypti[J]. PLoS Pathog, 2010 ,6(4):e1000833.

[45] Edi C V, Koudou B G, Jones C M, et al. Multiple-insecticide resistance in Anopheles gambiae mosquitoes, Southern Côte d' Ivoire[J]. Emerg Infect Dis, 2012 ,18(9):1508-1511.

[46] Namountougou M, Simard F, Baldet T, et al. Multiple insecticide resistance in Anopheles gambiae s.l. populations from Burkina Faso, West Africa[J]. PLoS One, 2012,7(11):e48412.

[47] Cisse M B, Keita C, Dicko A, et al. Characterizing the insecticide resistance of Anopheles gambiae in Mali[J]. Malar J, 2015 ,14:327.

[48] Gemmell N J, Jalilzadeh A, Didham R K, et al. The Trojan female technique: a novel, effective and humane approach for pest population control[J]. Proc Biol Sci, 2013 ,280(1773):20132549.

[49] Jacob J, Singleton G R, Hinds L A. Fertility control of rodent pests[J]. Wildlife Res, 2008,35(6):487– 493.

[50] Cocquet J, Ellis P J, Mahadevaiah S K. A genetic basis for a postmeiotic X versus Y chromosome intragenomic conflict in the mouse[J]. PLoS Genet, 2012 ,8(9):e1002900.

[51] Thelen G C, Vivanco J M, Newingham B， et al. Insect herbivory stimulates allelopathic exudation by an invasive plant and the suppression of natives[J]. Ecol Lett, 2005,8(2):209–217.

[52] Bais H P, Vepachedu R, Gilroy S, et al. Allelopathy and exotic plant invasion: from molecules and genes to species interactions[J]. Science, 2003,301(5638):1377–1380.

[53] Shah A N, Moens C B. Approaching perfection: new developments in zebrafish genome engineering[J]. Dev Cell, 2016,36(6):595–596.

[54] Howe K, Clark M D, Torroja C F, et al. The zebrafish reference genome sequence and its relationship to the human genome[J]. Nature, 2013,496(7446):498–503.

[55] Ma D, Liu F. Genome editing and its applications in model organisms[J]. Genomics Proteomics Bioinformatics, 2015,13(6):336–344.

[56] D' Agostino Y, Locascio A, Ristoratore F, et al. A rapid and cheap methodology for CRISPR/Cas9 zebrafish mutant screening[J]. Mol Biotechnol, 2016 ,58(1):73–78.

[57] Lin C Y, Chiang C Y, Tsai H J. Zebrafish and Medaka: new model organisms for modern biomedical research[J]. J Biomed Sci, 2016,23:19.

[58] Slatkin M. Gene flow and the geographic structure of natural populations[J]. Science, 1987,236(4803):787–792.

[59] Huang H, Ye R, Qi M, et al. Wind–mediated horseweed(Conyza canadensis)gene flow: pollen emission, dispersion, and deposition[J]. Ecol Evol, 2015 ,5(13):2646–2658.

[60] Tambarussi E V, Boshier D, Vencovsky R,et al. Paternity analysis reveals significant isolation and near neighbor pollen dispersal in small Cariniana legalis Mar. Kuntze populations in the Brazilian Atlantic Forest[J]. Ecol Evol, 2015,5(23):5588–5600.

[61] O' Connor K, Powell M, Nock C, et al. Crop to wild gene flow and genetic diversity in a vulnerable Macadamia(Proteaceae)species in New South Wales, Australia[J]. Biol Conserv,2015, 191:504–511.

[62] North A, Burt A, Godfray H C. Modelling the spatial spread of a homing endonuclease gene in a mosquito population[J]. J Appl Ecol, 2013 ,50(5):1216–1225.

[63] Koonin E V, Makarova K S, Aravind L. Horizontal gene transfer in prokaryotes: quantification and classification[J]. Annu Rev Microbiol, 2001,55:709–742.

[64] Gogarten J P, Townsend J P. Horizontal gene transfer, genome innovation and evolution[J]. Nat Rev Microbiol, 2005,3(9):679–687.

[65] Syvanen M. Evolutionary implications of horizontal gene transfer[J]. Annu Rev Genet, 2012,46:341–358.

[66] Andersson J O. Lateral gene transfer in eukaryotes[J]. Cell Mol Life Sci, 2005 ,62(11):1182–1197.

[67] Rieseberg LH, Carney S E. Tansley Review No. 102: Plant hybridization[J]. New Phytol, 1998,140(4):599–624.

[68] Estes J A, Terborgh J, Brashares J S, et al. Trophic downgrading of planet Earth[J]. Science, 2011,333(6040):301–306.

[69] Rey J R, Lounibos P. Ecology of Aedes aegypti and Aedes albopictus in the Americas and disease transmission [J]. Biomedica, 2015,35(2):177–185.

[70] Alto B W, Bettinardi D J, Ortiz S. Interspecific larval competition differentially impacts adult survival in dengue vectors[J]. J Med Entomol, 2015 ,52(2):163–170.

[71] Snow A A, Andow D A, Gepts P, et al.Genetically engineered organisms and the environment: Current status and recommendations[J]. Ecol Appl, 2005, 15(2):377–404.

[72] Kerr P J, Liu J, Cattadori I, et al. Myxoma virus and the Leporipoxviruses: an evolutionary paradigm[J]. Viruses, 2015,7(3):1020–1061.

[73] Duffy M A, Hall S R. Selective predation and rapid evolution can jointly dampen effects of virulent parasites on Daphnia populations[J]. Am Nat, 2008 ,171(4):499–510.

[74] Brodie E D, Ridenhour B J, Brodie E D . The evolutionary response of predators to dangerous prey: hotspots and coldspots in the geographic mosaic of coevolution between garter snakes and newts[J]. Evolution, 2002 ,56(10):2067–2082.

[75] NSABB. Proposed framework for the oversight of dual use life sciences research: strategies for minimizing the potential misuse of research information [EB/OL].(2007–01–01)[2016–04–22]. http://osp.od.nih.gov/sites/default/files/biosecurity_PDF_Framework%20for%20transmittal%200807_Sept07.pdf.

[76] Presidential Commission for the Study of Bioethical Issues. New directions: the ethics of

synthetic biology and emerging technologies[R]. Washington, D.C.: Presidential Commission for the Study of Bioethical Issues，2010.

[77] Caplan A L, Parent B, Shen M, et al. No time to waste—the ethical challenges created by CRISPR: CRISPR/Cas, being an efficient, simple, and cheap technology to edit the genome of any organism, raises many ethical and regulatory issues beyond the use to manipulate human germ line cells[J]. EMBO Rep, 2015,16(11):1421–1426.

[78] Charo R A, Greely H T. CRISPR Critters and CRISPR Cracks[J]. Am J Bioeth, 2015,15(12):11–17.

[79] Lavery J V, Harrington L C, Scott T W. Ethical, social, and cultural considerations for site selection for research with genetically modified mosquitoes[J]. Am J Trop Med Hyg, 2008, 79(3):312–318.

[80] Brown D M, Alphey L S, McKemey A, et al. Criteria for identifying and evaluating candidate sites for open–field trials of genetically engineered mosquitoes[J]. Vector Borne Zoonotic Dis, 2014,14(4):291–299.

[81] Oye K A, Esvelt K, Appleton E, et al. Biotechnology. Regulating gene drives[J]. Science, 2014, 345(6197):626–628.

[82] Benedict M, D' Abbs P, Dobson S,et al. Guidance for contained field trials of vector mosquitoes engineered to contain a gene drive system: recommendations of a scientific working group[J]. Vector Borne Zoonotic Dis, 2008 ,8(2):127–166.

[83] Gurwitz D. Gene drives raise dual–use concerns[J]. Science, 2014,345(6200):1010.

[84] Akbari O S, Bellen H J, Bier E, et al. Safeguarding gene drive experiments in the laboratory[J]. Science, 2015,349(6251):927–929.

[85] Tait J. Risk governance of genetically modified crops: European and American perspectives[M]// Renn O, Walker K.Global risk governance: concept and practice using the IRGC framework. Dordrecht: Springer,2008: 133–153.

[86] Holdren J P, Shelanski H, Vetter D,et al.Modernizing the regulatory system for biotechnology products. memorandum for heads of food and drug administration, environmental protection agency, and department of agriculture [EB/OL].(2015–07–02)[2016–03–17]. https://www.whitehouse.gov/sites/defa ult/files/microsites/ostp/modernizing_the_reg_system_for_biotech_products_memo_final.pdf.

[87] Carter S R, Rodemeyer M, Garfinkel M S, et al. Synthetic biology and the U.S. biotechnology regulatory system: challenges and options[R]. California: J. Craig Venter Institute ,2014.

[88] Lockwood J A. Insects as weapons of war, terror, and torture[J]. Annu Rev Entomol, 2012,57:205-227.

[89] Hank Campbell. Environmentalists in cancun: gene drives will cause our extinction[EB/OL]. (2016-12-06)[2021-06-16]. http://acsh. org/news/2016/12/06/environmentalistscancungenedr iveswillcauseourextin ctionnowpasscaviar10534.

第十二章　生物技术安全治理

生物技术安全治理包括 3 类措施：硬法（公约、法律和法规）、软法（自愿标准和准则）和非正式措施（提高认识、职业行为守则）。这 3 种治理措施并不相互排斥。例如，自愿标准和准则可以通过刑法或侵权法来加强，这些法律对因意外或故意滥用造成的损害进行处罚。两用性治理措施与环境保护、运输、进口、标识、保密和隐私相关的许多其他国家法律法规也可能具有相关性[1]。

一、生物技术安全治理措施

（一）国际公约

具有法律约束力的军备控制和裁军条约为国际一级的硬法提供了重要手段。这种制度旨在阻止某些类别武器和技术的开发、生产、获取和使用。虽然公约有局限性，但它们在制定和协调国家行为规范方面发挥着至关重要的作用。国际规范《日内瓦议定书》（*Geneva Protocol*）、《禁止生物武器公约》（*Biological Weapons Convention*）和《禁止化学武器公约》（*Chemical Weapons Convention*，CWC）构成了化学和生物领域两用技术治理的国际法支柱。

1.1925 年《日内瓦议定书》

1925 年的《日内瓦议定书》禁止在战争中使用化学和生物武器。虽然 1899 年和 1907 年的海牙公约有类似的规定，但《日内瓦议定书》是第一个被广泛接受的禁止军事使用窒息性气体和细菌战剂的禁令。该条约存在一些弱点：它仅限于禁止在战争中使用，没有禁止成员国开发和储存化学和生物武器，而且缺乏核查措施。此外，批准《日内瓦议定书》的许多国家保留了受到攻击的报复权利，实际上将禁令限制为不首先使用的声明[2]。最后，该公约仅在公约国之间有效，对非缔约国不具有约束力。当前，许多法律学者认为，《日内瓦议定书》已经达到了习惯国际法的地位，因此它对所有国家都具有约束力，无论它们是否已经正式批准或加入该议定书。

美国批准《日内瓦议定书》的一个主要障碍是，是否应当禁止一些非致命化学品在战争中使用，如防暴剂和脱叶剂。与绝大多数成员国相反，美国不认为防暴剂（如催泪瓦斯）是化学武器。由于这一争议，美国直到1975年才批准《日内瓦议定书》。此外，当福特总统签署批准文书时，他发布了一项行政命令，保留美国在总统授权下使用防暴剂的权利，如营救在敌方区域被击落的飞行员等[1]。

2. 1972年《禁止生物武器公约》

在“冷战”期间，苏联和美国一直在进行生物军备竞赛，直到1969年美国尼克松总统决定放弃进攻性生物武器计划，并将所有工作限制在防御性研究和开发。这项单边决定，以及苏联于1971年同意制定专门的条约以控制生物和化学武器，为《禁止生物武器公约》（BWC）的谈判创造了积极的政治氛围，该公约于1972年缔结，1975年3月生效。该公约以《日内瓦议定书》为基础，禁止发展、生产、拥有和转移生物武器，并要求销毁所有现有的库存和生产设施。《禁止生物武器公约》第四条敦促每个成员国通过实施立法，使公约禁令对其公民具有约束力，并对违法行为实施刑事制裁。

然而，病原体和毒素的两用性特点使《禁止生物武器公约》不能全面禁止涉及这些材料的所有活动。20世纪90年代，当叛逃者透露苏联秘密违反公约进行大规模生物战计划时，国际社会对《禁止生物武器公约》的信心受到严重动摇。1995年，由于对《禁止生物武器公约》缺乏核查措施的关注，成员国试图通过谈判达成一项具有法律约束力的议定书，通过提高透明度和遏制违法行为来提升公约效果。但美国以议定书草案无法确定违规行为，给美国生物防御计划及生物技术和生物制药行业增加了过度负担为由否决了该议案。《禁止生物武器公约》每5年举行一次审查会议，评估公约的执行情况，并评估科学和技术进步对公约的影响。

3. 1993 年《禁止化学武器公约》

《禁止生物武器公约》缔结后几年，联合国裁军会议在日内瓦召开，开启了关于禁止化学武器公约的 1/4 世纪的谈判。1997 年 4 月生效的《禁止化学武器公约》（Chemical Weapons Convention，CWC）要求成员国宣布和销毁所有现有的化学武器库存，并禁止今后开发、生产、转让和使用此类武器。CWC 和 BWC 有许多相似之处。第一，为了避免技术变革的影响，《禁止化学武器公约》使用广泛的、基于目的的化学武器定义。有毒化学品的非禁止使用包括工业、农业、研究、医疗、制药和其他和平用途。第二，《禁止化学武器公约》要求成员国通过国内立法，使公约的条款对其国内外公民具有约束力，并对违法行为实施惩罚。第三，《禁止化学武器公约》的审查会议大约每 5 年举行一次。

与《禁止生物武器公约》不同，《禁止化学武器公约》有明确的核查措施，以监测其条款的遵守情况，包括对生产某些两用化学品的化学工厂的例行检查。为了为例行核查提供依据，条约附件包括有毒化学品和前体的 3 份清单或附表。

负责监督《禁止化学武器公约》执行情况的国际实体是设在荷兰海牙的禁止化学武器组织（Organization for the Prohibition of Chemical Weapons，OPCW）。其内设 3 个主要附属机构：技术秘书处，负责检查并帮助成员国履行其条约义务；缔约国会议，每年举行一次会议，以制定与公约有关的政策决定；负责执行会议决定的，由 41 个国家代表组成的执行委员会。科学顾问委员会（Scientific Advisory Board，SAB）监测相关的科学和技术发展，并向总干事报告。

生物安全（biosafety）治理旨在使人员免于意外暴露于他们正在使用的危险生物剂，并防止实验室中可能威胁公共健康和环境的病原体的意外释放。生物安保（biosecurity）措施旨在防止故意盗窃、转移或恶意释放病原体用于恶意目的。一些国家已经引入了实验室生物安全（biosafety）和生物安保（biosecurity）指南[有时合并为“生物风险”（biorisk）]，这些指南也是世界卫生组织（WHO）、欧洲标准化委员会（European Committee for Standardization，CEN）、经济合作与发展组织（Organization for Economic Cooperation and Development，OECD）[3]等组织进行国际协调努力的基础。例如，2008 年，欧洲标准化委员会为处理危险病原体的实验室建立了生物风险管理系统等。

（二）国家生物安全相关法规

1. 美国

美国生物技术研究开发主管部门主要包括农业部、环境保护局、食品药品管理局等，分别依据各自领域内的法规对生物技术不同产品类型进行风险管理。美国国立卫生研究院科学政策办公室设立有美国生物安全科学顾问委员会（NSABB），负责就生命科学“两用性”研究有关的国家安全事宜提供咨询和指导。

（1）病原微生物与实验室生物安全相关法规

1984 年，美国疾病预防控制中心（CDC）和美国国立卫生研究院（NIH）联合出版了《微生物和生物医学实验室生物安全》（BMBL）手册，其中包括危险病原体的分级风险评估和防控。预防措施的范围从生物安全 1 级（用于研究当前认为不能导致人类疾病的微生物）到生物安全 4 级（用于研究危险和外来生物剂，这些生物剂具有危及生命的感染力和人与人之间的传播风险并且没有疫苗或治疗方法）[4]。

BMBL 对美国实验室没有法律约束力，是作为最佳实践建议而非规范性法规文件。如果实验室获得联邦资金或选择自愿约束，实验室将遵守 BMBL 的标准。由于责任关切及与新药和疫苗的许可和营销相关的严格规定，许多商业实验室和私营制药公司也自愿遵守 BMBL。然而，因为 BMBL 规定了标准但没有执法机制或明确规定的实施方法，各机构以不同方式实施该准则，从而产生不一致的生物安全水平。

一些法规在一定程度上弥补了 BMBL 的一些欠缺[5]。例如，2002 年的《公共卫生安全和生物恐怖主义准备和应对法》（*Public Health Security and Bioterrorism Preparedness and Response Act*）要求从事任何危险生物剂（生物恐怖主义关注的病原体和毒素）相关工作的人都需要遵守 BMBL 中的生物安全指南。

美国的基因工程受 NIH《关于重组 DNA 分子的研究指南》（*NIH Guidelines for Research Involving Recombinant DNA Molecules*）的约束[6]。该指南于 1976 年制定，规定了安全的实验室规范和适当的物理和生物控制水平，用于涉及重组 DNA 的基础和临床研究。美国国立卫生研究院指南将重组微生物的研究分为 4

类风险类别。原则上，如果不遵守 NIH 指南可能会导致重组 DNA 研究项目的联邦资金被撤销。

NIH 指南和 BMBL 都会定期修订，在此过程中，NIH 指南中的风险等级与 BMBL 中的生物安全等级可以交叉参考。2009 年，针对合成基因组学的发展，NIH 指南的覆盖范围扩展到在活细胞外构建的分子，即通过天然或合成的 DNA 片段连接到可在活细胞中复制的 DNA 分子[7]。

与 BMBL 一样，NIH 指南适用于接受重组 DNA 研究联邦资助的实验室和机构，以及自愿接受规则的其他机构。根据 NIH 指南，拟开展的重组 DNA 实验必须由地方一级机构生物安全委员会（Institutional Biosafety Committee，IBC）进行审查，该委员会评估可能对公共健康和环境造成的潜在危害。根据这一风险评估，IBC 确定适当的生物防护水平，评估培训、程序和设施的充分性，评估研究者和机构是否遵守 NIH 指南的要求。

另外一个地方审查实体为机构审查委员会（Institutional Review Boards，IRBs），其评估人类受试者的研究风险和收益，并确保人类志愿者充分知情。虽然 IBC 基于 NIH 指南，但 IRB 是通过法规建立的，因此，对于获得联邦研究资助的机构是强制性的。IBC 和 IRB 都有志愿者，并因其工作量过大和在关键领域缺乏专业知识而受到批评。事实上，越来越多的研究内容引发了复杂的生物安全和生物伦理问题，这使得 IBC 和 IRB 做出谨慎、明智的决策成为挑战。

尽管如此，地方一级的研究监督与国家监督系统相比具有某些优势。特别是，地方一级监管者往往对机构和人员十分熟悉，包括那些倾向于低估其研究风险的研究者。除了利用专业知识外，地方审查委员会比国家监督系统更高效。

同时，美国有许多关于安全处理病原体的法律、法规和指南。除了涉及人类病原体和动植物有害生物运输的法律外，1970 年的《职业安全和健康法》（*Occupational Safety and Health Act*）还规定了接触病原体的健康和安全标准[8]。

（2）生物技术安全相关法规

美国卫生与公众服务部（HHS）于 2005 年成立了生物安全科学顾问委员会（NSABB），主要职责包括确定两用生物技术标准；对两用生物技术研究提出指导方针；对政府在出版潜在敏感研究及对科研人员进行安全教育方面提供建议。

1）美国政府生命科学两用性研究监管政策

针对不断增多的流感病毒功能获得性研究，2013 年 2 月，美国白宫科技政策办公室（OSTP）发布了《美国政府生命科学两用性研究监管政策》。其中监管的主要病原体或毒素包括禽流感（高致病）病毒、炭疽杆菌、肉毒神经毒素、鼻疽伯克霍尔德菌、类鼻疽伯克霍尔德菌、埃博拉病毒、手足口病病毒、土拉热弗朗西斯菌、马尔堡病毒、重新构建的 1918 流感病毒、牛瘟病毒、肉毒梭状芽孢杆菌产毒株、天花病毒、类天花病毒、鼠疫耶尔森菌等。共涉及下列 7 种实验：①增强病原体或毒素的有害影响；②破坏对病原体或毒素的免疫有效性；③抵抗对病原体或毒素的有效预防、治疗或检测措施；④增强其稳定性、传播性或播散病原体或毒素的能力；⑤改变病原体或毒素的宿主范围或趋向性；⑥增加宿主对病原体或毒素的敏感性；⑦产生或重组已被根除的病原体或毒素。当项目涉及 15 种病原体中任意 1 种且可能涉及上述 7 种实验中任何 1 种的时候，这些项目会被确定为值得关注的两用性研究（DURC）。

2）美国 NIH 流感病毒功能获得性研究项目审批指导意见

为了进一步加强对流感病毒功能获得性研究的监管，2013 年 2 月，美国国立卫生研究院（NIH）发布了《卫生与公众服务部加强 H5N1 禽流感病毒在雪貂呼吸传播研究项目审批的指导意见》。该指导意见列出了 7 条标准，所有标准必须同时具备才可获得卫生与公众服务部的经费资助。这些标准包括：①病毒可以通过自然进化过程产生；②研究所解决的科学问题对公共卫生具有重要意义；③科学问题的解决没有其他风险更低的方法；④对于实验室研究人员及公众的生物安全（biosafety）风险可以消除或控制；⑤生物安保（biosecurity）风险可以消除和控制；⑥研究成果可以被广泛分享，使全球健康受益；⑦研究工作可以容易地进行监管。

（3）美国生物安保治理

美国在生物安保立法的范围和细节方面领先于世界其他地区 [9]。2001 年 9 月 11 日的恐怖袭击事件及随后的炭疽邮件事件，使得国会通过了《提供拦截和阻止恐怖主义行为所需的适当工具法》（*Providing Appropriate Tools Required to Intercept and Obstruct Terrorism Act of 2001*，*USA PATRIOT Act*），该法案被称作“爱国者法案”，禁止“限制人员”运输、拥有或接收管制危险病原体和毒素（select agents and toxins）。“受限制人员”的定义包括国家赞助的恐怖主义、具有犯罪背景或精神不稳定或吸毒史的个人，以及与涉嫌国内或国际恐怖主义组织有关的人员。该法案将拥有一定类型和数量的危险生物剂，而无预防、保护或和平目的定为刑事犯罪。

《美国爱国者法案》明确要越来越多地使用刑法作为打击生物武器扩散和恐怖主义的工具[10]。将涉及生物和化学剂的某些活动定为刑事犯罪，使执法官员能够调查相关的活动。这种趋势在国际舞台上也很明显，正如哈佛·苏塞克斯计划（Harvard Sussex Program）提出的一样，应将获取化学或生物武器定为刑事犯罪[11]。

卫生与公众服务部首先根据1996年《反恐怖主义和有效死刑法》（*Antiterrorism and Effective Death Penalty Act*）[12]制定了《选择性生物剂条例》（*Select Agent Regulations*），该条例要求转让或接收特定危险生物剂的美国实验室向疾病预防控制中心（CDC）注册并报告所有此类活动。然而，这一规则存在严重缺陷，因为它忽略了仅仅拥有或研究这些生物剂而不转移它们的设施。国会2002年通过《公共卫生安全和生物恐怖主义准备和应对法》中的一项规定解决了这个漏洞，该法案要求所有拥有、使用或转让影响人类的危险生物剂的机构需要注册并通知CDC[13]。此外，使用危险生物剂清单上的植物或动物病原体的实体必须通知美国农业部动植物卫生检疫局（APHIS）[14]。

根据《选择性生物剂条例》注册的所有机构和个人必须接受联邦调查局的“安全风险评估”，该评估涉及对恐怖分子和其他数据库进行指纹识别和筛查。该审查程序旨在识别“受限制人员”及在法律上被拒绝访问“危险生物剂”的其他人。注册机构和人员还必须报告涉及危险生物剂的任何释放、丢失、盗窃或事故。法规要求美国政府每两年审查和更新一次危险生物剂清单[15]。

美国国家生物安全科学顾问委员会（NSABB）作为联邦咨询机构建议，IBC除了目前在确保重组DNA实验的生物安全性方面的作用外，还应负责监督两用性研究[16-17]。

生物安保治理的另一要素涉及对敏感信息发布的限制。2003年，几家主要科学期刊的编辑发表联合声明，呼吁审查提交出版的安全敏感研究论文[18]。针对两用性信息的担忧，NSABB建议在发表可能导致两用性问题的文章之前进行风险—收益分析。基于生物安保考虑，编辑可以要求作者修改文章，延迟发布或完全拒绝。2004年，美国科学院的一个专家小组考虑了对病原体基因组发表的限制，但最终决定不进行这些限制[19]。出版前安全性审查的一个主要挑战是确定哪些研究结果具有两用性风险可能非常困难。批评者还认为，科学自由和获取信息对于技术创新至关重要，限制出版会减缓利用医疗对策应对生物威胁[20]。

（4）出口管制

美国针对两用物品和材料的出口已颁布若干法规，包括2001年的《美国爱国者法案》（*USA PATRIOT Act*）、2002年的《国土安全法》（*Homeland SecurityAct*）[21]和1979年的《出口管理法》（*Export Administration Act*）。《出口管理法》第738条建立了商业控制清单（Commerce Control List，CCL），并规定了两用性商品出口必须从商务部工业安全局（BIS）获得许可证。

虽然出口管制是两用治理的重要工具，但它们存在一些缺点，如出口管制必须在国际上协调一致，避免规则不统一，实施或执法松散等[22]。

2. 欧盟

美国强调生物安全和生物安保的差异，而欧盟则同时实施这两种治理形式。总的来说，欧盟在生物恐怖主义威胁方面并不像美国那么专注，并且优先考虑其他生物风险，如食品安全。欧洲在该领域的关注重点是转基因生物和农作物。比利时、法国和英国的食品污染事件，英国的疯牛病使欧洲人对基因工程的安全性更加担忧。与美国相反，欧盟关于重组DNA研究的法规基于硬法，并且不考虑资金来源如何。这种方法的作用在于提供了更加一致的监督，并为所有相关实验室提供了更好的保证。欧洲生物安全治理的另一个特征是欧盟对“预防原则”的接受，这使得在批准新技术之前，严重危害可以得到控制。

欧盟关于生物安全的若干指令为成员国的国家实施提供了指导。例如，2000年9月18日发布的欧盟指令2000/54/EC规定了保护人员免受与生物剂职业暴露有关风险的立法框架。该指令包括动物和人类病原体清单，提供了风险评估和生物防护的标准。欧盟各国也采用了与这种方法相一致的生物安全法规。

欧盟2009年8月通过了《建立两用物品的出口、转让、交易和过境的制度》条例[23]。该条例规定了受出口限制和许可的受控货物清单，包括两用生物、化学材料和生产设备。成员国在法律上有义务通过国家立法实施该法规，并可以采用比欧盟标准更严格的出口管制。

1990 年 4 月 23 日，欧共体《关于封闭使用转基因微生物的第 90/219 号指令》发布。此后，随着基因科技的迅猛发展，欧共体通过第 98/81 号指令及第 1882/2003 号条例对上述指令进行了修正。

在欧共体关于转基因生物有意环境释放的法规中，以第 2001/18 号指令最为重要。

对于转基因食品与饲料的上市，欧盟通过第 1829/2003 号条例予以特别规范。欧盟第 2001/18 号指令与第 1829/2003 号条例对转基因产品的标识做了部分规定，欧盟第 1830/2003 号条例进一步规范了转基因产品的可追溯性与标识问题。

2003 年，欧盟通过了《关于转基因生物体越境转移的第 1946/2003 号条例》。该条例建立了各成员国对于转基因生物体越境转移的通知与信息交流机制，确保欧盟各成员国遵守《生物多样性公约》的相关义务。

3. 我国

我国现行管理体制主要有以下几个方面。

（1）总体生物技术研究开发监管法规

国家科学技术委员会 1993 年发布了《基因工程安全管理办法》，国家科技部 2017 年发布了《生物技术研究开发安全管理办法》等。

（2）农业转基因生物安全监管法规

国务院 2001 年发布了《农业转基因生物安全管理条例》，农业部 2002 年发布了《农业转基因生物安全评价管理办法》《农业转基因生物标识管理办法》《农业转基因生物进口安全管理办法》，2006 年发布了《农业转基因生物加工审批办法》等。

（3）病原微生物与实验室生物安全法规

我国在病原微生物生物安全监管方面先后发布了《病原微生物实验室生物安全管理条例》（国务院，2004）、《动物病原微生物分类名录》（农业部，2005）、《人间传染的病原微生物名录》（卫生部，2006）、《动物病原微生物菌（毒）种保藏管理办法》（农业部，2008）、《人间传染的病原微生物菌（毒）种保藏机构管理办法》（卫生部，2009）、《人间传染的高致病性病原微生物实验室和实验活动生物安全审批管理办法》（卫生部，2006）等。

（4）人类遗传资源管理

1998年由科技部、卫生部制定了《人类遗传资源管理暂行办法》，于1998年6月10日经国务院同意，由国务院办公厅转发并施行。国务院2019年通过了《中华人民共和国人类遗传资源管理条例》，2019年7月1日起施行。

（5）生物技术伦理监管

2015年7月20日颁布了由卫生计生委、食品药品监管总局制定的《干细胞临床研究管理办法》，2003年12月24日颁布了由科技部、卫生部制定的《人胚胎干细胞研究伦理指导原则》，2016年10月12日颁布了由卫生计生委制定的《涉及人的生物医学研究伦理审查办法》。

（6）出口管控

我国先后发布了《中华人民共和国生物两用品及相关设备和技术出口管制条例》（国务院，2002）、《两用物项和技术进出口许可证管理办法》（商务部、海关总署，2005）、《两用物项和技术出口通用许可管理办法》（商务部，2009）。

（三）软法和非正式措施

治理两用生物技术的另一套治理工具涉及“软法”和非正式措施，如职业准则、道德规范及教育和提高认识。这些措施的重点是两用材料和设备相关机构和人员的自我管理。软法措施是自愿的，缺乏严格的执行机制，其目标是建立两用性研究的责任文化。

为了使自我管理能够成功降低两用性风险，必须有一个从业者社区，其成员可以自我分析。学会是法律授权的协会，其成员通常具有某种专业知识或技能。国家授予每个学会对某些领域的自我管理权，以使从业者的专业知识与公共利益保持一致[24]。

商业部门提供了一种以产品和服务为中心的自我监管模式。例如，在生物技术行业，参与商业基因合成的公司已经形成了两个协会，即国际合成生物学协会和国际基因合成协会，它们为其成员筛选客户和DNA合成订单以防止滥用此技术构建危险病原体。参与的基因合成公司意识到，帮助减轻基因合成技术的安全风险符合他们自身的长期经济利益。为响应这一行业倡议，合成DNA的一些主要客户，如大型制药公司，已承诺从遵守责任行为准则的公司购买合成基因，从而加强自我监管。基因合成公司的自我管理为当代治理提供了一种模式。

2009 年，美国实验生物学学会联合会（Federation of American Societies for Experimental Biology，FASEB）指出，“对其研究潜在的两用性进行教育，将使科学家更加注意必要的安全控制措施”[25]。调查表明，生命科学领域的许多研究人员缺乏对两用性问题的认识，包括与他们自己的工作相关的滥用风险[26]。克服这一缺陷将需要科学和工程专业学生的道德教育，以及识别和管理两用风险的培训[27]。

为了帮助控制两用性风险，道德教育应与识别风险的机制相结合。每当学生或研究人员怀疑同事滥用某项技术用于有害目的或对其研究可能造成的风险视而不见时，应存在一个保密渠道，以便将此信息提供给相关当局，使其可以采取行动。

欧盟成员国不认为自我监管和规范建设是硬法的可行替代方案[28]。相比之下，在美国，对工业和科学界的历史尊重为自我监管创造了更多的空间。一些初步研究表明，正式监督机制可能不如个别科学家决定放弃具有潜在两用性风险的研究有效。

新兴技术的安全风险需要采用混合治理方法。在这种情况下，政府与非政府行为者（包括工业和科学界）之间的合作至关重要，以及在自上而下和自下而上的监管之间取得适当平衡[1]。

二、生物技术安全展望

（一）总体态势

生命科学和生物技术是当今全球发展最快的技术领域之一，涉及健康、农业、工业、环保等多个领域，它对全球经济发展与民众生活正在产生深远影响。我国近些年加快了生物技术发展步伐，与美国等生物技术强国的差距正在逐步缩小。但是，生命科学和生物技术发展具有潜在的两用性特点，必须充分认识其潜在的风险，加强两用生物技术管控。

1. 前沿生物技术风险具有不确定性

当前，生命科学和生物技术快速发展，新的科学发现不断产生，新的技术手段不断出现。在新技术发展的早期阶段，风险具有不确定性，管控也比较困难。近些年，合成生物学、基因编辑、基因驱动、神经科学等领域的发展非常迅速，人们虽对其风险有所考虑，但技术在不断发展，风险在不断变化，风险管控难度很大。

2. 生物技术滥用可导致全球传染病流行

当前，病原生物相关的生物技术是生物技术风险的重点领域，致病机制研究、疫苗研发、药物研制等很多领域都涉及病原生物的改造。例如，广受争议的 H5N1 禽流感病毒通过生物技术手段获得在哺乳动物间传播的能力，使人们担心其实验室泄漏可能导致全球大流行传染病的发生。

3. 伦理问题与生物安全问题相互交织

生物技术安全问题与伦理问题相互交织，基因编辑、克隆技术、干细胞技术等不仅存在生物安全问题，也存在涉及人的伦理问题，这两个方面相互交织。两用生物技术研发活动可能导致实验室意外，产生生物安全问题，也可能存在技术被恶意使用的生物安保问题，或者伴随伦理问题。

4. 两用生物技术风险评估非常困难

生物技术涉及的领域很广，不同技术、不同领域应用的风险性也不相同，两用生物技术风险评估难度很大，如转基因农作物的生物安全风险一直存在较大争议。

5. 两用生物技术风险管控措施滞后

两用生物技术管控措施存在滞后性，一般是在某种技术发展到一定程度，风险很明显，或发生了生物安全事件后才开始考虑相关的管控。

（二）主要风险点

1. 病原生物相关生物技术风险

在当前病原生物相关基础研究及药物、疫苗研发中，许多技术手段可导致病原体的致病性、传播特性、环境稳定性等增强，并且有可能使现有诊断、预防、治疗措施无效，具有潜在的生物安全风险。

2. 人体应用前沿生物技术风险

干细胞技术、基因编辑等技术的人体应用具有突破伦理限制的可能性，容易引起广受关注的生物安全与伦理事件。

3. 动物植物相关生物技术风险

转基因植物与转基因动物虽然应用越来越广泛，但潜在的生物安全风险不容忽视，需要科学评估其对环境、人体健康的潜在风险。

4. 遗传资源相关生物技术风险

生物多样性与人类遗传资源存在流失及被恶意利用的风险，必须加强相关监管。

（三）对策思路与具体举措

1. 对策思路

（1）抓好病原生物相关生物技术管控

生物技术多种多样，但当前最重要的还是要抓好与病原生物研究相关的生物技术监管，将生物技术管理与病原体管理相结合。

（2）加强生物技术风险监测评估

我国生物技术风险监测与评估不够，要发挥中国科学院、中国工程院、军事科学院等国家级智库的作用，及时科学评估新兴生物技术潜在风险，向相关领域科研人员及民众传递科学信息。

（3）强化生物技术监管体制保障

生物技术监管是一个长期的过程，今后其必要性可能更高，为此，需尽早布局相关机构建设，同时更好地发挥专家委员会的作用。

（4）完善生物技术监管法制保障

法规制定具有很大挑战，尤其是对生物技术相关专业性很强的领域，既需要制定明确的总体原则，又需要具有可操作性的具体方法。

（5）充分利用生物技术提升防御能力

生物技术是一把双刃剑，其带来的风险也需要通过生物技术去解决。需要大力加强生物防御能力建设，提升生物防御药品疫苗研发能力等。

2. 具体举措

（1）发挥生物技术安全专家委员会作用

生命科学和生物技术进展很快，政府部门政策制定人员很难全面掌握各种技术的发展趋势和潜在风险，在政策制定和实施过程中，必须依靠不同领域的专家。科技部 2017 年发布的《生物技术研究开发安全管理办法》指出，国务院科技主管部门要成立生物技术研究开发安全管理专家委员会。国家要充分发挥该专家委员会的作用，进一步优化该专家委员会的人员组成，使其成为生物技术安全的国家权威决策支持部门。

（2）设立生物技术安全科技政策办公室

国务院或科技部可设立生物技术安全科技政策办公室，协调科技部、卫生健康委、农业部、国家市场监督管理总局及军队等部门的相关职能。该科技政策办公室应及时发布生物技术安全相关的指导意见，并为国家安全委员会提供生物技术安全方面的意见建议。

（3）加强生物技术安全风险评估研究

生物技术潜在风险的科学评估可为科学决策提供重要支撑。国家今后在生物技术风险评估领域的科技投入还需不断加强，包括两用生物技术的实验室评估研究及定性与定量相结合的评估体系研究等。

（4）加强情报与战略研究，为国家科学决策提供支撑

加强国家及军队情报研究机构对于两用生物技术国内外动态的情报研究。中国工程院、中国科学院应针对两用生物技术前沿领域，如基因编辑、合成生物学、流感病毒功能获得性研究、基因驱动技术等系统部署相关的发展战略研究并组织召开相应的研讨会，对两用生物技术当前国内外研发现状、发展趋势、潜在风险、管理对策等进行深入分析，并提出相应建议。

（5）加强两用生物技术及危险病原体研究监管

科技部与其他科研项目管理部门应进一步加强两用生物技术敏感研究的立项审批与管理。对批准的相关研究应加强项目执行及成果发表的监管。相关研究机构应设置生物安全管理部门，加强人员培训和安全管理。国家相关科研项目管理部门要做到对两用生物技术科研项目从立项、实施到成果发布的全程监管。在项目评审中要考虑到可能存在的生物安全风险，在项目实施过程中要进行阶段性评估，同时要严格成果发布的审查机制。

加强高等级生物安全实验室从业人员的生物安全培训，防止实验室事故发生，加强科研人员的两用生物技术生物安全风险意识教育；完善危险病原体从保存、流通到销毁的全过程管理；对危险病原体及两用生物技术相关实验室进行资格认证。

（6）提升生物防御能力水平

两用生物技术监管是一方面，应对能力建设是另一个重要的方面，需要“两手都要抓，两手都要硬”。在生物防御能力建设的诊断措施、药品疫苗研发中需要考虑生命科学两用性研究危害的应对，同时加强生物防御基础设施建设，增加经费投入，全面提升我国生物防御能力水平。

参考文献

[1] Tucker J B. Innovation, dual use, and security: managing the risks of emerging biological and chemical technologies[M]. Massachusetts：The MIT Press, 2012.

[2] Sims N. Legal constraints on biological weapons[M]// Wheelis M, Rózsa L, Dando M. Deadly cultures: biological weapons since 1945. Cambridge: Harvard University Press, 2006.

[3] Organization for Economic Cooperation and Development.OECD best practice guidelines for biological resource centers[EB/OL].(2007-04-05)[2021-06-16]. https://mbrdb.nibiohn.go.jp/kiban01/downloadEN/2007Dowload/BIO(2007)9FINAL.pdf.

[4] Biosafety in microbiological and biomedical laboratories(BMBL)，6th edition[EB/OL]. [2021-05-30]. https://www.cdc.gov/labs/pdf/CDC-BiosafetyMicrobiologicalBiomedicalLaboratories-2020-P.pdf.

[5] Keene J H. Ask the experts—non-compliant biocontainment facilities and associated liability[J]. Applied Biosafety Journal ,2006,11(2): 99-102.

[6] NIH guidelines for research involving recombinant or synthetic nucleic acid molecules(NIH Guidelines)[EB/OL].[2021-06-02].http://osp.od.nih.gov/sites/default/files/NIH_Guidelines.html.

[7] National Institutes of Health. Notice Pertinent to the September 2009 Revisions of the NIH Guidelines for Research Involving Recombinant DNA Molecules[EB/OL].[2021-06-16].http://www.ecu.edu/ cs-dhs/prospectivehealth/upload/NIH_Gdlines_2002prn-1.pdf.

[8] Occupational Safety and Health Act of 1970, 29 U.S.C. § 651 et seq[Z].

[9] Tucker J B. Preventing the misuse of pathogens: the need for global biosecurity standards[J]. Arms Control Today,2003, 33(5): 3-10.

[10] David P F，Lawrence O G. Biosecurity in the global age: biological weapons, public health,

and the rule of law[M].Stanford, CA: Stanford University Press, 2008：59–73.

[11] Harvard Sussex Program on CBW Disarmament and Arms Limitation. Draft convention on the prevention and punishment of the crime of developing, producing, acquiring, stockpiling, retaining, transferring, or using biological or chemical weapons[EB/OL].[2021–06–16]. http://www.sussex.ac.uk/Units/spru/hsp/documents/Draft%20Convention%20Feb04.pdf.

[12] Antiterrorism and effective death penalty act of 1996，Public Law No. 104–132[Z].

[13] Public Health Security and Bioterrorism Preparedness and Response Act of 2002, 42 U.S.C. § 262a[Z].

[14] Agricultural Bioterrorism Protection Act of 2002, 7 U.S.C. § 8401[Z].

[15] National Research Council. Sequence–based classification of select agents: a brighter line[M]. Washington, D.C.: The National Academies Press，2010.

[16] U.S. Congress, Congressional Research Service. Oversight of dual–use biological research: the national science advisory board for biosecurity[R]. CRS Report for Congress, RL33342, April 27, 2007.

[17] National Science Advisory Board for Biosecurity. Proposed framework for the oversight of dual use life sciences research: strategies for minimizing the potential misuse of research information[R]. Bethesda, MD: National Institutes of Health, 2007.

[18] Atlas R, Campbell P, Cozzarelli NR, et al. Statement on scientific publication and security[J]. Science，2003，299(5610):1149.

[19] National Research Council. Seeking security: pathogens, open access, and genome databases[M]. Washington, D.C.: The National Academies Press，2004.

[20] National Research Council. Science and security in a post 9/11 world: a report based on regional discussions between the science and security communities[M]. Washington, D.C.: The National Academies Press，2007.

[21] Homeland Security Act of 2002, Pub. L. 107–296, November 25, 2002[Z].

[22] Tucker J B. Strategies to prevent bioterrorism: biosecurity policies in the united states and germany[M]. Palgrave Macmillan UK, 2009.

[23] Council Regulation(EC).Setting up a community regime for the control of exports, transfer, brokering, and transit of dual–use items[J]. Official Journal L,2009(428):1–134.

[24] Weir L,SelgelidM J. Professionalization as governance strategy for synthetic biology[J]. Systems

and Synthetic Biology,2009(3): 91–97.

[25] Federation of American Societies for Experimental Biology. Statement on dual use education[EB/OL].(2009–01–01)[2021–06–16].http://www.faseb.org/portals/0/pdfs/opa/2009/FASEB_Statement_on_Dual_Use _Education.pdf.

[26] Dando M R.Dual–use education for life scientists[J].Disarmament Forum, 2009(2): 41–44.

[27] National Science Advisory Board for Biosecurity.Strategic plan for outreach and education on dual use issues[EB/OL].(2008–12–10)[2021–04–22].http://www.hsdl.org/?view&did=15988.

[28] Ganguli–Mitra A, Schmidt M, Torgersen H, et al. Of Newtons and heretics[J]. Nat Biotechnol, 2009, 27(4):321–322.

缩略词表

序号	缩略词	英文	中文
1	AAAS	American Association for the Advancement of Science	美国科学促进会
2	ABSL3	Animal Biosafety Level 3	动物生物安全三级实验室
3	ADA	adenosine deaminase	腺苷脱氨酶
4	AI	artificial insemination	人工授精
5	AID	autoimmune diseases	自身免疫性疾病
6	APHIS	Animal and Plant Health Inspection Service	动植物卫生检疫局
7	ATP	adenosine triphosphate	三磷酸腺苷
8	BMBL	Biosafety in Microbiological and Biomedical Laboratories	微生物和生物医学实验室生物安全
9	BNT	blastomere nuclear transfer	卵裂球核移植
10	BWC	Biological Weapons Convention	禁止生物武器公约
11	CCR5	human chemokine receptor-5	人趋化因子受体 5
12	CDC	Centers for Disease Control and Prevention	疾病预防控制中心
13	CEN	European Committee for Standardization	欧洲标准化委员会
14	COGEM	Commission on Genetic Modification	遗传修饰委员会

续表

序号	缩略词	英文	中文
15	CRISPR	clustered regulatory interspaced short palindromic repeats	规律成簇间隔短回文重复序列
16	CSIRO	Commonwealth Scientific and Industrial Research Organisation	澳大利亚联邦科学与工业研究组织
17	CSIS	Center for Strategic and International Studies	战略与国际研究中心
18	CVM	Centre for Veterinary Medicine	兽医医学中心
19	CVV	candidate vaccine virus	候选疫苗病毒
20	CWC	Chemical Weapons Convention	禁止化学武器公约
21	DARPA	Defense Advanced Research Projects Agency	美国国防高级研究计划局
22	DMD	Duchenne muscular dystrophy	杜氏肌营养不良症
23	DNA	deoxyribonucleic acid	脱氧核糖核酸
24	DOE	Department of Energy	美国能源部
25	DURC	dual use research of concern	值得关注的两用性研究
26	EBI	European Bioinformatics Institute	欧洲生物信息研究所
27	EFSA	European Food Safety Authority	欧洲食品安全局
28	EG	embryonic germ	胚胎生殖
29	EMA	European Medicines Agency	欧洲药品管理局
30	EMS	embryo splitting	胚胎分裂
31	ENCODE	Encyclopedia of DNA Elements	DNA 百科全书
32	EPA	Environmental Protection Agency	美国环境保护局

续表

序号	缩略词	英文	中文
33	ESCRO	Embryonic Stem Cell Research Oversight Committee	胚胎干细胞研究监督委员会
34	ESCs	embryonic stem cells	胚胎干细胞
35	ET	embryo transfer	胚胎移植
36	FASEB	Federation of American Societies for Experimental Biology	美国实验生物学学会联合会
37	FDA	U.S. Food and Drug Administration	美国食品药品管理局
38	FFDCA	Federal Food Drug and Cosmetics Act	联邦食品药品和化妆品法案
39	FSAP	Federal Select Agent Program	选择性生物剂计划
40	GMOs	genetically modified organisms	转基因生物
41	GOF	gain of function	功能获得性
42	GWAS	genome-wide association study	全基因组关联研究
43	HEG	homing endonuclease genes	归巢核酸内切酶基因
44	hESC	human embryonic stem cell	人类胚胎干细胞
45	HFEA	Human Fertilisation and Embryology Authority	人类受精和胚胎学管理局
46	HGP	The Human Genome Project	人类基因组计划
47	HGT	horizontal gene transfer	水平基因转移
48	HGTS	Human Gene Therapy Subcommittee	人类基因治疗小组委员会
49	HHS	Department of Health and Human Services	美国卫生与公众服务部
50	HIV	human immunodeficiency virus	人类免疫缺陷病毒

续表

序号	缩略词	英文	中文
51	HR	herbicide resistant	抗除草剂
52	HR	homologouse repair	同源重组修复
53	IARC	International Agency for Research on Cancer	国际癌症研究署
54	IASB	International Association of Synthetic Biology	国际合成生物学协会
55	IBC	International Bioethics Committee	国际生物伦理委员会
56	IBCs	Institutional Biosafety Committees	研究机构生物安全委员会
57	iGEM	International Genetically Engineered Machine	国际遗传工程机器大赛
58	IGSC	International Gene Synthesis Consortium	国际基因合成协会
59	IL–4	interleukin–4	白细胞介素 –4
60	IND	investigational new drug	研究性新药
61	iPSCs	induced pluripotent stem cells	诱导多能干细胞
62	IR	insect resistant	抗虫
63	IRE	Institutional Review Entity	研究机构审查委员会
64	ISSCR	International Society for Stem Cell Research	国际干细胞研究协会
65	IVF	in vitro fertilization	体外受精
66	LOF	loss of function	功能缺失性
67	MAGE	Multiplex Automated Genome Engineering	多重自动化基因组工程

续表

序号	缩略词	英文	中文
68	MERS	Middle East Respiratory Syndrome	中东呼吸综合征
69	MIT	Massachusetts Institute of Technology	麻省理工学院
70	MLV	murine leukemia virus	鼠白血病病毒
71	mtDNA	mitochondrial DNA	线粒体 DNA
72	NEST	New and Emerging Science and Technology	新兴科学技术专家组
73	NHEJ	nonhomologous end joining	非同源末端接合
74	NHGRI	National Human Genome Research Institute	美国国立人类基因组研究所
75	NIAID	National Institute of Allergy and Infectious Diseases	过敏与感染性疾病研究所
76	NIH	National Institutes of Health	美国国立卫生研究院
77	NRC	National Research Council	国家研究委员会
78	NSABB	National Science Advisory Board for Biosecurity	美国生物安全科学顾问委员会
79	NT	nuclear transfer	核移植
80	OECD	Organization for Economic Cooperation and Development	经济合作与发展组织
81	OPCW	Organization for the Prohibition of Chemical Weapons	禁止化学武器组织
82	OSTP	Office of Science and Technology Policy	美国白宫科技政策办公室
83	P3CO	potential pandemic pathogen care and oversight	潜在大流行病原体监管

续表

序号	缩略词	英文	中文
84	PCR	polymerase chain reaction	聚合酶链式反应
85	PGD	preimplantation genetic diagnosis	胚胎植入前遗传学诊断
86	PNAS	Proceedings of the National Academy of Sciences	美国科学院院刊
87	PPP	potential pandemic pathogens	潜在大流行病原体
88	RAC	Recombinant DNA Advisory Committee	重组 DNA 咨询委员会
89	RBD	receptor binding domain	受体结合结构域
90	RNA	ribonucleic acid	核糖核酸
91	RNAi	RNA interference	RNA 干扰
92	SAB	Scientific Advisory Board	科学顾问委员会
93	SARS	Severe Acute Respiratory Syndrome	严重急性呼吸综合征
94	SCID	Severe Combined Immunodeficiency Disease	严重复合免疫缺陷综合征
95	SCNT	somatic cell nuclear transfer	体细胞核移植
96	siRNA	small interfering RNA	小干扰 RNA
97	SNP	single nucleotide polymorphisms	单核苷酸多态性
98	SPF	specific pathogen free	无特定病原体
99	SPICE	smallpox inhibitor of complement enzymes	天花补体酶抑制剂
100	TALEN	transcription activator-like effector nucleases	转录激活因子样效应核酸酶
101	TIGR	The Institute of Genome Research	美国基因组研究所

续表

序号	缩略词	英文	中文
102	UCB	umbilical cord blood	脐带血
103	UNESCO	United Nations Educational, Scientific and Cultural Organization	联合国教育，科学及文化组织
104	USDA	United States Department of Agriculture	美国农业部
105	VCP	vaccinia virus complement control protein	痘苗病毒补体控制蛋白
106	WHO	World Health Organization	世界卫生组织
107	ZFN	Zinc finger nucleases	锌指核酸酶
108	ZFP	Zinc finger protein	锌指蛋白

推荐阅读

[1] Hajek A, Glare T, O'Callaghan M. Use of microbes for control and eradication of invasive arthropods[M]. New York: Springer Press, 2009.

[2] Sleator R, Hill C. Patho-biotechnology[M].Los Angeles: CRC Press, 2008.

[3] U.S. Presidential Commission for the Study of Bioethical Issues. New directions: the ethics of synthetic biology and emerging technologies[R]. Washington, D.C.: PCSBI, 2010.

[4] National Academies of Sciences, Engineering, and Medicine. Genetically engineered crops: experiences and prospects[M]. Washington, D.C.: The National Academies Press, 2016.

[5] National Research Council. Animal biotechnology: science-based concerns[M]. Washington, D.C.: The National Academies Press, 2002.

[6] National Academies of Sciences, Engineering, and Medicine. Human genome editing: science, ethics, and governance[M]. Washington, D.C.: The National Academies Press, 2017.

[7] National Academies of Sciences, Engineering, and Medicine. Gene drives on the horizon: advancing science, navigating uncertainty, and aligning research with public values[M]. Washington, D.C.: The National Academies Press, 2016.

[8] Wimmer E, Paul AV. Synthetic poliovirus and other designer viruses: what have we learned from them?[J]. Annu Rev Microbiol, 2011,65:583-609.

[9] 乔纳森·B塔克.创新、两用性与生物安全：管理新兴生物和化学技术风险[M].田德桥，译.北京：科学技术文献出版社，2020.

[10] 田德桥，王华，曹诚.流感病毒功能获得性研究风险评估[M].北京：科学出版社，2018.

[11] 田德桥.生物技术发展知识图谱[M].北京：科学技术文献出版社，2018.

[12] 田德桥，陆兵.中国生物安全相关法律法规标准选编[M].北京：法律出版社，2017.

[13] 李凯，沈钧康，卢光明.基因编辑[M].北京：人民卫生出版社，2016.

[14] 丘祥兴 . 小小鼠和多利羊的神话：干细胞和克隆伦理 [M]. 上海：上海科技教育出版社 , 2012.
[15] 王立铭 . 上帝的手术刀：基因编辑简史 [M]. 杭州：浙江人民出版社 , 2017.
[16] 陈浩峰 . 新一代基因组测序技术 [M]. 北京：科学出版社 , 2016.
[17] 李本富，李曦 . 医学伦理学十五讲 [M]. 北京：北京大学出版社 , 2007.
[18] 乔治・丘奇 , 等 . 再创世纪 [M]. 周东 , 译 . 北京：电子工业出版社 , 2017.
[19] 沈秀芹 . 人体基因科技医学运用立法规制研究 [M]. 济南：山东大学出版社 , 2015.
[20] 王明远 . 转基因生物安全法研究 [M]. 北京：北京大学出版社 , 2010.
[21] 黄小茹 . 生命科学领域前沿伦理问题及治理 [M]. 北京：北京大学出版社 , 2020.
[22] 吴能表 . 生命科学与伦理 [M]. 北京：科学出版社 , 2015.

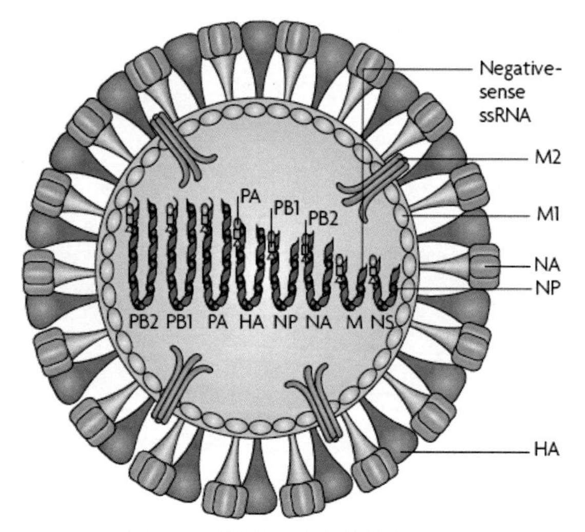

图 2-1　甲型流感病毒结构

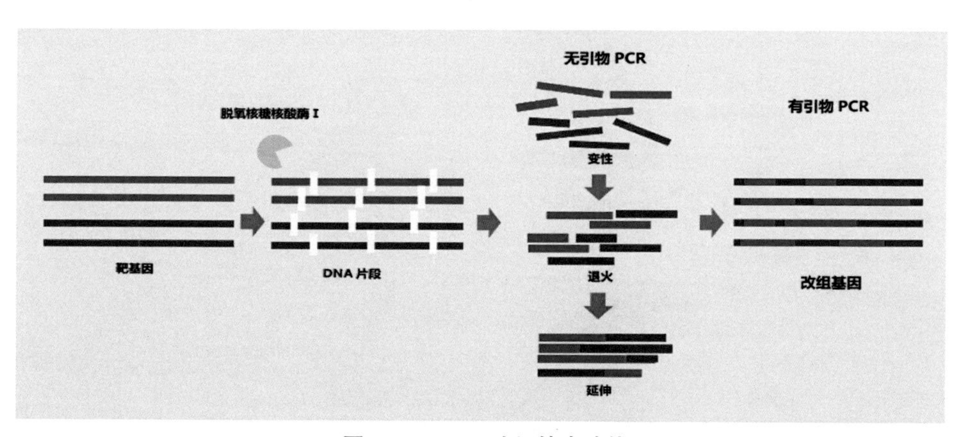

图 2-3　DNA 改组技术路线

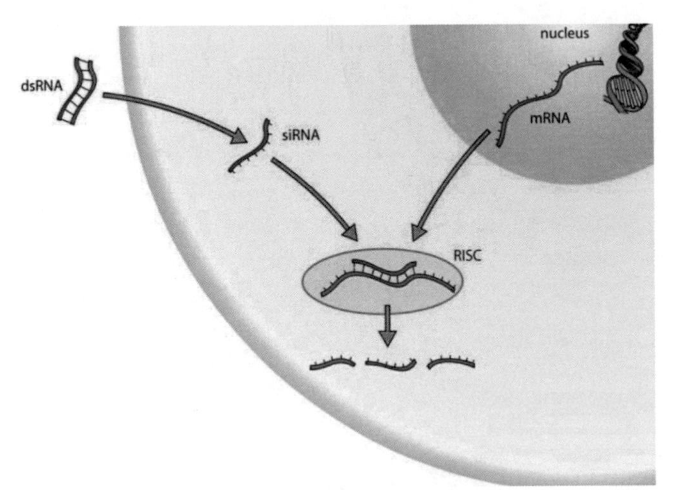

RISC：RNA 诱导沉默复合体（RNA-induced silencing complex）；dsRNA：双链 RNA（double-stranded RNA）；siRNA：小干扰 RNA（small interfering RNA）；nucleus：细胞核。

图 3-1　RNA 干扰技术

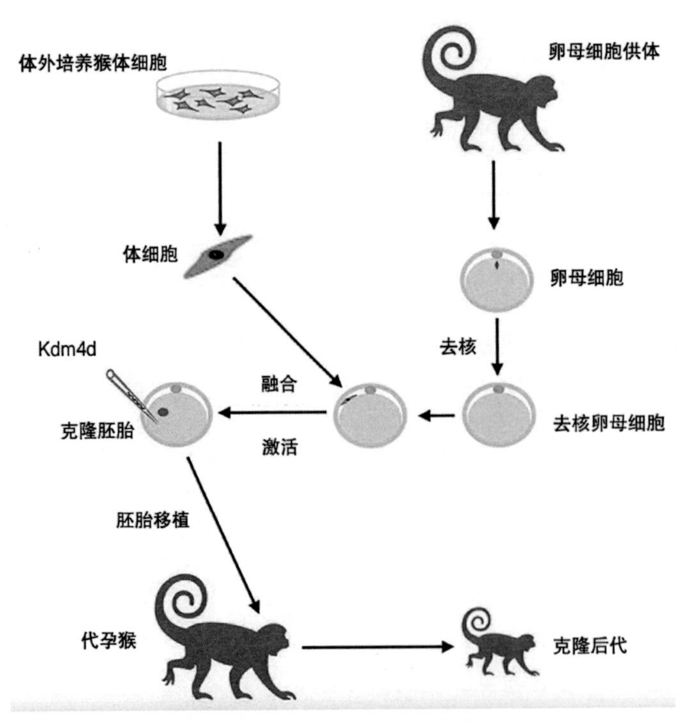

图 7-1　体细胞克隆猴技术

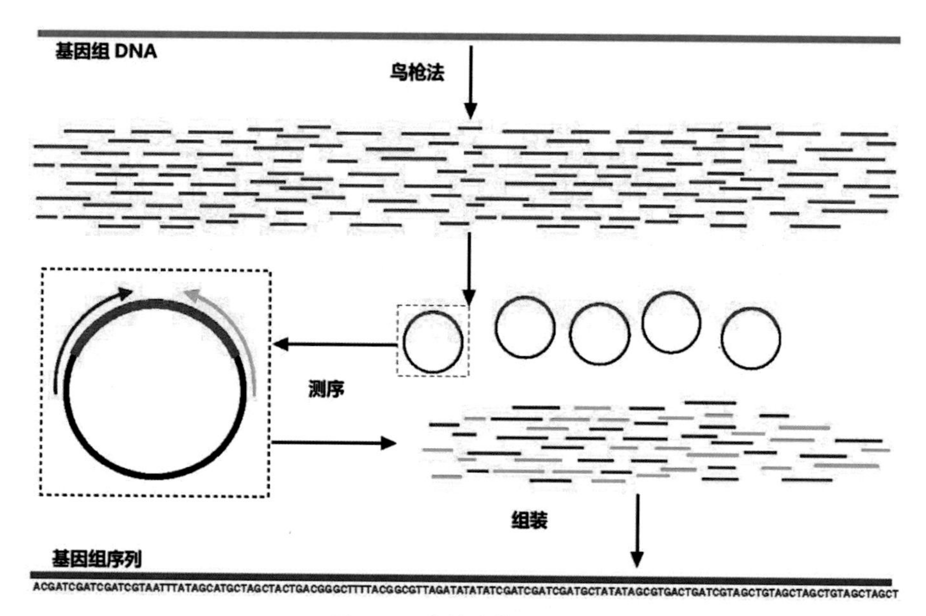

图 9-1　鸟枪法基因组测序

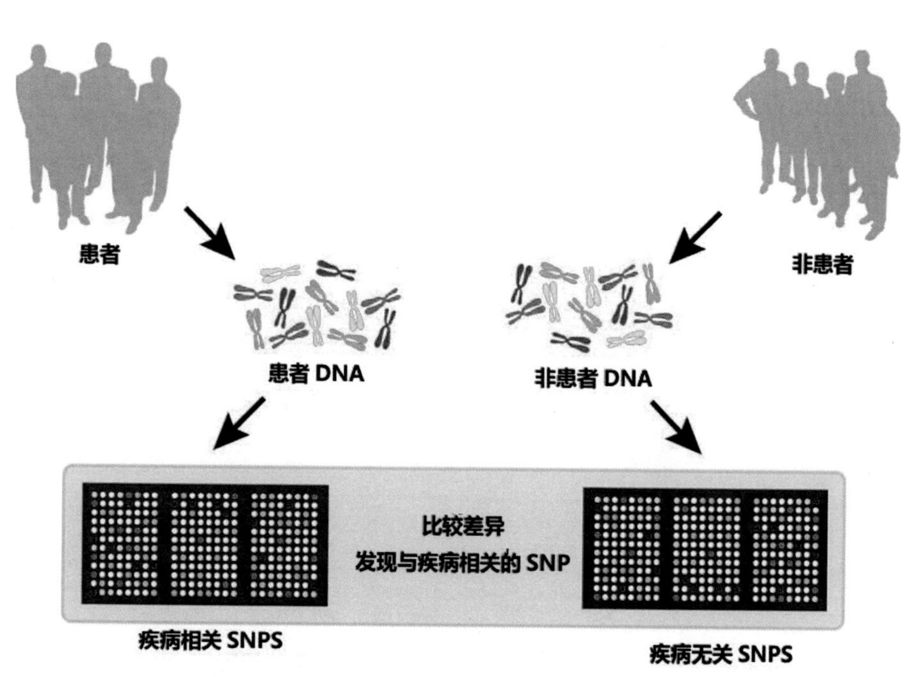

图 9-2　全基因组关联分析技术

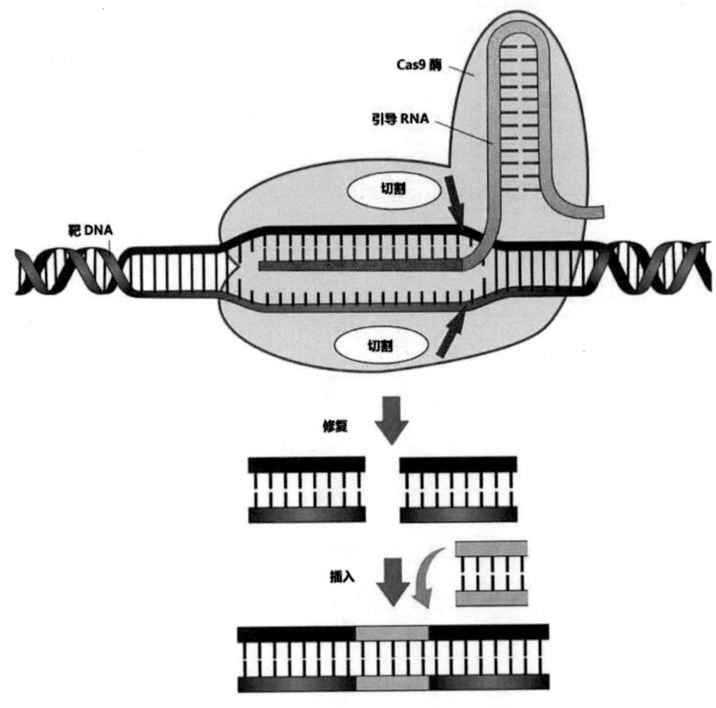

图 10-1　CRISPR 基因编辑技术

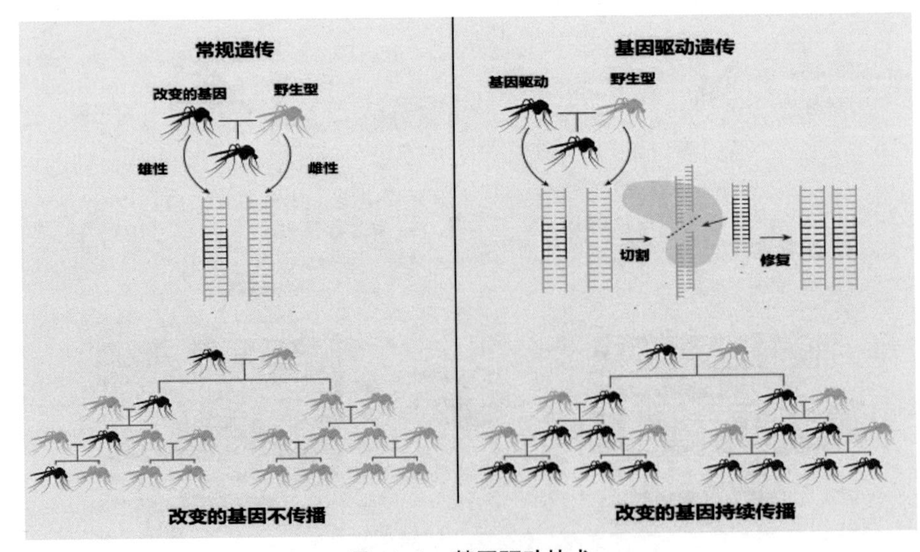

图 11-1　基因驱动技术